园林树种的
选择与应用

贾志国　主编

化学工业出版社
·北京·

图书在版编目（CIP）数据

园林树种的选择与应用/贾志国主编. —北京：
化学工业出版社，2018.4
ISBN 978-7-122-31706-3

Ⅰ.①园… Ⅱ.①贾… Ⅲ.①园林树木-树种-
研究 Ⅳ.①S680.292

中国版本图书馆 CIP 数据核字（2018）第 047434 号

责任编辑：邵桂林 文字编辑：焦欣渝
责任校对：宋　玮 装帧设计：韩　飞

出版发行：化学工业出版社
　　　　　（北京市东城区青年湖南街 13 号　邮政编码 100011）
印　　刷：北京市振南印刷有限责任公司
装　　订：北京国马印刷厂
850mm×1168mm　1/32　印张 9½　字数 254 千字
2018 年 9 月北京第 1 版第 1 次印刷

购书咨询：010-64518888（传真：010-64519686）　售后服务：010-64518899
网　　址：http://www.cip.com.cn
凡购买本书，如有缺损质量问题，本社销售中心负责调换。

定　　价：38.00 元　　　　　　　　　　版权所有　违者必究

目前，我国一些城市的各主要街道绿化配置为乔木＋灌木＋草坪或乔木＋草坪，形成通风结构；居住区绿化中主要为少量乔木＋灌木＋草坪＋小型坐凳等，这样基本上做到了四季常绿、三季有花。根据园林植物的生态学、生物学特性，结合我国多数地区夏季高温炎热、冬季干冷的气候特点，尽可能地通过植物的合理配置，建造复杂多样的植物群落结构，形成不同的植物景观，真正体现以人为本、人与环境和谐发展的宗旨。

我国拥有高等植物3万多种，而被应用于城市绿化的植物品种太少，城市利用的树种不超过200种，使得城市园林景观千篇一律、大同小异、平淡无奇，生态环境功能低下。城市对树木的种植应考虑树木的生态学特性，考虑树木的生长习性，不要违背客观规律。

目前我国在园林树木选择上存在的问题：速生树种多，慢生树种少；共性树种多，特性树种少；阔叶树种多，针叶树种少；栽培树种多，野生树少；小苗多，大苗少。在今后的园林建设中应克服以上缺点，充分利用本地资源，使城市的园林植物多样化，搞好街头绿化、河道绿化、垂直绿化、居住区绿化。在植物配置时，既要掌握各种植物的习性、质地、形象和变化，又要考虑植物与植物间的相互依存、烘托和掩映下所展示的群体美；既要考虑人工植物群落与立地环境和气候条件是否适应，又必须兼顾四周环境氛围是否融合、协调。园林建设要切合实际，突出重点，要有特色，不要千篇一律。城市周边应多种植一些高大乔木和花灌木，尽可能减少种植草坪，能种植乔木的地方尽量种植乔木。

总之，我们应遵守以人为本的城市园林营造宗旨，千方百计地把自然引入城市，充分展示生物多样化、生态景观多元化，创造深受群众喜爱的园林景观。

本书由贾志国主编，张小红、姚太梅参编，在本书的编写过程中，得到了崔培雪、李秀梅、纪春明、张向东、谷文明、苗国柱、翟金玲、陈志强、杨本芸、姚圣忠、康福庆、高泽敏、董进连、谢升等老师的协助，在此表示衷心感谢。

由于编写时间仓促，书中存在不足之处在所难免，恳请读者批评指正。

编者

2018 年 7 月

目录

CONTENTS

第一篇 总论

第一章 影响城市园林树种生长的环境条件

● 第二章　城市园林树种配置控制性要求

第二篇　各论

● 第一章　行道树

● 第二章　造型、景观树 ●

● 第三章　花灌木 ●

● 第四章　地被树种 ●

● 第五章　立体绿化植物 ●

● 第六章 防护林带树种 ●

● 第七章 特殊园林用途树种 ●

● 参考文献 ●

第一篇

总　论

第一章

影响城市园林树种生长的环境条件

第一节　城市温度变化特点
对园林树种生长的影响

一、　城市温度变化特点

（一）　城市中的热量平衡

城市特殊的地表能吸收和储存大量的太阳能。

首先，城市下垫面对太阳辐射的反射率比乡村小（一般小 10％～30％），而且城市下垫面的混凝土、沥青、砖瓦、石料及钢材等的热容量大，热导率比自然地面高，白天可大量储存太阳热量，然后再通过长波辐射使近地表的气温迅速升高。

其次，城市的高层建筑物增加了接受太阳辐射的表面积，致使其吸收的热量比乡村多。另外，城市建筑密集，街道和庭院中的"天穹可见度"比开阔郊外小得多，地面长波辐射热量在墙壁、地面间多次反射，从而使地面向空中散失的热量减少。

同时，城市中的人为活动可以增加热量来源。如城市中的生产单位的生产活动会产生大量的热量；在高纬度地区，冬季的取暖将释放大量的热量；城市中车辆的运行也产生大量热量。上述热量来源有时可能会超过太阳辐射所提供的热量。据测定，莫斯科冬季取暖所散发的热量约是太阳辐射热量的 3 倍。

而且，由于城市特殊的地面，植被所占面积相对较少，不透水面积较大，自然降水相当一部分通过下水道排走（据统计，城市中的水分约有1/3通过下水道流走），致使通过蒸腾或蒸发消耗热量的水分大大减少，相应地就使城市的热量有所增加。

最后，城市空气中存在的大量污染物也是导致城市中热量增多的重要原因。规划不合理或污染控制措施不当的城市，空气污染严重，污染物对地面长波辐射的吸收和反射能力很强，致使城市获得的热量比农村多。

通过以上原因可以看出，城市地区的热量要比乡村多一些。

（二）　温度变化规律

1. 温度在空间上的变化

地球表面上各地的温度条件随所处的纬度、海拔高度、地形和海陆分布等条件的不同而有很大变化。随着纬度增高，太阳高度角减小，太阳辐射量随之减少，温度也逐渐降低。一般纬度每增高1°（约111千米），年平均温度下降0.5～0.7℃（1月为0.7℃，6月为0.3℃）。我国领土辽阔，最南端为北纬3.59′，最北端为北纬53°32′，南北纬度相差49°33′，因此，我国南北各地的太阳辐射量相差很大。

温度还随海拔高度而发生规律性的变化。随着海拔升高，虽然太阳辐射增强，但由于大气层变薄，大气密度下降，保温作用差，因此温度下降。一般海拔每升高1000米，气温下降5.5℃。北京市海拔52.3米，年均温11.8℃，最冷月均温－4.8℃；而处于相同纬度的五台山，海拔2894米，年均温－4.2℃，最冷月均温－19℃。

温度与坡向也有密切的关系。北半球南坡接受的太阳辐射最多，空气和土壤温度都比北坡高，但土壤温度一般西南坡比南坡更高，这是因为西南坡蒸发耗热较少，热量多用于土壤、空气增温，所以南坡多生长阳性喜暖耐旱植物，北坡更适宜耐阴喜湿植物生长。

封闭谷地和盆地的温度变化有其独特的规律。以山谷为例，由于谷中白天受热强烈，再加上地形封闭，热空气不易输出，所以白天谷中气温远较周围山地为高，如河谷城市南京、武汉、重庆为我国三大"火炉"城市。在夜间，地面辐射冷却，近地面形成一层冷空气，冷空气密度较大，顺山坡向下沉降聚于谷底，而将暖空气抬高至一定高度，形成气温下低上高的逆温现象。在晴朗无风、空气干燥的夜晚，这种辐射逆温最易形成。在城市地区，混凝土与沥青下垫面冷却较快，常易形成逆温层。由于逆温层的形成，空气交流极弱，热量、水分不易扩散，易形成闷热天气，此外由于大气污染物的积累，常会加剧大气污染的危害程度。

2. 温度在时间上的变化

根据一年中气候寒暖、昼夜长短的节律变化，我国大部分地区可分春、夏、秋、冬四季，一般冬季候（5 天为一候）平均气温低于 10℃，春、秋季候气温在 10～22℃之间，夏季候平均气温高于 22℃。我国大部分地区位于亚热带和温带，一般是春季气候温暖，昼夜长短相差不大；夏季炎热，昼长夜短；秋季和春季相似；冬季则寒冷，昼短夜长。但由于各地所处位置及气候条件不同，四季长短及开始日期有很大差异。

温度的昼夜变化也是很有规律的。一般气温的最低值出现在凌晨日出前。日出以后，气温上升，在 13：00～14：00 达最高值，以后开始持续下降，一直到日出前为止。昼夜温差（日较差）一般随纬度的增加而减小。

（三）城市热岛效应

1. 城市热岛效应的概念

城市热岛（urban heat island）是城市化气候效应的主要特征之一。一般把城市气温高于四周郊区气温的现象称为"城市热岛效应"（urban heat t island effect），有时也统称为"城市热岛"。城市热岛最早见于科学记载的，是 1818 年英国出版的《伦敦气候》。作者 L・赫华德在城市气候的两大发现中指出：伦敦市中心气温比郊外高（月高 0.5～1.2℃）；城乡温差夜间比白天大。

城市的热岛效应普遍且明显。我国曾观测到的最大城乡温差（城市热岛强度），上海是 6.8℃（1979 年 11 月 13 日 20 时），北京是 9.0℃（1966 年 2 月 22 日清晨）。世界上热岛最强的是中高纬度的大中城市，如加拿大的温哥华 11℃（1972 年 7 月 4 日）、德国柏林 13.3℃。位于北极圈附近的美国阿拉斯加首府费尔班克斯市曾达 14℃。

2. 城市热岛效应形成的主要原因

① 城市下垫面的反射率比郊区小。城市绿地面积比郊区小，街道、建筑物等大量使用砖石、水泥、沥青、硅酸盐等建筑材料，这些建筑材料的反射率比植被低，特别是深色屋顶和墙面等反射率更低。并且由于建筑物密度大，形成一个立体下垫面，太阳辐射经墙壁、屋顶、路面等之间多次反射吸收，最终被反射的能量减小。

② 城市下垫面建筑材料的热容量、热导率比郊区森林、草地、农田组成的下垫面要大得多，白天吸收积聚大量的辐射热，使地面温度上升，如沥青路面温度最高时达 51℃，城市下垫面的温度远高于郊区，因而通过长波辐射提供给大气的热量比郊区多。

③ 城市大气中二氧化碳和空气污染物含量高，形成覆盖层，对地面长波辐射有强烈的吸收作用，空气逆辐射也大于郊区，减少了热量的散失。

④ 城市内各种燃烧过程和人类活动产生的热量可能接近甚至超过太阳的辐射热量。

⑤ 城市中建筑物密集，通风不良，不利于热量的扩散，加上城市地面透水面积较大，排水系统发达，地面蒸发量小，同时植被较少，使得通过水分蒸腾、蒸发消耗热量的作用大大减小，这些也是引起热岛效应的重要因素。

3. 城市热岛效应带来的后果

城市热岛效应是一种中小尺度的气象现象，它受大尺度天气形势的影响，当天气形势在稳定的高压控制下，气压梯度小，微风或无风，天气晴朗无云或少云，有下沉逆温时，易产生热岛效应。如在我国长江中下游沿线，由于地球行风的影响，形成副热带高压带，因此重庆、武汉和南京三大"火炉"城市都分布在该地区。

城市热岛效应强度还因地区而异，它与城市规模、人口密度、建筑密度、城市布局、附近的自然环境有关。在城市人口密度大、建筑密度大、人为释放热量多的市区，形成高温中心。城市中的植被和水体增温缓和，可以降低热岛强度，因此在有植被和水体的地方形成低温带。中小城市的热岛效应较弱。热岛效应还与季节有关，在一年当中，一般秋、冬季城市的热岛效应较强，而夏季较小。特别是在北方城市，由于冬天取暖，人为散发热量大大增加，也增加了城市热岛效应。如天津市区与郊区年均温差为 1.0℃，秋季为 0.9℃，春季为 0.4℃，而在冬季温差最高可达 5.3℃。城市的热岛效应常会使城市春天来得较早，秋季结束较晚，城区的无霜期延长，极端低温趋向缓和，但原本有利于树木的生长的条件会由于温度过高、湿度降低而丧失。

二、 温度与城市园林树木配置特点

在地球表面植物种的分布与温度条件有密切的关系，一方面与年平均温度特别是 1 月的平均温度相关，另一方面与积温相关。积温是指植物整个生长发育期或某一发育阶段内，高于一定温度以上的昼夜温度总和。它既可表示各地的热量条件，又能说明生物各生长发育阶段和整个生育期所需要的热量。

积温可分为有效积温和活动积温，有效积温的计算方法如下：

$$K = N(T - T_0)$$

式中　K——有效积温；

　　T——当地某时期内的平均温度；

　　T_0——生物生长发育所需要的最低临界温度（生物学零度）；

　　N——某时期的天数。

不同生物种的生物学零度是不同的，但在同一热量带相差并不大，一般温带地区的生物学零度为 5℃，亚热带地区为 10℃。如某温带树种，当平均温度达 5℃时，到开始开花共需 30 天，这段时间的日平均温度为 15℃，则该树种开始开花的有效积温 $K = 30 \times (15 - 5) = 300$（℃）。

活动积温的计算方法是把生物学零度换成物理学零度，即：

$$K = NT$$

如上例中活动积温是 450℃。

不同植物要求不同的积温总量，如柑橘需要有效积温 4000～5000℃才能正常生长发育。根据各植物种需要的积温量，再结合各地的温度条件，可初步了解各植物的引种范围。此外，还可根据各种植物对积温的需要量，推测或预报各发育阶段到来的时间，以便及时安排生产活动。

以日温≥10℃的积温和低温为主要指标，可以把我国分为六个热量带（高原和高山除外）。由于每个热量带内温度不同，都有相应的树种和森林类型，植物种类也由热带的丰富多样逐渐变为寒带的稀少，形成各热量带所特有的植物种和森林。

1. 赤道带

位于北纬 10°以南的我国南海岛屿地区。积温大致在 9000℃左右，平均气温超过 26℃，年降雨量超过 1000 毫米，主要生长热带植物椰子、木瓜、羊角蕉和菠萝蜜等。

2. 热带

积温≥8000℃，最冷候气温不低于 15℃（或最冷月不低于 16℃），包括雷州半岛、湛江及其以南地区。低地植被主要是热带雨林，主要树木为樟科、番荔枝科、龙脑香科、使君子科、楝科、桃金娘科、桑科、无患子科和豆科。

3. 亚热带

积温为 4500～8000℃，最冷候气温为 0～15℃（或最冷月 0～16℃）。天然植被为常绿阔叶林或混生常绿阔叶树的阔叶林，主要树种有壳斗科、樟科、茶科、冬青科等常绿阔叶树，马尾松、柏树、杉木等针叶树。

4. 暖温带

积温为 3400～4500℃，最冷候气温 −10～0℃（或最冷月 −8
～0℃），是亚热带和温带之间的过渡。主要分布落叶阔叶林。

5. 温带

积温为 1600～3400℃，最冷候气温 −30～−10℃（或最冷月
−28～−8℃）。天然植被为针叶树与落叶阔叶树混交林，此外为草
原与荒漠。

6. 寒温带

积温低于 1600℃，最冷候气温低于 −30℃（或最冷月低于
−28℃）。天然植被为落叶松林。

三、 园林树木对城市温度的影响

1. 园林植物对城市气温的调节作用

园林植物具有遮阴作用，俗话说"大树底下好乘凉"，在有植物遮
阴的区域，其温度一般要较没有遮阴的区域低。夏季，绿化状况好的
绿地中的气温比没有绿化地区的气温要低 3～5℃（据测定，北京居住
区绿地与非绿地气温差异为 4.8℃），较建筑物下甚至低约 10℃。

植物的遮阴主要是通过植物的冠层对太阳辐射的反射，使到达
地面的热量有所减少（植物叶片对太阳辐射的反射率为 10%～
20%，对热效应最明显的红外辐射的反射率可高达 70%），而城市
的铺地材料如沥青的反射率仅为 4%，鹅卵石的反射率为 3%，因
此通过植物的遮阴，会产生明显的降温效果。植物遮阴作用的大小
取决于植物群落的复杂程度，植物群落层次越多，所阻挡的太阳辐
射也就越多，地面温度下降得越快；对于单株植物来讲，树冠越
大，层次越多，遮挡的太阳辐射也越多，遮阴作用越明显。因此，
要想取得较好的遮阴作用，可通过增加群落的层次性，或扩大冠层
的幅度等途径来实现。

园林植物的遮阴作用不单纯指对地面的遮阴，对建筑物的墙
体、屋顶等也具有遮阴效果。据日本学者调查，在夏季，虽然建筑
物的材质不同，但墙体温度都可达 50℃，如此高温必然使其向室

内传递，造成室内温度上升，而用藤蔓植物进行墙体、屋顶绿化，其墙体表面温度最高不超过 35℃，从而证明墙体、屋顶园林植物的遮阴作用。为此，他们还做了一个比较经典的实验来证明：建造两栋结构完全相同的实验住宅，在夏季，其中一栋在向阳窗面用葫芦、牵牛花、丝瓜、紫蔓等进行配置，使其形成竹帘状，而另一栋不采取任何措施。在该条件下使两栋内的空调开放，并始终保持在 28℃，最后对二者的电力消耗进行比较，结果表明配置植物帘的那一栋比没有配置的那一栋节省电力达 21%～42%（平均为 30%），有人形象地称之为自然能源冷却（passive cooling）。该法最初在欧美产生，日本广为应用，我国也有类似的研究，如杭州植物所对杭州丝绸厂用爬山虎绿化的墙体与没有绿化的墙体的温度进行了比较，种植攀援植物的建筑物与不种植的相比，表面温度要低 4～5℃，室内温度要低 2～4℃。

2. 园林植物的凉爽效应

绿地中的园林植物能通过蒸腾作用，吸收环境中的大量热量，降低环境温度，同时释放水分，增加空气湿度（18%～25%），使之产生凉爽效应，对于夏季高温干燥的地区，园林植物的这种作用就显得特别重要。

据测定，在干燥的季节里，每平方米树木的叶片面积，每天能向空气中散发约 6 千克的水分。水分的蒸发消耗大量的热量，这样就使植物分布区的温度下降，湿度增加，有效地提高了空气中的相对湿度。森林里的相对湿度比城市里可高达 38%，公园里的相对湿度比其他地区可高达 27%。这样，在干燥的季节里使人倍感滋润，利于健康。

3. 园林植物群落对营造局部小气候的作用

城市夏天，由于各种建筑物的吸热作用，使得气温较高，热空气上升，空气密度变小；而绿地内，特别是结构比较复杂的植物群落或片林，由于树冠反射和吸收等作用，使内部气温较低，冷空气因密度较大而下降，因此，建筑物群和城市的植物群落之间会形成气流交换，建筑物中的热空气吹向群落，群落中的冷空气吹向建筑物，从而形成一股微风，形成建筑物内的小气候。冬季，城市中的植物群落由于保温作用以及热量散失较慢等特点，也会与建筑物间形成气流交换，不过这次从植物群落中吹向建筑物的是暖风，冬季绿地的温度要比没有绿化地面高出1℃左右，冬季有林区比无林区的气温要高出2~4℃，因此，森林不仅稳定气温和减轻气温变幅，可以减轻日灼和霜冻等危害，还能影响周围地区的气温条件，使之形成局部小气候，从而改善该区域的环境质量。

4. 园林植物对热岛效应的消除作用

增加园林绿地面积能减少甚至消除热岛效应。有人统计，1公顷的绿地，在夏季（典型的天气条件下），可以从环境中吸收81.8兆焦的热量，相当于189台空调机全天工作的制冷效果。如北京市建成区的绿地，每年通过蒸腾作用释放39亿吨水分，吸收107396亿焦的热量，这在很大程度上缓解了城市的热岛效应，改善了人居环境。

5. 园林植物的覆盖面积效应

解决城市的温度问题不完全取决于园林植物的覆盖面积，但它的大小却是城市环境改善与否的重要限制因子。园林植物的降温效果非常显著，而绿地面积的大小更直接影响着降温效果，在良好绿化的基础上，植物覆盖面积对消除城市热岛效应有着重要的意义。刘梦飞等人对植物覆盖率与降温效果进行了研究和分析，发现绿化覆盖率与气温之间具有负相关关系，即覆盖率越高，气温越低。据此推算，北京市的绿化覆盖率达到50%时，北京市的城市热岛效应基本可以消除。50%的绿化覆盖率与国外的研究结果基本一致，因此，如果有可能，应该增加城市中的绿化面积，特别在新建城市或城市的新规划区要尽量达到这个指标。

第二节 城市水分对园林树种生长的影响

一、城市水分变化特点

城市特殊的结构、排水设施以及人口、企事业单位的高度集中等特点，使城市水分状况与周围其他地区有很大的区别。

（一）城市水资源状况

我国的水资源状况总量较丰富，人均拥有量少。我国的水资源总量为 27115 亿立方米，其中河川径流量占总量的 94.4%。但人均占有量却极低，比世界平均水平的 1/4 还低，约是美国的 1/6，巴西的 1/19，加拿大的 1/58，而年径流量仅为我国 1/5 的日本其人均水资源占有量却是我国的 2 倍。因此，我国是水资源严重缺乏的国家，被列为世界上 13 个最缺水的国家之一。

城市缺水在我国具普遍性。城市缺水问题最早出现在 20 世纪 70 年代北方少数城市，如天津、青岛、大连、长春、太原等，之后逐渐增加，缺水城市的分布已从北方和沿海地区扩展到全国，成为普遍性的问题。目前缺水城市已占城市总数的 2/3，包括 14 个沿海开放城市、3 个特区市（不包括珠海市）、3 个直辖市及几乎所有的省会城市。在缺水城市中，以南北方划分，主要集中在北方。北方比较严重的缺水城市共 71 个，占全国缺水城市的 2/3，占该地区城市总数的 30%；南方缺水比较严重的城市共 43 个，占全国缺水城市的 1/3，占全区城市总数的 17.8%。以东中西划分，主要集中在东部沿海地区。沿海地区缺水比较严重的城市共 48 个，占全国缺水城市的 42.1%，占全区总数的 1/4，而中西部较严重的分别占全国缺水城市的 36.0% 和 21.9%，占各自城市总数的 1/5 和 1/4。在北方缺水城市中，主要是资源短缺类型，即城市发展的需水量已超过当地水资源的承受能力，需从境外调水，如大连、秦皇岛、天津、北京、太原、西安、大同、青岛、烟台、威海、淄博等。南方地区缺水城市除位于沿海中小河流的少数城市（如宁波、温州、厦门等）外，基本上属于污染短缺型或工程短缺型，即主要是由于蓄水、饮水、市政供水设施不足或市域水体受污染造成的，如上海市的缺水主要是因为黄浦江污染严重，原取水口难以满足市政供水水质的要求。

（二）大气湿度

1. "城市干岛"现象

城市相对湿度较郊区或农村低，有人称之为"城市干岛"。产生"城市干岛"的原因在于，由于城市中自然土壤面积较少，地面多铺有混凝土或沥青等不透水材料，使得到达城市的水分约有1/3左右通过排水系统排走，而城市中的绿地又非常缺乏，因此，通过地面蒸发和植物蒸腾到达空气中的水分就相应的减少；另外，热岛效应使城市中的温度较高，造成空气相对干燥，气候专家认为城区年平均相对湿度比郊区偏低6%左右。

2. "城市雨岛"现象

除了"城市干岛"之外，还有"城市雨岛"现象。其产生主要原因是城市云多。城市中由于热岛效应，上升气流比郊区强，城市大气中吸湿性污染微粒又是良好的水汽凝结核，因此城市云量一般比郊外多。但因热岛效应造成的上升气流所达到的高度不高，因此所增加的云主要是低云。以上海为例，根据上海地区170多个雨量观测站点的资料，结合天气形势，进行众多个例分析和分类统计，发现上海城市对降水的影响以汛期（5～9月）暴雨比较明显，在上海近30年汛期降水分布图上，城区的降水量明显高于郊区，呈现出清晰的"城市雨岛"现象。国外也有这方面的例子，如美国圣路易斯市积云常首先在城市中心和城北炼油厂上空生成，那里积云出现的频率比周围高3倍。云多是增加城市降水的有利条件之一；由于城市的下垫面比较粗糙，也有助于增加降水；城市中由于大量的人为热燃烧会释放大量的水汽，也是增加降水的因素。

当然，城市中也有一些因素会对降水不利。首先城市空气干燥，相对湿度低，不利于降水；再者，大气中污染微粒虽易吸湿成云，但其中直径特别小的粒子形成的云一般不会发生降水（称为云的胶性稳定）。

不过，绝大多数研究工作还是证明城市可以增加城区和下风方向一定距离内郊区的降水量。一般城市年增雨率为5%～11%，个别城市夏季增加 30％的也有。城市的各种因素增加降水主要表现在雨季，其他时间不甚明显。城市增加降水的方式，除了上述数量上增加以外，有时因为热岛的热力作用触发对流性不稳定，偶尔也有城外无雨而城里有雨（甚至大雨）的情况发生。

（三）　土壤水分

城市耗水量大，加上城市的水源缺乏，因此，对地下水的开采利用程度越来越大，导致地下水位下降，甚至出现地基下沉的现象，不但对植物赖以生存的土壤环境造成破坏，而且还会对城市的各种设施产生影响，甚至造成人员伤亡。如西安是我国缺水比较严重的城市之一，由于缺水而大量利用地下水，导致西安市多处出现地基下陷现象，并导致一些高楼出现较大裂缝。在国外也有相似的现象发生，如著名的水上城市威尼斯，因为只能利用地下水等因素，过去以每100 年 5 英寸（1 英寸＝2.54 厘米）的速度下沉，由于用水量的增加，现在以每 100 年 10 英寸的速度下沉。

我国的城市水污染状况非常严重，城市水污染的主要来源是工业废水、城市卫生用水、农业废水等。而造成我国城市水污染严重的一个重要原因是污水处理滞后。1997 年全国建制市污水排放总量大约为 351 亿立方米，年集中处理率仅为 13.4％，1998 年，污水处理普及率约为 12％，亦即大部分城市污水和相当一部分工业废水未经处理便排于附近水体，污染环境，大量未经处理的城市污水的直接排放已经造成了城市水环境的严重恶化，已有 90％的水源水质遭受了不同程度的污染。而地下水的污染也愈来愈严重，全国城市供水 30％源于地下水，北方城市达 89％。近 20 年城市地下水质普遍恶化，1992 年调查显示北方 90％以上的城市地下水受到污染，其中 28％已不适合饮用。

如今，城市用水面临两个严峻的问题：水源缺乏和水污染严重。因此，要合理利用水资源，解决城市缺水与园林绿化的矛盾。同时，在选择园林绿化类型时也要考虑水污染状况，尽可能选择一些耐水污染，并具有净化水污染作用的植物。

二、　城市水分特点对园林树木的影响

水分是园林树木体的重要组成部分，通常体内含水为 60％～80％。树木所需要的水分，依靠根系吸收土壤水，而土壤水主要来自大气降水和人工补水。通常情况下，树木所需要的土壤水分储存在土壤毛细管孔隙里，随毛管力作用，水在毛细管内自由运动。其运动规律表现为由土水势大的位置向土水势小的位置运动。土壤含水量多少，与城市土壤渣砾含量、土壤容重状况、地面铺装和地下水位高低等有关。城市土壤容重大，加之路面和铺装的封闭，自然降水大部分排入下水道，很难渗透土壤中，以致使自然降水量无法充分供给树木，满足其生长需要。部分街道各种地下建筑设施的修建，阻断了地下水通过毛细管上升到根区范围，从而使树木根系无法接近和吸收地下水。因而，土壤含水量低、供水不足，树木水分平衡易处于负值。如果不经常人工补水，易造成树木生长不良，早期落叶，甚至死亡。

三、　园林树木对城市水分的影响

1. 增加空气湿度

城市园林植物具有很好的增加空气相对湿度的效应，这主要因为园林植物特别是园林树木有较强的遮阳庇荫、降低风速的作用，同时还具有很强的蒸腾作用。园林树木的叶面积较大，能遮挡大量的太阳热辐射，并阻碍水蒸气的迅速扩散。园林植物水分消耗中，超过 99％的水是通过叶面蒸腾，特别是在夏季。据北京园林局测算，1 公顷阔叶林一天蒸腾 2500 吨水分，比同面积裸露地蒸发量高 20 倍，相当于同面积水库蒸发量。由于植物群落具有强大的蒸腾水分的能力，不断地向空气中输送水蒸气，故可以提高空气湿度。据调查，一般森林的相对湿度比城市高 36％，公园的相对湿度比城市其他地区高 27％，即使是在冬季，城市绿地的风速较小，

土壤和树木蒸发的水分不易扩散，绿地的相对湿度也比非绿地地段高 10％左右。相比较而言，乔灌草配置的园林绿地降温增湿效果比单一的灌木林或草坪高得多。

2. 涵养水源、保持水土

园林植物与绿地能改变降水的去向及其所占的比例，从而发挥涵养水源、保持水土的效益，主要通过以下几个途径达到：

（1）林冠截留　林冠截留降水，可减弱雨水对地表的冲刷，减少水土流失。在森林内降雨首先落在树木的叶、枝和干等树体表面，其中一部分受重力、风力的影响从树上滴下，称为滴落。或由叶转移到枝，再转移到干而流到林地表面，称为茎流或树干流。还有一部分降水未接触树体，而直接穿过林冠间隙落到林地，这部分降雨称为穿透雨。相应的滴落量、茎流量和穿透雨量三者之和称林内雨量。在连续降水的一段时间内，林冠上部或空旷地雨量称为林外雨量，从中减去林内雨量即为林冠截留雨量。

截留量是植被对降水的最初分配，它取决于植被的截留能力、树种、林冠结构、年龄和密度等。不同群落的截留率存在很大的差异，这和群落特点、雨量级、季节等因素有关。一般来说，在小雨时比大雨时截留要多，短期降水的截留率高于长时间降水，由叶面大且粗糙的树种组成的枝叶茂密的群落，其截留率高于其他群落。林冠对降雨的截留，大大降低了降水对地表土壤的冲刷，避免土壤孔隙堵塞，从而减少土壤径流的发生。

林冠截留不仅使降落到森林内的降雨量减少，还使其水质发生变化。一般情况下，森林外部降雨的养分是很低的，并且随季节变化小，而通过林冠叶、枝和树干的降水，将积累在这些部位和幼嫩枝叶释放出来的养分淋溶下来，因此林内雨含有较多的养分。

（2）地被物层吸水保土　降水向土壤渗透的过程称为下渗（infiltration），在这一过程中，降水首先接触地被物层。由枯枝落叶等构成的死地被层铺在土壤表面，结构疏松，通气良好，表面粗糙，具有对地表水吸收和拦截的作用。死地被物能保持自重 1～5

倍的水分，可防止雨滴击溅土壤。据莫尔恰洛夫研究，雨滴以 4～9 米/秒速度落向地表时，可把最小土粒击溅至 60～90 厘米高、1.5 米远处。因此在暴雨雨滴击溅下，无植被保护的土壤表层膜结构破坏，抗蚀力急剧降低，表层土壤被水所饱和呈泥浆状态，堵塞土壤孔隙，影响入渗并产生径流，造成水土流失。

枯枝落叶层最大持水量减去自然状态时的含水量，可得到枯枝落叶层的持水量。不同森林的枯枝落叶层截留量有较大差异，一般枯枝落叶层厚度越高，蓄积量越大，持水量越大；随着林龄增加，枯落物积累加厚，持水量也相应提高，这有利于雨水缓慢下渗，从而起到涵养水源的作用。

（3）地表水的吸收和下渗　一般绿地土壤入渗量比裸露地高，这是因为绿地土壤结构好，孔隙度大。由于植物的存在，植物根系和土壤间形成管状的粗大孔隙，土壤动物的活动也形成粗大孔隙，加之植物为土壤提供了大量的有机物质，改善了土壤结构，增加了粗、细孔隙，因此绿地土壤孔隙度比裸露地高得多，也就更利于入渗。绿地特别是森林土壤入渗率高，可减少地表径流量和增加植物可利用水量，防止水土流失。

在相同的降水条件下，不同植被类型对土壤含水量有显著影响。对北京西山地区的几种人工林和灌丛的土壤含水量进行测定的结果表明，油松林与栓皮栎林的郁闭度皆为 0.7，树高约 6 米，林下灌木较稀疏，三桠绣线菊灌丛和荆条灌丛生长茂密，8 月覆盖度近 100%。比较而言，落叶阔叶林的蒸腾量较大，因此土壤中的含水量相对较低，而灌丛土壤含水量明显高于乔木林，这与其地面覆盖物较多、蒸发较弱有关。

在城市地区活地被物层少，植物的枯枝落叶又多被清除，加上人为对地表的践踏和破坏，这些因素都会显著减少水分对土壤的入渗，增加地表径流量，因此保护城市地区的活地被物层和枯枝落叶、增加植物多样性对水土保持有明显作用。

（4）对融雪的调节作用　绿地内由于园林树木的覆盖，使绿地内的温度变化比绿地外小，冬春季的融雪比林外晚，融雪速度慢，融雪时间长，同时绿地内的土壤冻结比绿地外浅，这样就有利于融雪水的渗透和被土壤吸收，减弱地表径流的产生。

园林绿地减少地表径流的作用很显著。通过林冠层、灌木草本层和枯落物层对降水的截留以及绿地土壤良好的渗透性能，绿地内的地表径流很少发生或显著减弱。据近年来各气候带各类森林中测定的结果，在月降雨量未超过 80 毫米的条件下，均未产生地表径流，而地下径流量则远远超过地表径流。显然，植物群落特别是森林群落对降水重新进行分配，可在森林内部大量地储存水分，减少地表径流，从而发挥保持水土、涵养水源、调节周围小气候的作用。

3. 净化水体

植物对水污染的净化作用主要表现在以下两个方面：

一是植物的富集作用。植物可以吸收水体中的溶解质，植物体对元素的富集浓度是水中浓度的几十至几千倍，对净化城市污水有明显的作用。不同的植物富集能力也不相同。如芦苇能吸收酚及其他二十几种化合物，每平方米土地上生长的芦苇一年内可积累 6 千克污染物质，所以有些国家把芦苇作为污水处理的最后阶段。又如水葫芦能从污水中吸收金、银、汞、铅等重金属物质。

二是植物具有代谢解毒的能力。在水体的自净过程中，生物体是最活跃、最积极的因素，水体的有机物反应过程一般都有生物体的参与。如水体中的氰化物是一种毒性很强的物质，但通过植物的吸收，与丝氨酸结合变成腈丙氨，再转变成天冬酰胺，最终变为无毒的天冬氨酸。

植物对水污染的净化功能，可直接用于城市污水处理。如将污水有控制地投配到生长有多年生牧草、坡度缓和、土壤渗透性低的坡面上，污水沿坡面缓慢流动，从而不断得到净化。

第三节　城市光照特点对园林树种生长的影响

一、　城市光照特点

光污染是指环境中光辐射超过各种生物正常生命活动所能承受的指数，从而影响人类和其他生物正常生存和发展的现象。光污染是我国城市地区呈上升趋势的一种环境污染，近些年开始受到重视。光污染一般可以分为人造白昼污染、白亮污染和彩光污染三种。

（一）　白亮污染

白亮污染主要由强烈人工光和玻璃幕墙反射光、聚焦光产生，如常见的眩光污染就属此类。建筑物上的玻璃幕墙反射的太阳光或汽车前灯强光突然照在高速行驶的汽车内，会使司机在刹那间头晕目眩，看不清路面情况，分不清红绿灯信号，辨不清前方来车，容易发生交通事故，因此在高速公路分车带上必须有1米多高的绿篱或挡光板。茶色玻璃中含有放射性金属元素钴，它将太阳光反射到人体上，时间较长容易使人受放射性污染，从而破坏人体的造血功能，引发疾病。因此，在城市地区和交通干线两侧，建筑玻璃幕墙应该慎重处理，根据周围环境确定好适宜的方向、角度和面积大小等。

为了减少白亮污染，可加强城市地区绿化特别是立体绿化，利用大自然的绿色植物砌墙，建设"生态墙"，从而减少和改善白亮污染，保护视觉健康。

（二）　人造白昼污染

随着人类社会的进步和照明科技的发展，城市夜景照明等室外照明也得到了很大的发展，但同时也加大了夜空的亮度，产生了被称为人造白昼的现象，此带来的对人和生物的危害称为人造白昼污染。它形成的原因主要是地面产生的人工光在尘埃、水蒸气或其他悬浮粒子的反射或散射作用下进入大气层，导致城市上空发亮。

人造白昼的人工光会影响人体正常的生物钟；并通过扰乱人体正常的激素产生量来影响人体健康。如褪黑素主要在夜间由大脑分泌，它有调节人体生物钟和抑制雌激素分泌的作用，夜晚亮光的照射会减少人体内褪黑素的分泌，从而导致人体雌性激素以及与雌性激素有关的疾病的增加。人造白昼的人工光对生物圈内的其他生物也会造成潜在的和长期的影响。人造白昼影响昆虫在夜间的正常繁殖过程，许多依靠昆虫授粉的植物也将受到不同程度的影响。直射向天空的光线可能使鸟类迷失方向，而以星星为指南的候鸟可能因为人造白昼而失去目标。

植物体的生长发育常受到每日光照长短的控制，人造白昼会影响植物正常的光周期反应。

（三）　彩光污染

各种黑光灯、荧光灯、霓虹灯、灯箱广告等是主要的彩光污染源。研究表明，彩光污染不仅有损人的生理功能，还会影响心理健康。黑光灯所产生的紫外线强度大大高于太阳光中的紫外线，且对人体有害影响持续时间长。紫外线能伤害眼角膜，过度照射紫外线还可能损害人体的免疫系统，导致多种皮肤病。长期在黑光灯照射下生活，可诱发流鼻血、脱牙、白内障，甚至导致白血病和其他癌变。闪烁彩光灯常损伤人的视觉功能，并使人的体温、血压升高，心跳、呼吸加快。

荧光灯可降低人体钙的吸收能力，使人神经衰弱、性欲减退、月经不调等。研究还证实，蓝光和绿光在夜间对人体危害尤为严重。日光灯缺乏红光波段，且光谱不连贯，不符合人们的生理要求，对人的健康也有害。英国剑桥大学博士威尔士的研究表明，日光灯是引起人偏头疼的主要原因。

城市管理者要立足生态环境的协调统一，对广告牌和霓虹灯加以控制和科学管理，注意减少大功率强光源，并加强园林绿化工作，多植树、栽花、种草和增加水面，以改善城市光环境。

二、　城市光照特点对园林树木的影响

由于城市建筑密度大、建筑物外墙表面玻璃装修以及城市的亮化工程等因素，严重干扰了园林植物原有的光照环境。主要表现在：一是由于城市高楼林立、街道狭窄导致光照度分布不均匀，造成在同一街道和建筑物两侧的树木生长不对称，同时出现单个树木

的偏冠现象；二是由于过多的建筑物表面的大面积玻璃装修，增强了光照度，使园林树木受到高温危害。在北方地区长日照的城市，夏季园林植物中经常出现日灼病，致使树木叶片或新梢枯死或全树死亡；三是城市的过度亮化严重干扰了树木的正常代谢。由于城市的夜间照明促使园林植物在夜间的代谢增加，植物的营养消耗增加，积累减少，最终导致城市树木生长不良。

园林树木需要在一定的光照条件下完成生长发育过程，但不同树种对光照强度的适应范围则有明显的差别，一般可将其分为阳性树种、阴性树种和中性树种三种类型。阳性树种为喜光树种，只能在全光照条件下生长，其光饱和点高，不能忍受明显的遮阴环境。植株表现为枝叶稀疏、透光，叶色较淡，生长较快，自然整枝良好，但树体寿命较短。典型的阳性树种有马尾松、桦木、杨、柳、月季等，在遮阴条件下，树叶会发生黄化现象，出现落叶和自然整枝，最后导致树木生长衰弱或死亡。阴性树种为耐阴树种，能在较弱的光照条件下生长良好，光饱和点低，能耐受遮阴，植株枝叶浓密、透光度小，叶色较深，生长较慢，自然整枝不良，但树体寿命较长。园林树木中有铁杉、八角金盘、珊瑚树等，在强光照下易发生叶片灼伤现象，影响光合作用和正常生长。中性树种介于上述两类之间，比较喜光，稍能耐阴，光照过强或过弱对其生长均不利，大部分园林树种属于此类。

不同树种均具有一定的适应光照强度范围，当树木光合作用系统吸收的辐射能量超过其光合化学反应所利用的能量水平时，树木生长就会受到影响甚至出现伤害，导致光伤害的发生。喜光树种具有避免受到光伤害的生理机制，其叶绿体中的类囊体羧化而产生一种酶，使类胡萝卜素转化为玉米素，此过程将辐射能量以热的形式散失，从而避免光伤害的发生。

树种的需光强度与其原生地的自然条件有关。生长在我国南部低纬度多雨地区的热带、亚热带常绿树种，对光的要求就低于原生于北部高纬度地区的落叶树种。原生在森林边缘空旷地区的树种，绝大部分都是喜光树种，如落叶树种中的落叶松、杨树、悬铃木、刺槐、桃、杏等，常绿树种中的椰子、霸王棕等。而阴性树种在全日照光强的 10% 即能进行正常光合作用，其光补偿点低，仅为太阳光照强度的 1%，如落叶树种中的天目琼花、欧洲荚蒾和常绿树种中的杨梅、柑橘、枇杷、云杉等，光照强度过高反而影响其正常生长发育。

光照延续时间因纬度不同而各不相同。纬度越低，最长日和最短日光照延续时间的差距越小；而随着纬度的增加，日照长短的变化也趋明显。树木对昼夜长短的日变化与季节长短的年变化的反应称为光周期现象，主要表现在诱导花芽的形成与休眠开始。不同树种在发育上要求不同的日照长度，这是植物在系统发育过程中适应环境的结果。根据这一特性可将园林树木分为长日照树种、短日照树种和中日照树种三类。

（1）长日照树种　此类树种大多生长在高纬度地带，树木需要较长时间的日照才能开花，通常需要 14 小时以上的光照延续时间，才能实现由营养生长向生殖生长的转化，花芽才得以分化和发育。如果日照长度不足，即在生长期中得不到所需的长日照条件，则会推迟开花甚至不开花。

（2）短日照树种　此类树种起源于低纬度地带，需较短的日照长度才促进开花，光照延续时间超过一定限度则不开花或延迟开花，一般需要 14 小时以上的黑暗。如果把低纬度地区的短日照树种引种到高纬度地区栽种，因夏季日照长度比原生地延长，对花芽分化不利，尽管株型高大、枝叶茂盛，花期却延迟或不开花。对短日照植物的花原基形成起决定作用的不是较短的光期，而是较长的暗期。人们用闪光的方法打断黑暗，可以抑制和推迟短日照植物的花期，促进和提早长日照植物开花。

（3）中日照树种　此类树种对光照延续时间反应不甚敏感，如月季，只要温度条件适宜，几乎一年四季都能开花。

树体的受光类型可分为上光、前光、下光和后光。前两种光是从树体的上方和侧方照到树冠上的直射光和部分漫射光，这是树体正常发育的主要光源。下光和后光是照射到平面（如土壤、路面、水面等）和树后的物体（包括邻近的树和建筑物墙体等）所反射出的漫射光，其强度取决于树体周围的环境，如栽植密度、建筑物状况、土壤性质和覆盖状况等。树体对下光和后光的利用虽不如前两种光，但因其能增进树冠下部的生长，对树体生长起相当大的作用，在栽植管理时不应忽视。树体的受光情况与树体所在的地理状况和季节变化有关，照射在树体上的光不会被全部利用，一部分被树体反射出去，一部分透过枝冠落到地面上，一部分落在树体的非光合器官上。因此，树体对光的利用率取决于树冠的大小和叶面积多少。

第四节 城市空气污染对园林树种生长的影响

一、 城市空气污染特点

大气污染是指在空气的正常成分之外，又增加了新的成分，或者原有成分大量增加而对人类健康和动植物生长产生危害。大气污染可分为自然污染和人为污染两种，自然污染发生于自然过程本身，如火山爆发、尘暴等，人为污染由人类生产活动引起。自 19世纪末工业革命开始，人类便开始使用化石燃料，随着工业化、城市化的发展，人类对化石燃料和石油产品的需求迅猛增加，因而排放到大气中的污染物种类增多，数量增大，大气污染日益严重。现在大气污染已成为全球面临的公害，在城市地区更显严重。

（一） 污染源类型

1. 点源与面源

点源是指集中在一点或小范围内向空气排放污染物的污染源，如多数工业污染源。面源是指在一定面积范围内向空气排放污染物的污染源，如居民普遍使用的取暖锅炉、炊事炉灶，郊区农业生产过程中排放空气污染物的农田等。面源污染分布范围广，数量大，一般较难控制。

2. 自然污染源与人为污染源

大气污染物除小部分来自火山爆发、尘暴等自然污染之外，主要来源于人类生产和生活活动引起的人为污染。

3. 固定源与流动源

固定源是指污染物从固定地点排出，如火力发电厂、钢铁厂、石油化工厂、水泥厂等。固定源排出的污染物主要是煤炭、石油等化石燃料燃烧以及生产过程中排放的废气。流动源主要是指汽车、火车、轮船等各种交通工具，它们与工厂相比，虽然排放量小而分散，但数目庞大，活动频繁，排放的污染物总量也是不容忽视的。随着我国城市大发展，汽车越来越成为最大的流动污染源，排放的污染物有一氧化碳、氮氧化物、碳氢化合物等。

（二）污染物种类

大气污染物种类很多，目前引起人们注意的有 100 多种，概括分为两大类：气态污染物和颗粒状污染物。

颗粒状污染物是指空气中分散的微小的固态或液态物质，其颗粒直径在 0.005～100 微米。一般可分为烟、雾和粉尘等。烟是因蒸气冷凝作用或化学反应生成的，直径小于 1 微米；雾是直径在 100 微米以下的液滴。由于空气中烟、雾常同时存在且难以区分，故常用"烟雾"一词表示。粉尘包括直径为 1～100 微米的固体微粒，主要来自煤炭、石油燃料的燃烧和物质的粉碎过程，其化学组成十分复杂，有金属微粒、非金属氧化物及有机化合物等。粉尘根据粒子大小和沉降速度可再划分为降尘和飘尘，前者微粒直径小于 10 微米，后者微粒直径大于 10 微米。

颗粒状污染物在空中能散射和吸收阳光，使能见度降低，夏季达 1/3，冬季高达 2/3，并使地面的阳光辐射减少，城市所接受的阳光辐射平均少于农村 15％～20％，其主要原因就是城市上空的粉尘微粒较多。粉尘微粒还是水分凝聚和有毒气体的核心，经常形成城市雾霾，影响人的呼吸，引发并加剧支气管和肺部疾病。有些飘尘表面还带有致癌性很强的化合物。

直接进入大气的气态污染物（即初级污染物）主要有硫氧化物、氮氧化物、碳氢化物、碳氧化物。

二、 城市空气污染特点对园林树木的影响

当大气污染物浓度超过园林植物的忍耐限度，园林植物细胞和组织器官将受伤害，生理功能和生长发育受阻，产量下降，产品品质变坏，甚至造成园林植物个体死亡。一般，大气污染物对园林植物造成的伤害取决于污染物的种类、浓度和持续的时间，也称之为剂量，刚好使园林植物受害的剂量称为临界剂量。一般对于同一种污染物来讲，浓度越大，园林植物受害的时间越短。

大气污染对园林植物的危害症状分为可见症状和不可见症状。可见症状是肉眼可观察到的园林植物的叶、芽、花、果实等器官因受大气污染危害而表现出的形态变化。一般情况下大气污染物主要通过气孔进入叶片并溶解在细胞液中而导致园林植物受害，因而大气污染对园林植物危害的可见症状多表现在叶片上。由于大气污染物的浓度和植物、接触污染物的时间不同，叶片的受害症状也不一样，因此，可见症状又分为急性伤害症状和慢性伤害症状。急性伤害症状（acute damaged symptom）是当污染物的浓度很高，在短期内便破坏植物叶片和其他器官而表现出来的症状，如叶片上出现明显的坏死斑、叶片枯萎脱落、芽枯损，甚至整株植物长势显著衰弱和枯萎，严重时死亡。慢性伤害症状（chronic damaged symptom）是在污染物浓度较低时，植物需要接触较长一段时间才表现出来的症状，如叶片褪绿、变形、伸展不完全及提早落叶等。不可见症状是大气污染对植物伤害后体内生理功能变化的结果。

大气污染物中对植物影响较大的是二氧化硫、氮化物；氯、氨和氟化氢等虽会对植物产生毒害，但一般是由事故性泄漏引起的，其危害范围不大；氮氧化物毒性较小。

1. 二氧化硫对园林植物的危害

二氧化硫常常危害同化器官叶片，降低和破坏光合生产率，从而降低生产量使植株枯萎死亡。二氧化硫通过叶片呼吸进入组织内

部后积累到致死浓度时使细胞酸化中毒，叶绿体破坏，细胞变形，发生质壁分离，从而在叶片的外观形态上表现出不同程度的受害症状。树木叶片在受伤害后会出现不同程度的坏死斑或褪绿斑，而且二氧化硫还可刺激某些树木使之产生离层。急性中毒后，有些树种除发生上述症状外尚伴有大量落叶，如京桃、刺槐、皂荚等，而有些树木叶片仅出现萎蔫现象，而其他症状不明显；当叶片中的二氧化硫浓度较低时，叶片一般不表现可见症状。

大部分阔叶树，受二氧化硫危害后在叶片的脉间出现大小不等、形状不同的坏死斑，它的颜色因树种不同呈褐色、棕色或浅黄色，有些树种的坏死斑首先在叶缘叶尖处出现，随症状的发展，沿叶脉向内扩展。受害部分与健康组织之间的界限明显，主脉和侧脉的两侧不受影响，这是木本植物中阔叶树种叶片受二氧化硫危害后的典型症状。当二氧化硫浓度较高时，有些树种叶片细胞被破坏，内含物流入细胞间隙，叶片下表面表现出深绿色水渍斑，水渍斑消退后即出现褐色坏死斑。阔叶树种受二氧化硫危害后，症状最重的是发育完全、生理活动旺盛的叶子，枝下部老叶较轻，枝顶部未完全展开的幼叶受害最轻，原因在于二氧化硫是通过气孔伤害叶片组织的，生理活动旺盛的叶子对二氧化硫吸收量多，吸收速度快，所以受害较重。

针叶树受害后的典型症状是叶色褪绿变浅，针叶顶部出现黄色坏死斑或褐色环状斑，并逐渐向叶基部扩展至整个针叶，最后针叶枯萎脱落。受害最重的是当年发育完全的成熟叶，老针叶受害较轻，枝顶端未完全展开的幼叶受害最轻，受害程度与发育阶段也有一定关系。在浓度和接触时间均相同的条件下，针叶树在幼年阶段最易受害，中壮龄阶段抗性最强，过熟龄的树木抗性显著减弱。

2. 氯气对园林植物的危害

通过气孔，植物吸收氯气进入叶片组织内，使原生质膜和细胞壁解体，叶绿体受到破坏。树木受到氯气危害后主要症状为受害后首先出现水渍斑，在浓度较低时水渍斑消退，出现褐色斑或褪绿斑，褪绿多发生在脉间，随症状发展扩展及全叶，模糊一片，与健康组织间界限不清，这是较低浓度氯气危害树木后叶片受害的典型症状。浓度较高时，多出现叶脉间失绿变黄，叶缘处出现褐色坏死斑，这是较高浓度氯气危害树木后叶片受害的典型症状，浓度较高时有部分树种受害后在叶片的脉间出现褐色斑，与二氧化硫所致症状较为相似。

针叶树受害后叶的典型症状是叶色褪绿变浅，针叶顶端产生黄色或棕褐色伤斑，随症状发展向叶基部扩展，最后针叶枯萎脱落，症状特征与二氧化硫所致症状较为相似。

阔叶树受氯气危害后，症状最重的是枝下部老叶及发育完全、生理活动旺盛的树叶，枝顶部未完全展开的幼叶受害较轻或不受害。

3. 氟化氢对园林植物的危害

氟化氢的毒性强，对环境造成很大危害，氟化氢毒性约为二氧化硫的几十倍到几百倍，一般浓度在 0.003 毫摩尔/升时就可使植物受到毒害。

氟化氢通过气孔进入叶片组织内部，随蒸腾流运转到叶尖和叶缘，当积累量达到致死浓度时，使组织产生酸性伤害，原生质凝缩，叶绿素破坏。浓度较低时常常在叶尖和叶缘处出现褪绿斑，有时也出现在叶脉间。部分树木受害后在叶片背而沿叶脉出现水渍斑。有些树木水渍斑发生在叶尖和叶缘处，如糠椴。一般经过几小时或一昼夜，大部分树木的水渍斑会消退，叶片上出现褐色或深褐色斑。大部分树木氟化氢急性中毒后都是在叶尖和叶缘处出现褐色或深褐色坏死斑，坏死斑与健康组织之间界限明显，有一深褐色波纹形线带，这是叶片受氟化氢危害后的典型症状。坏死斑自叶尖起沿叶缘向叶基部扩展，受害重时，坏死斑可出现在整个叶缘，如同镶了一圈，坏死斑干枯后脱落。受害较轻时只在叶缘的一部分或叶缘的一侧出现坏死斑，坏死斑内颜色由于树种不同而成不同颜色，多为深褐色、褐色及棕色。受害后叶片除出现上述症状外，还伴有大量落叶。有些树木氟化氢急性中毒后，叶片失水萎蔫而不出现其他症状，如臭椿、国槐、刺槐、榆树等，有些树种萎蔫后进而出现褐色斑如山桑、梓树、龙爪柳等。

针叶树对氟化物十分敏感，在受氟化氢危害后，针叶尖端出现棕色或红棕色坏死，与健康组织界限明显，随症状发展而逐渐向叶基部扩展，最后干枯脱落，针叶的受害程度由于叶龄不同而有明显差异，受害后症状最重的是枝条顶端当年生伸展不完全的幼叶，二年以下的老叶受害较轻。一般，有氟化物污染的地方，很少有针叶树生长。

阔叶树受害后一般枝条顶端的幼叶受害最重，枝条中部以下的叶片受害较轻。

4. 其他常见污染物对园林植物的危害

（1）臭氧对植物的危害　城市中的汽车尾气等排放物质在太阳光照射下相互作用而产生的光化学烟雾主要成分是臭氧。臭氧是一种强氧化剂，破坏栅栏组织和表皮细胞，促使气孔关闭，降低叶绿素含量等而抑制光合作用。同时，臭氧还可损害质膜，使其透性增大，细胞内物质外渗，影响正常的生理功能，因此，受害植株易受疾病和有害生物的侵扰，再生的速度远不如健康的植物。另外，空气中臭氧含量会造成土壤中臭氧含量增高从而对植物产生伤害。

一般植物在臭氧浓度超过 0.05 摩尔/升时就会对植物造成伤害。超过临界剂量后，植物叶表出现褐色、红棕色或白色斑点，斑点较细，一般散布整个叶片，有时也会表现为叶表面变白或无色，严重时扩展到叶背，叶子两面坏死，呈白色或橘红色，叶薄如纸。急性伤害通常表现出白色坏死斑，这在受害几小时或几天就会出现，然后，叶片变成红褐色。

（2）大气飘尘和降尘等颗粒物质对植物的危害　降尘和飘尘等颗粒物质落到植物叶片上会堵塞气孔，妨碍正常的光合作用、呼吸作用和蒸腾作用。同时，大气颗粒中含有较多的重金属等污染物质，对植物产生毒害作用。如受到有色金属冶炼烟气污染的杨树叶片，叶脉间出现黄褐色伤斑，形状为点状、条状或块状，伤斑有明显的界限，受害严重的叶片呈黄褐色干枯状，并有伤斑扩展成片的痕迹。经常遭受该类烟气污染的植株比同龄正常植株瘦弱，叶片窄小稀疏，并提前干枯脱落，甚至整株枯死。重金属污染不但影响了植物本身的生长，也会影响园林植物的绿化效果和净化能力。如多毛的阔叶泡桐具有较强的滞尘能力，但随着滞尘量的增加，其光合作用减弱，下降 30％～50％。

（3）氮氧化物对植物的危害　一氧化氮不会引起植物叶片斑害，但能抑制植物的光合作用。植物叶片气孔吸收溶解二氧化氮会造成叶脉坏死，如果长期处于 2～3 摩尔/升的高浓度下，就会使植物产生急性伤害症状。

三、 园林树木对空气的影响

园林植物是园林环境生态中的一个重要组成部分，不仅能美化环境，而且能吸收二氧化碳，释放出氧气，吸收空气中的有害气体、吸附尘粒、杀菌、调节气候、吸声降噪、防风固沙等，对环境起到净化作用，维持环境的良性运转，尤其是对保护城市环境具有重要的意义。

1. 维持碳氧平衡

绿色植物吸收二氧化碳，在合成自身需要的有机营养的同时，向环境中释放氧气，维持空气的碳氧平衡。近代由于人口的增长，大量化石燃料的燃烧，更由于大面积热带森林被砍伐毁坏掉，导致全球性的二氧化碳含量增加，碳氧平衡正在受到威胁。这种矛盾在城市中表现尤甚，城市人口的密集和超量化石燃料的燃烧大量消耗氧气，积累了过量的二氧化碳。由于二氧化碳的密度稍大于空气，多下沉于近地层，在有风的情况下，可以通过大气交换得到补偿和更新，但是无风或微风的情况下，如当风速在 2～3 米/秒以下时，大气交换很不充分，所以大城市空气中的二氧化碳浓度有时可达 0.05％～0.07％，局部地区可高达 0.2％。二氧化碳浓度的不断增加，势必造成城市局部地区氧气供应不足。

目前，任何发达的生产技术都不能代替植物的光合作用，只有植物才能保持大气中二氧化碳与氧气的平衡。据统计，1 公顷落叶阔叶林、常绿阔叶林和针叶林每年可分别释放氧气 10 吨、22 吨和

16 吨。北京城近郊建成区的绿地，每天可释放 2.3 万吨氧气，全年可释放氧气 295 万吨，这对于维持空气中的碳氧平衡具有重要的作用。以一个成年人每天吸入 0.75 千克氧气、排出 0.9 千克二氧化碳计，则 10 米^2 的森林面积，就可消耗他排出的二氧化碳，并供给所需的氧气。每平方米生长良好的草坪光合作用时每小时可吸收 1.5 克二氧化碳，因此，白天一块 25 米^2 的草坪可把一个人呼出的二氧化碳全部吸收掉。不同植物固定二氧化碳、释放氧气的速率因植物种类、植物生长状况、叶面积大小、地理纬度以及气象因素等而异。

2. 吸收有害气体

（1）园林植物吸收有害气体的机理及途径　园林植物不仅对大气中的污染物具有一定的抗性，而且具有一定的吸收力。园林植物对空气的净化作用，主要表现为通过吸收大气中的有害物质，再经光合作用形成有机物质，或经氧化还原过程使其变为无毒物质，或经根系排出体外，或积累于某一器官，最终化害为利，使空气中的有害气体浓度降低。

园林植物对空气中的污染物吸收效果非常显著。据统计，草坪植物吸收空气中的有害气体二氧化硫、二氧化氮、氟化氢以及某些重金属气体如汞蒸气、铅蒸气等，还能吸收一些重金属粉尘以及致癌物质醛、醚、醇等。每公顷绿色草坪，每年能吸收氧化硫 171 千克，吸收氯气 34 千克。北京市建成区的绿地，每年可以吸收二氧化硫 2737 吨，吸收氯气 544 吨。同时，有些植物由于具有对污染物的特殊同化转移能力，对污染物的吸收能力也会较其他植物强，如北京园林局等单位试验指出，对硫的同化转移能力以国槐、银杏、臭椿为强，毛白杨、垂柳、油松、紫穗槐较弱，新疆杨、华山松和加拿大杨极弱。

植物吸收大气污染物一般有两种途径：一种是以气态的形式在植物本身的气体交换过程中通过叶片上的气孔等进入植物体；另一种是以液态的形式进入，即大气中的污染物如二氧化碳、氯、氟化氢等以及颗粒污染物铅、镉等金属粉尘遇到水分或叶面上的湿气后溶解再以渗透等形式被叶片、枝条等吸收。

（2）影响植物吸收污染物的因素　一般情况下，不同植物对不同污染物具有不同的吸收性能，对于同种植物来讲，大气中的污染物浓度升高，植物体对其的积累量也会相应增加。同时，空气严重污染时，植物吸收污染物有限；而在低浓度下的慢性污染，植物的持久净化功效较显著。

园林植物对污染物的吸收能力除与植物种类有关外，还与叶片年龄、生长季节以及外界环境因素的影响有关。另外，结构复杂的植物群体对污染物的吸收要比单株植物强得多。

3. 滞尘效应

（1）滞尘效应的概念及原理　园林植物对空气中的颗粒污染物有吸收、阻滞、过滤等作用，使空气中的灰尘含量下降，从而起到净化空气的作用，这就是园林植物的滞尘效应。除有毒气体污染大气外，降尘、飘尘等也是主要的大气污染物质，如在工业发达的城市，每年每平方千米的降尘量约为 5 吨，而园林植物对颗粒污染物有滞尘作用，如在北京市建成区的绿地，每年可以滞尘 30516 吨（平均每公顷 1.518 吨），如果把这些粉尘集中起来，可以在一个足球场堆积 3 米多高，运送这些粉尘则至少要 6000 辆卡车。

园林植物滞尘效应的产生有四个机理。首先，园林植被覆盖自然地表，可减少空气中灰尘的出现和移动，特别是一些结构复杂的植物群体对空气污染物的阻挡，使污染物不能大面积传播，有效地杜绝二次扬尘。据测定，北京空气中的粉尘，只有 20% 来自城市的外部，而 80% 出自城内的二次扬尘，建设好绿地，做到黄土不露天，是降低城市粉尘污染的重要措施。其次，由于园林植物特别是木本植物繁茂的树冠有降低风速的作用，随着风速的降低，空气中携带的大颗粒灰尘便下降到树木的叶片或地面而产生滞尘效应。再次，有的植物叶片多茸毛，有的植物叶片分泌黏性的油脂和汁液等，能吸附大量的降尘和飘尘等。最后，植物叶片在光合作用和呼吸作用的过程中，通过气孔、皮孔等吸收一部分含某些重金属的粉尘等。

（2）影响园林植物滞尘效应的因素 园林植物本身的外部形态特征影响滞尘效应，因此，不同园林植物的滞尘能力有很大差别。一般来讲，植物体的叶片形态结构、叶片表面的粗糙程度、叶片的着生角度以及树冠的大小、疏密度等影响植物的滞尘能力。叶片宽大、平展、硬挺而且不易被风抖动、叶面粗糙的植物吸滞粉尘的能力较强，植物叶片的刺毛、绒毛和粗糙的树皮以及树脂、黏液等是吸滞粉尘的典型特征。

同时，园林植物滞尘效应随季节变化而变化，如在叶量大、生长旺盛的夏季滞尘能力强，而冬季由于落叶以及生长势骤减甚至休眠导致滞尘能力大减。植物的滞尘效应随所滞尘量的增加有所下降，但无论是以哪种方式蒙尘的植物，经过雨水冲洗，又能恢复其吸滞能力。由于园林植物具有粗糙的叶片和小枝等，其叶表面积通常为植物本身占地面积的 20 倍以上，因而园林植物特别是园林树木的滞尘能力很大。

园林植物的滞尘效应还取决于植物群落的结构等。据广州市测定，在居住区墙面中有五爪金龙的地方，与没有绿化的地方比较，室内含尘量减少 22％，用大叶榕树绿化的地段含尘量减少 18.8％；在南京某水泥厂附近的绿化片林比无树空旷地空气中的粉尘量减少 37.1％～60％。

成片森林的滞尘效应与其防风效应有关。透风的稀疏森林允许较多的灰尘进入，能被植物较好地吸收，且随着尘源距离加大，滞尘效应比较稳定的比率逐渐减少。较密森林允许进入的灰尘较少，更多的灰尘越过森林，因此，滞尘效应没有稀疏森林明显，但在背风面尘量最小。因此，园林实践中应根据不同目的配置不同结构的园林植物群落。

（3）滞尘能力强的园林树种 在我国北方地区有刺槐、沙枣、槐树、家榆、核桃、构树、侧柏、圆柏、梧桐等；在中部地区有家榆、朴树、木槿、梧桐、泡桐、悬铃木、女贞、荷花玉兰、臭椿、龙柏、圆柏、楸树、刺槐、构树、桑树、夹竹桃、丝棉木、紫薇、乌桕等；在南方地区有构树、桑树、鸡蛋花、黄槿、刺桐、羽叶垂花树、黄槐、苦楝、黄葛榕、夹竹桃、高山榕、银桦等。

4. 减菌效应

（1）减菌效应的含义 据有关资料报道，城市的大气中通常有杆菌 37 种、球菌 26 种、丝状菌 20 种、芽生菌 7 种等近百种细菌。有人测定北京王府井空气中含菌数每立方米超过 3 万个，其中许多细菌可致病。

园林植物具有明显的减菌效应，其含义包含两方面：一方面，空气中的尘埃是细菌等的生活载体，园林植物的滞尘效应可减少空气中的细菌总量；另一方面，许多园林植物分泌的杀菌素如酒精、有机酸和萜类等能有效地杀灭细菌、真菌和原生动物等。如园林植物香樟、柏树、桉树、夹竹桃等可以释放丁香酚、松脂、核桃醌等具有杀菌作用的物质，所以绿地空气中的细菌含量明显低于非绿地。据测定，在北京的几家大型医院中，其医院绿地中空气的含菌量均低于门诊区的细菌含量，说明绿地具有明显的减少空中细菌含量的作用。有人测定草坪上空每立方米含菌量仅 688 个，而百货商店高达 400 万个，公园里空气中的含菌量要比电影院低 4000 倍左右。园林植物的这种减菌效益，对改善城市生态环境具有积极意义。

（2）减菌植物的分类 为了进一步了解常用园林植物杀菌作用的强度差异，有关科研人员对多种园林植物对最常见的病原细菌（即金黄色葡萄球菌和铜绿假单胞菌）的杀菌力进行了测定分析，并将其分为四类。

① 对杆菌和球菌的杀菌力均极强的园林植物。既能杀死某些球菌，又能杀死某些杆菌，包括油松、核桃、桑树。这类园林植物可以作为医院、居住区等绿化的首选植物材料。

② 对两菌种的杀菌力均较强或对其中一个菌种的杀菌力强而对另一个菌种的杀菌力中等的园林植物。它们全部是北方城市园林绿化最常见的植物，包括常绿树木（白皮松、桧柏、侧柏、洒金柏）、落叶乔木（紫叶李、栾树、泡桐、杜仲、槐树、臭椿、黄

栌）、落叶灌木（紫穗槐、棣棠、金银木、紫丁香）、攀援植物（中国地锦、美国地锦以及球根花卉美人蕉等）。

③ 对球菌和杆菌的杀菌力中等的园林植物。包括常绿乔木类的华山松，落叶乔木类的构树、绒毛白蜡、银杏、绦柳、馒头柳、榆树、元宝枫、西府海棠；灌木类的北京丁香、丰花月季、海州常山、蜡梅、石榴、紫薇、平枝枸子、紫荆、金叶女贞、黄刺玫、木槿、大叶黄杨、小叶黄杨；草本植物如鸢尾、地肤、山荞麦等。

④ 对球菌和杆菌的杀菌力均弱的园林植物。包括加杨、洋白蜡、玫瑰、报春刺玫、太平花、萱草、毛白杨、樱花、玉兰、榆叶梅、鸡麻、野蔷薇、美蔷薇、山楂、迎春等。

5. 减噪效应

（1）噪声及园林植物减噪原理　噪声是已被人们逐渐所认可的一种环境污染。所谓噪声，一般被认为是不需要的、使人厌烦并对人们生活和生产有妨碍的声音。噪声影响人的身心健康，导致头痛、头晕、耳鸣、多梦、失眠、心慌、记忆衰退和全身疲乏无力等，严重时会引起心跳加速、心律不齐、血压升高等。引起这些健康障碍的噪声强度一般认为在 90 分贝以上。大多数国家将听力保护标准定为 90 分贝，它能保护 80% 的人免受噪声危害；有些国家定为 85 分贝，它能使 90% 的人得到保护；只有在 80 分贝的条件下，才能保护 100% 的人不致耳聋。120 分贝为听力的痛苦界限，180 分贝则会致人死亡。

噪声分许多种，如机械噪声、流体噪声（来自气流或水流）、电噪声（来自电路中的干扰）、生活噪声等。声音一般分可耐声响和不可耐声响两类。通常，居室内噪声应小于 50 分贝，夜间应小于 45 分贝，但城市中生活的空间大都在此之上，多数在 60~85 分贝之间，因此，应该采取各种措施消除噪声。

消除噪声的方法很多，虽然园林植物不是最有效的方法，但却是减弱噪声的良好途径，园林植物的减噪效应原理主要有两个方面：一方面，噪声遇到重叠的叶片，改变直射方向，形成乱反射，仅使一部分声音透过枝叶的空隙，达到减弱噪声目的；另一方面，噪声作为一种波在遇到植物的叶片、枝条等时，会引起振荡而消耗一部分能量，从而减弱噪声。

（2）影响园林植物减噪的因素 不同园林植物由于其外部形态等不同，其减噪效应有所不同，一般认为，具有重叠排列、大而健壮的坚硬叶子的植物减噪效应最好，而分枝和树冠都低的树种比分枝和树冠都高的减噪效应好。其中，阔叶树的树冠能吸收其上面声能的 26%，反射和散射 74%；而且有关研究指出，森林能更强烈地吸收和优先吸收对人体危害最大的高频噪声和低频噪声。

不同类型的植物群落减噪效应不同。

① 片林。据测定，100 米的防护林常可降低汽车噪声的 30%，摩托车噪声的 25%，电车噪声的 23%；40 米宽的林带可以减低噪声 10～15 分贝，30 米宽的林带可吸收 6～8 分贝的噪声，城镇公园中成片树木可把噪声减低到 26～431 分贝，使噪声接近于无害的程度。

② 行道树。据北京测定，其减噪效果为 5.5 分贝。

③ 攀援植物。当攀援植物覆盖房屋的时候，屋内的噪声强度可减少 50%。

④ 绿篱绿墙。据北京测定，两行绿篱总的减噪效果为 3.5 分贝。

⑤ 草坪。噪声越过 50 米的草坪，附加衰减量为 11 分贝，越过 100 米后，附加衰减量为 17 分贝；有草坪绿化的街道，噪声可降低 8～10 分贝。

（3）提高园林植物减噪效应的途径 通常，适当的密植，特别是常绿树的密植能有效地减弱噪声。当然，北方常绿植物大部分是针叶树，如果多行密植，往往会导致景观郁闭、阴暗、单调、占地较多、生长缓慢等，而且主干仍会透过声响。因此，配置适当的灌木来补充，方能取得较好的隔音效果，但北方常绿灌木品种极少，配植仍有一定困难。较好的配植方案是既要有观赏效果，又要有减噪作用，针叶树之外要有落叶树，但以常绿树为主；乔木之外要有灌木，但以乔木为主。

人工整枝修剪使枝叶茂密形成绿色的墙，其减噪效果较好，目前最常见、效果较佳的是利用人工修剪的高篱来防止噪声。对于一些比较安静的环境，如邻近街道的学校、医院、居住区、公园、疗养所等，应在可能条件下种植 5 米的高篱或密冠常绿乔灌木，使噪声降至 55 分贝以下。

6. 园林植物增加负离子效应

(1) 负离子的概念　空气分子是由原子组成的，原子是由原子核和电子组成的，原子核带正电荷，电子带负电荷，当正电荷和负电荷的数量相等时，空气中的气体分子和原子呈电中性。当气体分子受到太阳辐射、雷电运动、水浪撞击、树枝叶的拍打、树尖对地面负电的传导或电离剂等的作用后，可使原子核外围的价电子之一脱离原子核的束缚而跃出轨道变成自由电子，使失去电子的中性分子或原子变成带正电荷的离子，而其他中性分子或原子捕获逃逸出来的自由电子时，则变成带负电荷的离子。

(2) 负离子的作用　负离子能改善人体的健康状况。负离子有调节大脑皮质功能、振奋精神、消除疲劳、降低血压、改善睡眠、加强气管黏膜上皮纤毛运动、增加腺体分泌、使平滑肌张力增高、改善肺的呼吸功能和镇咳平喘的功效。空气负离子能增强人体的抵抗力，抑制葡萄球菌、沙门氏菌等细菌的生长速度，并能杀死大肠杆菌。因此，空气负离子又称"空气维生素""长寿素"。

空气负离子具有显著的净化空气作用，具体表现在以下几个方面：空气负离子的除尘作用；空气负离子的抑菌、除菌作用；空气负离子的除异味作用；空气负离子改善室内环境的作用。

(3) 园林植物增加负离子的效应　空气中平均负离子浓度为 650 个/厘米^3，但分布很不均匀，有的地方平均只有 50 个/厘米^3，有的地方平均可达 1000 个/厘米^3，甚至更多。不同类型生态环境空气中负离子浓度呈现梯度变化规律。广州市环保所对广州市的生态环境［将其分为 5 个功能区：城市（黄浦、越秀、珠海区和天河区）、乡镇（新华镇）、公园（广州越秀、南湖和新华秀全公园）、疗养区（芙蓉度假村、芙蓉水库和福源水库）、次生林（白云山松涛坡和蒲谷)]进行了空气负离子调查，结果表明，自然风景区等地段空气中负离子明显增高，如在广东省肇庆市鼎湖山自然生态保护区内，空气负离子可达 1000 个/厘米^3 以上，被称为天然的卫生保健场所。由此可以看出，通过增加园林植物量改善群落结构和适当增加喷泉等途径可增加环境中的空气负离子浓度。

空气负离子对人体的保健作用和辅助疗效大小与空气负离子浓度有关。医学家研究表明，当负离子浓度大于或等于正离子浓度时，才能使人感到舒适，并对多种疾病有辅助治疗作用。空气负离子浓度达到 700 个/厘米^3 以上时有益于人体健康，当浓度达到 1 万个/厘米^3 以上时可以治病。

7. 园林植物对室内空气污染的净化作用

一般室内环境二氧化碳含量过高，缺氧，由于装修等造成室内存在甲醛、苯、苯酚、氯化氢、乙醚等有害气体，时刻威胁着人们的身心健康，保持良好的室内环境具有重要的意义。

园林植物可改善室内环境。园林植物通过新陈代谢可释放氧气，吸收二氧化碳，增加室内空气湿度，吸收有毒气体以及除尘等效应改善室内环境。有些室内栽种的花草，可有效地清除装修等带来的化学污染，如甲醛、苯类等。虎尾兰和吊兰有极强的吸收甲醛的能力，24 小时后由装修带来的醛污染可被吸收 90%，15 米^2 的居室，栽两盆虎尾兰或吊兰，就可保持空气清新，不受甲醛之害。常青藤、铁树、菊花可以减少室内的苯污染。雏菊、万年青可以有效清除室内的三氯乙烯污染。月季能较多地吸收硫化氢、苯、苯酚、氯化氢、乙醚等有害气体。特别是一些叶片硕大的观叶植物，如龟背竹、一叶兰等，可吸收建筑物内 80% 以上的有害气体。

第五节 城市园林树种生长的土壤特点

随着城市化建设的发展，日益增加的人群活动使城区土壤的自然性状已发生很大的改变，形成了独特的城市土壤，从而对园林植物的生长产生影响。

一、 城市土壤的特点

1. 土壤无层次

人为活动产生各种废弃物，过去长期多次无序侵入土体和地下施工翻动土壤，破坏了代表土壤肥力的原土壤表层或腐殖层，形成无层次、无规律的土体构造。

2. 土壤密实、结构差

城市土壤有机质含量低、有机胶体少，土体在机械和人的外力作用下，挤压土粒，土壤密实度高，破坏了通透性良好的团粒结构，形成理化性能差的密实、板结的片状或块状结构。

3. 土壤侵入体多

土壤掺入大量的各种渣砾和地下构筑物及管道等，占据地下空间，改变了土壤固、液、气三相组成和孔隙分布状态及土壤水、气、热、养分状况。

4. 土壤养分匮缺

城区内园林植物的枯枝落叶，大部分被运走或烧掉，使土壤不能像林区自然土壤那样落叶归根，形成养分循环。在土壤基本上没有养分补给的情况下，已有大量侵入体占据一定的土体，致使植物生长所需营养面积不足，减少了土壤中水、气、养分的绝对含量。植物在这种土壤上生长，每年都要从有限的营养空间吸取养分，势必使城市土壤越来越贫瘠。

5. 土壤污染

城市人为活动所产生的洗衣水、菜瓜汤、油脂、酸碱盐等物质进入土体内，超过土壤自净能力，造成土壤污染。近年来，一些城市 $10\%\sim20\%$ 的氯化钠作为主要干道的融雪剂，融化的盐水已构成影响植物生存的新污染源。

二、 城市土壤对园林植物生长的影响

1. 土壤密实度对园林植物生长的影响

土壤密实度又称紧密度或土壤坚实度。城市土壤密实度显著大于郊区土壤，是城市土壤的一个主要特点。土壤透气性、排水和持水能力受土壤密实度的制约。土壤密实度的增高，使通气孔隙减少，导致土壤透气性降低，减少了气体交换，树木生长不良，甚至可使根组织窒息死亡。在土壤密实地区，由于植树坑内土壤经过挖掘回填而造成坑内外土壤密实度的差别，常使树木根系无法穿透坑外密实土层而形成环绕植树坑壁生长的畸形分布，树木生长状况也因此而恶化，另外灌溉或降雨后坑内水分的垂直渗漏和水平扩散受阻而造成坑内积水，可导致树木烂根死亡。同时，随着土壤密实度的增加，机械阻抗也加大，妨碍树木根系的延伸。

土壤密实可使某些树木形成菌根的数量锐减。与树木根系共生的菌根，可使吸收水分和盐类的根表面积扩大 $100\sim1000$ 倍，可提供额外的一些无机盐类，特别是增加可给态氮素以改善树木的营养状况。城市土壤密实对菌根造成的抑制作用，使具外寄生型菌根的树木如松属、云杉属、冷杉属、落叶松属等以及具有内寄生型菌根的树木如银杏属、柏科、杉科、槭属、悬铃木属、榆属等的树种适应生存能力下降。

土壤密实对根系生长的限制，常使树木改变其根系分布特性，不少深根树种变为浅根分布，多数树种支持树体的根量减少，从而使树木的稳定性减弱，易受大风及其他城市机械因子的伤害而倒伏。

总之，植物在密实的城市土壤条件下生存，生理活性降低而寿命短，出现烂根和死根，地上部分得不到足够的水分和养分，呈现枯梢和焦叶，这样，长势一年不如一年，直至枯死；相反，土壤硬度小于 0.8 千克/厘米^2，土壤容重小于 0.9 克/厘米^3 时，土壤水分和养分缺乏，根生长细弱，也出现死根、枝叶焦枯，树势逐年减弱，最后导致死亡。只有土壤密实度适中，土壤硬度在 $0.8\sim8$ 千克/厘米^2，土壤容重在 $0.9\sim1.45$ 克/厘米^3 的较疏松土壤上，水肥气适宜，树木容易扎根，根系发达，枝叶繁茂。

2. 土壤养分对园林植物生长的影响

城区内植物的落叶、残枝常作为垃圾被清除运走，难以回到土壤中，使土壤营养循环中断，有机质含量很低。据测定。城区多数土壤有机质含量在1%以下，有机质是土壤氮素的主要来源，有机质的减少又直接导致氮素的减少，多数土壤的碱解氮在30克/升以下，速效磷不足15克/升。与城郊土壤相比，氮磷含量减少到1/2～1/3属于缺素土壤。

植物需要的16种以上必需营养元素，大部分由土壤供给。植物根系从土壤中吸取溶于水中的无机盐类是形成植物叶绿素、各种酶和色素的基础物质，也是光合作用的活化剂，尤其是低氮会阻碍光合作用的进行。城市土壤养分的缺乏，使城市植物的碳素生长量大为减少，加上通气性差和水分缺乏等因素，使城市植物较郊区同类植物生长量要低，其寿命也相应缩短。

3. 城市土壤水分对园林植物生长的影响

植物体内含水分60%～80%，水是植物体的重要组成部分。植物所需要的水分主要来自土壤，而土壤水主要来自大气降水和人工补水，储存在土壤孔隙里。适宜植物生长的含水量应是土壤田间持水量的60%～80%。土壤含水量多少与土壤渣砾含量、土壤密实状况、地面铺装和距地表水远近、地下水位高低等有关。城市土壤密实度高，含有较多渣砾等夹杂物，加之路面和铺装的封闭，自然降水很难渗入土壤中，大部分排入下水道，以致自然降水量无法充分供给树木以满足其生长需要，而地下建筑又深入地下较深的地层，从而使树木根系很难接近和吸收地下水，因而土壤含水量低，供水不足，使城市植物水分平衡经常处于负值，进而表现生长不良，早期落叶，甚至死亡。

4. 城市土壤空气对园林植物生长的影响

土壤空气中的氧气来自大气。城市土壤由于路面和铺装的封闭，阻碍了气体交换，土壤密实，储气的非毛管孔隙减少，土壤含氧量少。植物根系是靠土壤氧气进行呼吸作用产生能量来维持生理活动的。由于土壤氧气供应不足，根呼吸作用减弱，对根系生长产生不良影响。据调查，土壤通气孔隙度减少到15%时，根系生长受阻；土壤通气孔隙度减少到9%以下时，根严重缺氧，进行无氧呼吸而产生酒精积累，引起根中毒死亡。同时，由于土壤氧气不足，土壤内微生物繁殖受到抑制，微生物分解释放养分减少，降低了土壤有效养分含量和植物对养分的利用，直接影响植物生长。

5. 城市土壤温度对园林植物生长的影响

土壤温度主要来自太阳热辐射和煤燃烧产生的热量。土壤温度的高低，因气候日变化和年变化而波动。在城市环境里，由于建筑物朝向的不同，引起土温差异，而对植物生长产生影响。在北方地区的城市，楼北侧比楼南侧全年土温偏低，冬季结冻期长，树木在春秋季节里的长势和物候期相比于其他地点的生长树木有明显差异。春季气温逐渐转暖，地上营养器官开始活动，而地下根系仍处于冻土层之中，引起地上树木枝叶失水，出现抽条；秋季里由于气温和土温降低，引起树木提前落叶。此外，道路铺装在阳光直射下，夏季地表土温高达 50℃ 以上，致使表层根系日灼，失去活力。

6. 城市土壤侵入体对园林植物生长的影响

（1）土壤夹杂物对植物生长的影响　在城市建设过程中，各类夹杂物进入土壤，固体类夹杂物如砖渣、焦渣、砾渣等。在形成单一坚硬夹杂物层的地方，常会使根无法穿越而限制其分布深度和广度。土壤中固体类夹杂物含量适当时，能在一定程度上提高土壤（尤其是黏重土壤）的通气透水能力，促进根系生长；但含量过多，会使土壤持水能力下降。同时，渣砾本身占有一定体积，使土壤相对减少，进而降低土壤水分的绝对含量，常使城市植物的水分逆境加剧，尤其早春供水不足。城市土壤所含夹杂物中，煤球灰渣内含养分虽可参与分解活动，使植物吸收，但含量极低。其余夹杂物基本不发挥营养作用。随着夹杂物含量增加，土壤所供给总养分相对减少。某些含石灰的夹杂物，可使土壤钙镁盐类增加，土壤 pH 值增高。由于 pH 值的增高，不仅降低了土壤中铁、磷等元素的有效性，也抑制了土壤中微生物的活动及对其他养分的分解。夹杂物的存在，又使土壤中黏粒含量相对减少，胶结物质减少，盐基代换量低，造成土壤保肥性差。

（2）土壤内构筑物对园林植物生长的影响　城市多数植物生长

在人工环境中，其正常生长所需营养面积，包括根系垂直生长和水平伸展的生存空间，都由于城市构筑物的影响而受到限制，从而改变根系分布状况及数量。各类地下管道的铺设，虽有局部疏松土壤、有利于根系沿缝隙穿透的作用，个别地区铺设热力管道，在与种植植物距离适当时，还可提高地温，减少冻土层，从而有利于棣棠、大叶黄杨等不耐寒树种的越冬和存活；但在管道密集排列铺设的情况下，则会限制根系的垂直分布，并使土壤提升水分的毛细管被切断。在某些地下工程中，如地下商场、停车场等，这种情况更为典型，它们使植物生长在构筑物上下阻隔、类似大花盆的环境之中。城市地下构筑物对植物根系生长的不良影响程度因树种不同而异。

7. 城市土壤污染对园林植物生长的影响

城市土壤盐分渗透到植物根区，造成对植物生存的威胁。盐分能阻碍水分从土壤中向根内渗透和破坏原生质吸附离子的能力，引起原生质脱水，造成不可逆转的伤害。此外，氯化钠的积累，还会削弱氨基酸和碳水化合物的代谢作用，阻碍根部对钙、镁、磷等基本养分的吸收，导致土壤板结，通气和供水状况恶化。

树木摄取过多盐分，在尚未致死的情况下，可以通过落叶部分地转移盐分，但又可随落叶回归土壤中。在土壤排水能力较好的情况下，充分的降水和过量的灌溉，可把盐分淋溶到根系以下更深的土层中而减轻危害；但当盐分过高时，在很短时间内仍然可致树木于死地。虽然受害植株土壤盐分可得到水分淋溶，但在自然降雨和人工灌溉数量都有限的情况下，将盐分淋溶到根系分布范围以下的数量是很少的，并且还受城市土壤底层密实因素制约。城市树木受害后，一般阔叶树表现为叶片变小，叶缘和叶片有枯斑，呈棕色，严重时叶片干枯脱落。有的树木表现为多次萌发新梢及开花，芽干枯。针叶树针叶枯黄，严重时整枝或全株枯死。

三、 减少城市土壤对园林植物生长不良影响的措施

1. 适地适树

根据不同的城市土壤类型所提供的植物生存条件，严格选择适

宜和抗逆性强的树种。在紧实土壤或窄分车带上（带宽小于 2 米），要选择抗逆性强的树种栽植；绿地渣砾含量 30％左右的土壤，要植喜气树种而不要植喜水肥树种；在湖边等处地下水位高的绿地上，要选择喜湿树种栽植；在盐碱绿地上（含盐量大于 0.3％或 pH＞8）要选择耐盐碱树种栽植；在楼北绿地上，要选耐阴、萌动晚的树种栽植。绿化用地在绿化设计时，要力求做到适地适树。

2. 改土适树

（1）增加土壤养分　为改善城市植物养分贫乏的状况，结合城市土壤改良，进行人工施肥，采取适用于城市植物的肥钉、肥棒、缓释肥等不同类型的肥料和相应的施肥器械及施肥方法，增加土壤有机质含量。施肥时间、深度、范围和施肥量等的确定，要以有利于植物根系吸收为宜。还可选栽具有固氮能力的植物，以改善土壤的低氮状况。

（2）改善土壤通气状况　为减少土壤密实对城市植物生长的不良影响，除选择一些抗逆性强的树种外，还可通过往土壤中掺入碎树枝和腐叶土等多孔性有机物或混入少量粗砂等，以改善通气状况。必要时，地下埋设通气管道、安装透气井等。对已种树木的地段，可在若干年内分期改良。在各项建设工程中，应避免对绿化地段的机械碾压，对根系分布范围的地面，应防止践踏。园林绿地人行道铺装，在条件允许的情况下，改成透气铺装，促进土壤与大气的气体交换。

（3）调节土壤水分　根据土壤墒情，做到适时浇水，以满足植物对水分的需求。在浇水方法上，可根据土壤类型确定。保水差的土壤，浇水要少量多次；板结土壤，浇水应在吸收根分布区内松土筑埂浇水。

扩大城市地表水面积，减少地面铺装，增加地下水，提高土壤含水量。为减少城市构筑物对植物生长的不利影响，对植物有限营养面积内的土壤进行分期分段深翻改良和进行根系修剪，选浅根地被植物和改进植物配置，以减少共生矛盾。为改进城市街道植物生存空间过于狭小的状况，应合理设计道路断面。

3. 防止化雪盐危害

① 严格控制化雪盐的合理用量，及时消除融化雪水，严禁将带盐的雪堆放到树木根区，改善行道树土壤的透气性和水分供应，增施硝态氮、钾、磷、锰和硼等肥料，以利于淋溶和减少对氯化钠的吸收而减轻危害。

② 改进现有路牙结构，并将路牙缝隙封严，阻止化雪盐水进入植物根区。

第 二 章

城市园林树种配置控制性要求

　　树种规划是城市园林绿地系统规划的重要内容之一。它关系到绿化建设的成败、绿化成效的快慢、绿化质量的高低、绿化效应的发挥。树种规划得好，可以有计划地加速育苗，提高绿化速度；反之，如果树种规划不当，不仅耽误绿化建设的时间，影响绿化效益的发挥，而且造成经济上的重大损失。所以，树种规划是城市园林绿化建设战略性的问题。

　　园林树种的选择首先应满足栽培目的，在能够适应栽植地立地条件的前提下，所选择的树种应来源广、成本低、繁殖和移栽容易。也就是说，园林树种的选择应满足目的性、适应性、经济性三项基本原则。

　　1. 遵从植物的生态学及生物学特性

　　植物有其生长发育的自然规律，不同的环境生长着不同的植物种类，因此，树种规划要注意因地制宜，适地适树，多种植乡土树种，保护地方特色。而在进行园林绿化植物配置时，应以生态园林的理论为依据，模拟自然生态环境，进行植物配置，创造复层结构，合理选择具有不同生物特性的植物。如果不考虑植物的特性、绿地性质、土壤环境等综合条件，对生态理论生搬硬套，一味地将自然植物群落中的乔、灌、草、藤植物盲目搭配，往往会造成病虫害滋生，使植物群落体在空间、时间上不能保持稳定持久。例如把梨（*Pyrus*）与桧柏（*Juniperus formosana*）、侧柏（*Platycladus orientalis*）、爬柏（*Sabina vulgaris*）等混栽，会导致转主寄生性病害梨桧锈病的发生；而云杉（*Picea asperata*）和稠李（*Padus* racemosa）混栽则会诱发云杉稠李果锈病；在地下水位较高或地势低洼地段种植怕涝的银杏（Ginkgo biloba）、侧柏、黑松（Pinus thunbergii），在碱性较大的土壤中栽植香樟（Cinnamomum camphora），都会造成树木长势衰弱，几年后陆续死亡。因此，在植物配置时，要从植物本身的生物学特性出发，加强对群落中植物个体的研究，进行科学配置。

2. 科学利用植物的互惠共生关系

正确利用植物的共生、循环、竞争等生物间的关系，选择合适的植物种类，避免植物种间的直接竞争。在人工群落中可适当多种女贞（Ligustrum lucidum）、槐树（Sophora japonica）等蜜源植物，以增加害虫天敌数量，从而减少危害性大的害虫。在天牛发生严重区域种植臭椿，以臭椿释放出的化学气体驱赶天牛。这就是通过植物种间的相互补充来达到生物间的互利互惠。

3. 利用植物的抗性合理栽植

植物之间有着互惠共生作用，同样也存在着竞争、相克。因此，在植物配置中要摸清植物种间的习性，以求取得良好的生态和经济效益。如胡桃（Juglans sigillata）和苹果（Malus pumila）、松树（Pinus）和云杉、白桦（Betula platyphylla）和松树等都不宜栽植在一起。深根性植物耐旱，宜配植于山坡地，浅根性植物多植于湖岸、溪旁；在风大的地方，建筑物北面或林下等阳光较少的地方，宜配置阴性树种，南面则配置阳性树种。在工矿区，应多栽植对二氧化硫等有害气体有很强吸收能力的臭椿（Ailanthus altissima）、夹竹桃（Nerium indicum），对二氧化硫有抗性的荷花玉兰（Magnolia grandiflora）、棕榈（Trachycarpus fortunei），以及对氯气有抗性的合欢（Albizzia julibrissin）、紫荆（Cercis chinensis）等树种。

4. 发挥园林植物创造观赏景观的特点

园林植物形态各异，有塔形、圆锥形、伞形、圆球形等，植物的叶形也各式各样。有外观粗犷、大叶型的芭蕉（Musa basjoo）、梧桐（Finniana simplex）；也有袅娜婆娑、别有风趣的小叶型的垂柳（*Salix babylonica*）、槐（*Sophora japonica*）；有特殊形状叶的马褂木（*Liriodendron chinensis*）、放射状叶的七叶树（*Aesculus chinensis*）、扇形叶的银杏；还有春叶为红色的山麻杆、石楠（*Photinia serrulata*），秋叶为黄色的银杏；有红色的叶枫香（*Liquidambar formosaan*）、南天竹（*Nandina domestica*）；还有其叶终年具有色彩的红花继木、樱桃李（*Prunus cerasifera*）、紫叶桃等。所以在进行植物配置时要注意发挥其特点，取得创造性观赏价值。例如，将松科植物成群种植在一起，会给人以庄严、肃穆的气氛；而高低不同的大型叶棕榈与凤尾丝兰组合在一起，则给人带来热带风光的感受。

　　总之，在城市园林植物的配置中，要从植物本身的生态学及生物学特性出发，全面考虑水体、土壤、气候等因素，选择适宜树种，避免植物种间的竞争，因地制宜地将乔木、灌、藤本植物相互配置为一植物群体；结合美学要求，使人为设计与植物的生态种植有机地结合起来，创造出完美的园林意境。

第一节　公园园林树种选择

一、综合性公园

　　综合性公园是城市居民文化生活不可缺少的重要因素，是城市园林绿地系统的重要组成部分。随着生态理念更深层次的运用，植物在综合性公园的空间设计中，将发挥不可替代的作用。了解每一种树木的特性，合理配置，并且对公园的布局进行全局把握，成为综合性公园植物配置的必要条件。也只有这样，才能为人们创造出宜人的空间环境，才能创造出有艺术感染力的空间环境。

（一）一般规定

　　城市公园构成要素多样、复杂，包括丰富的植物、变化的地形、清新的水景、明快的建筑、流畅的道路等，而在众多构成要素中，唯有植物因其生长变化所体现出来的四季风景最能打动人。

1. 城市综合性公园的植物配置特点

（1）功能综合多样　城市公园集生态、景观、文化、游憩等多种功能于一身，通常规模大，植物景观丰富多样，受公众关注程度高，开发资金投入巨大，集中的大片绿地具有缓解热岛效应、改善城市生态环境和美化城市景观等多种功能。另外，城市公园还是公众休闲游憩的场所、展示城市形象的窗口。

（2）文化底蕴深厚　多数公园绿地将园林历史与园林文化融入设计中，凝聚和积淀了我国数千年悠久的园林艺术。尤其是许多公园选址于当地的历史风貌区、宗教寺院等地方，具有较为深厚的文化底蕴。如北京香山的黄栌，每到秋季叶子变红的时候总能吸引众多的游客前来观赏。同时，公园里保留下来的古树名木见证了公园的历史，苍老遒劲、嵯峨挺拔的古树名木，是公园古时风貌的代表，是公园文化的一部分，也是公园的特色之一。又如广西柳州市柳侯公园的桂花道，列植着二十多颗树龄达百年以上的桂花，大树参天，树冠相接，形成浓密的树荫，引来众多游客到此乘凉，古桂花树与一旁的柳宗元祠一起构成了一道古色古香的独特风景。

① 植物景观类型多样。现代的公园绿地面积常常在几千甚至几万平方米以上，绿地率达到70%以上。如上海4万平方米以上的公园绿地就有20个，其中7万平方米以上的有7个。在大面积的基础上，为了丰富公园景观，营造富有层次感、季相变化、色彩斑斓的植物景观，应用的植物种类也相应增多。可利用植物本身的色、香、形态和季相变化作为园林造景的主题，利用不同植物的色相配合组成瑰丽的景观。公园植物配置的模式多种多样，乔、灌、草的搭配灵活多变，疏林草地、林中草地、人工植物群落是其他绿地里少有的景观，成为城市公园植物景观的特色之一。同时，茂密的丛林为一些动物提供了良好的生存环境，体现了公园的生物多样性。大面积植树造林、配置人工群落、培养林荫大树使得公园的绿化覆盖率接近100%，远远高于其他绿地。

②　植物景观可塑性高。利用植物的"可塑性"，形成规则和不规则的各种形状，或与其他景物相搭配，表现出各种不同的园林景观。可利用植物陪衬其他造园题材，如地形、山石、水系、建筑和构筑物等，形成生机盎然的画面。除了地面上的植物造景外，岩石、墙面、电线杆、花架、长廊等硬质景观上常应用攀援植物进行绿化，起到美化环境、增加绿量、弥补空间缺陷等作用。利用植物作夹景，形成框景、漏景、前景、背景和障景等。此外，公园植物常能配合地形分隔空间，使公园景观富有层次和深度。

2. 城市公园植物配置原则

公园绿地植物配置是指在生态学、园林艺术、艺术美学、社会学、行为心理学等理论的基础上，因地制宜地将乔木、灌木、草本植物进行配置，使具有不同生物特性的植物相互配合，构成一个和谐、有序、稳定的复层混交的立体植物群落。在公园绿地植物造景中，以生态学、景观学、行为学、美学等理论进行设计，将 AVC理论（即景区吸引力、生命力和承载力）运用于公园绿地植物造景中，使景观、生态、游憩三要素进行融合，提高公园绿地社会、经济、生态、文化等多方面的承载力，实现公园绿地植物造景游憩空间景观化、景观设计生态化、生态环境为游憩者服务的目标。

城市公园植物景观设计已成为现代园林景观设计中最重要的设计内容。现代植物景观设计的发展趋势在于充分认识地域性自然景观中植物景观的形成过程和演绎规律，并顺应这一规律进行植物配置。设计师不但要重视植物景观的视觉效果，还要营造适应当地自然条件、有自我更新能力、体现当地自然景观风貌的植物类型，使植物景观成为一个公园的景观作品乃至一个地区的主要特色。因此，在城市公园植物景观的设计中应遵循以下基本原则：

（1）服从功能原则　城市公园里的植物配置要服从公园的功能要求，不同类型的公园，如综合性公园、儿童公园、动物园、植物园等，都有不同的配置要求。综合性公园侧重于植物的景观多样性与可游憩性；儿童公园应布置活泼可爱的造型植物并注重植物的安全性；动物园的植物配置除了考虑游人的需要外还应尊重动物的生活习惯；植物园则是侧重于物种的多样性与科普。即使在同一座公园内也因分区不同而配置不同的植物，如公园出入口区，园门与广场若为规则形的，植物配置也要按规则式栽植，这样能形成整齐有序、开阔大方的景观，且便于人流集散。儿童活动区的植物配置除了利用高大树木遮阴外，活动场地内宜多用整形树林、开花树木和多种花卉，地面除了道路广场铺装外，应用草坪全面覆盖起来，创造一种绿意盎然、生机勃勃、轻松活泼且富有趣味的环境。

（2）适地适树及植物乡土化原则　植物景观设计应与原有场地地形、水系相结合，科学地选择与地域景观类型相适应的植物群落，遵循适地适树及植物乡土化原则。我国自然环境复杂，植物种类丰富多彩，植被群落结构多样，不同地区有不同的群落种类。在城市公园进行植物配置可应用的植物包括陆生、岩生、水生、沼生等不同的类型。在陆生植物中又分为喜光、耐阴、喜水湿、耐瘠薄、喜酸性、耐盐碱、抗污染等种类；岩生植物有抗旱类和喜阴湿类；水生、沼生植物中又分浅水类、挺水类、沉水类、漂浮类、浮水类等。同时，不同植物之间存在着寄生、共生等互惠关系，或者是相互拮抗。根据不同的植物类型，按照生态习性，再结合园林立地实际环境，选择或创造出适宜植物生长的环境，进行合理搭配，只有这样才能创造出生态适宜、生长健壮、环境优美的多种园林植物景观。乡土植物是城市公园良好的植物资源，乡土植物材料的使用是体现地域特点及设计生态化的一个重要环节。植物生态习性的不同及各地气候条件的差异，致使植物的分布呈现地域性。不同地域环境形成不同的植物景观，景观设计应根据环境、气候等条件合理地选择适宜当地生长的植物种类，营造具有地方特色的植物景观。乡土树种不仅最适宜于在当地生长，而且养护管理和维护成本最少，所以保护和利用地域性物种也是对景观设计师的基本要求。因此，公园植物景观应运用乡土植物群落来展示地方景观特色，并创造稳定、持久、和谐的园林风景环境。

（3）生态效益最大化原则　现代园林强调重视园林的生态效益，利用园林改善城市生态环境。城市公园要以植物为主要材料模拟再现自然植物群落，提倡自然景观的创造，不仅要达到"风景如画"，还要从更深、更广的层面去理解和把握，特别是要从景观生态学的角度去分析。城市公园除了要满足人们游憩、观赏的需要，还要维持和调节生态平衡、保护生物多样性、净化环境。公园是城市生态效益巨大的生产基地，是城市环境质量改善的重要依托，城市公园一般面积较大，拥有足够的绿地面积和绿量，这是生态效益的前提。在植物品种的选择上，除要突出乡土树种外，还要突出生态效益高的树种，从发挥生态效益与适地适树的生态学角度来考虑，使公园植物最大限度地发挥其生态效益。如榆树、杨树、椴树、白蜡树、苹果树、栎树的蒸腾能力较强，可以使得林内的空气湿度比空旷地高 7%～15%；樟树、榕树、桂花、女贞、雪松、海桐等是良好的隔声树种，4 米宽的枝叶浓密的海桐绿篱墙可降低噪声 6 分贝；苏铁、银杏、青冈栎、山茶、棕榈等是良好的抗燃防火树种，可用于公园的易燃区绿化。

（4）艺术原则　公园的植物造景就是运用艺术手法和依据生态习性把多种观赏植物以美的形式进行组合，使其形象美和基本特性得到充分发挥，以创造出优美的园林景观。植物造景是以自然美为基础，或以植物为主体，或将植物与其他园林要素相结合，构成一幅幅形式优美、丰富多彩的画面。公园的植物配置是艺术的组成部分，属于造型艺术的范畴，其表现形式应当遵循形式美的艺术原则。具体来说，公园植物配置既显示出形式美的独特性，又具有艺术的整体性；在景观的平面与立面的布局中做到均衡和稳定，给游客以安定感；主体景观与从属景观相搭配，突显主体，形成带给人深刻印象的景观。

（5）美学原则　园林属于艺术的范畴，具有美的特性。园林美是自然美、社会美、艺术美的综合体现。构成园林景观要素的园林景物属于自然的物质，本身就具有自然美的特性，运用艺术手段进行美的组合，从而形成诗情画意的园林景观。陈从周教授在《说园》中提到"花木重姿态，音乐重旋律，书画重笔意"，可见植物造景中姿态美的重要性。虬曲幽郁的古柏、苍劲舒展的松树、摇曳生姿的柳树、飞雪飘香的梅花等，都能成为公园里吸引游人的美景。园林是由色彩组成的，植物的叶、花、果均可供观赏。叶片的颜色因种类而异，如有浅绿、黄绿、深绿、褐绿、黑绿、黄色、橙色、红色、褐色之分，随着季节的变化，有些叶片还能呈现出由浅绿到深绿再到黄色的变化。花果的姿色更是妩媚动人，"红杏枝头春意闹"表现的就是早春开满全树的粉色杏花的盛景；"惟有橘园风景异，碧丛丛里万黄金"则写出了成熟的柑橘挂满枝头，硕果累累的丰收景观。近年来在公园里大面积成片地配置各色草本花卉组成各种大色块，气势恢宏，色彩鲜亮，感染力强。此外，园林的意境美是中国园林艺术特色之一，在公园植物配置时"寓情于景，情景交融"，才能使游人触景生情，浮想联翩。如传统的松、竹、梅谓之"岁寒三友"，千百年来因其高贵的品质而被人广泛歌颂，是坚强、长寿、正直的象征，常能成为公园里最富有意境的角色；兰花被认为是品格高雅、君子佳人的象征；菊花性耐寒霜，不随群草枯荣的品格为人们所推崇和乐道；荷花"出淤泥而不染，濯清莲而不妖"，表现了荷花正直纯洁、刚正不阿的品质；"园亭若有送，杨柳最依依"，垂柳最能体现离别时的依恋不舍之情等。通过这些植物品格的引申，使人们不但能欣赏到植物本身的美，还触发感情的升华，产生无限的遐想，留下美好印象。

（6）便于养护管理原则　公园植物景观应树立自然、大气、简朴、节约的城市绿化理念，最大限度地节约资金、节约资源，形成环境产出和资金投入之间比值的最大化。比如，以乔木为主的绿地和以草坪为主的绿地对于水资源的消耗相差几倍，而且以草坪为主的绿地的综合效益远不如以乔木为主绿地。在植物景观设计时，必须考虑这些因素，用最少的资金投入和资源消耗，最大限度地实现城市绿化在吸收二氧化碳和有毒气体、产生氧气、遮阴、防风、滞尘、降温、增湿、减噪、防灾避险、美化景观环境、提供游憩场所等方面的综合效益。在公园种植方面，通过植物配置，如林地取代草坪、地带性树种取代外来品种，可大大节约能源和资源耗费。对于资源的利用采用循环再生的利用方式，例如恢复城市湿地、恢复水系等。公园植物应更加强调植物群落的自然适宜性,以求在养护管理方面的经济性和简便性。尽量避免采用养护管理费时费工、水分和肥力消耗过高、人工性过强的植物景观设计手法。因此,公园植物配置应该采用叶面积系数高的自然植被群落为原型的自然式复层混交林形式;修剪费工的大草坪、树木造型园、刺绣花坛、盆花花坛等,除特殊场合最好不用。在设计中,多采用病虫害少、耗水少的树种。

(二) 设计原则

为形成丰富多样的园林空间,综合性公园中的植物配置应该从以下方面着手:

1. 规划层面

在规划层面上,首先要明确公园植物景观规划设计理念,然后运用自然界中植物景观形式,按绿地的实际功能要求,结合其他造景要素,考虑植物种类的搭配。

(1) 公园植物景观规划设计理念 公园植物景观的规划首先要明确设计理念,提出公园植物景观规划的特色。该理念指导植物配置整个过程,影响植物配置所形成的空间形式。综合性公园是人们假日聚会最重要的场所,人们日益重视植物造景的生态学理念,通过自然起伏地貌、生态植物群落来创造多方胜景。

(2) 自然界中植物景观形式的应用 自然界中植物景观是自然环境选择的结果,富有自然美,同时也具有很高的生态效益。在进行综合性公园植物配置时,自然界的植物景观成为设计者灵感的来源。自然界中植物景观形式多种多样,所产生的园林空间形态也不同。根据不同的生长环境,自然界的植物群落按照园林景观的视角大致分为密林、纯林、疏林草地、灌木丛林、草原(草坪)、湿地。

2. 根据绿地对空间的要求来考虑植物种类的搭配

综合性公园按功能大致可分为文化娱乐区、观赏游览区、安静休息区、儿童活动区、老人活动区、体育活动区、公园管理区。

文化娱乐区是公园的闹区,包括俱乐部、电影院、音乐厅、展览室等，人们在这里开展文化娱乐活动，需要开阔的空间，但为避免该区各项目之间的相互干扰，绿化要求以列植、孤植、对植树木为主，并配以花坛、花境、草坪进行隔离，既不影响视线，又方便集散游人。

老人活动区要求有一处足够面积的场地供中老年人团体练习，可以是公园里的广场等开阔空间，也可以是林下的空地。

体育活动区周围的绿化种植设计应选用高大挺拔、冠大而整齐的树木形成覆盖空间，便于夏日遮阳。

儿童活动区周围要考虑到场地的围合性，提供缓坡林地或者栽植浓密的乔、灌、草，与其他区域隔离。在儿童活动区中，设置遮阴疏林，以便方便夏日遮阴。

观赏游览区往往选择山水景观优美的地域，建造盆景园、展览温室，布置观赏树木、花卉专类园。该区相对安静，室内空间居多，在冬季，室内仍能鲜花盛开。室外植物用以烘托出建筑物的形态特征。

安静休息区要求树木茂盛、绿草如茵，创造出情趣浓郁的氛围。多采用密林形式，形成封闭的空间，突出周围环境季相变化的特色。

公园管理区可利用乔、灌、草结合，与周围环境隔离开，形成一个相对封闭的空间，使工作人员和游人互不干涉。

3. 植物与其他造景元素的搭配

（1）植物和地形　植物材料可以强调地形的高低起伏，在地势较高处种植高大乔木能使地势显得更加高耸，植于凹处可以使地势趋于平缓。在综合性公园山体的景观营造中，主要是通过植物配置来营造山林气氛，山顶多植乔木，配以灌木；山麓则以地被植物为主，配以小乔木；山涧则种植苍松翠柏，增加山林野趣。植物配置结合地形的高低变化可创造出丰富的园林绿地景观空间，达到重现自然的景观效果。

（2）植物和水　综合性公园中一般水体面积较大，同时为了丰富水景层次，用堤、岛等将水面分割成大小不等的水面，各种水面无不借助植物创造丰富多彩的水体景观。宽阔水域，植物配置上注重整体大而连续的效果，创造出壮观的空间效果，产生"舟行碧波上，人在画中游"的感受。小面积水域要注意其私密性，可用乔、灌、草相结合，周围形成密林区，给人"山光悦鸟性，潭影空人心。万籁此皆寂，惟闻钟磬音"之感。

（3）植物和建筑物　综合性公园建筑物的面积不大，主要有公园管理处、售票处、厕所、餐饮部、小卖部、亭廊轩榭、花架等。园林建筑具有观赏性和使用性，植物与园林建筑相结合进行配置，应起到烘托气氛的作用，并用来分隔空间。

（三）种植设计

1. 公园绿化种植总布局

根据当地自然地理条件、城市特点、市民爱好，进行乔、灌、草合理布局，创造优美的景观。既要做到充分绿化、遮阳、防风，又要满足游人沐浴日光的需要。首先，用2～3种树，形成统一基调。北方常绿树占30%～50%，落叶树占70%～50%；南方常绿树占70%～90%。在树木搭配方面，混交林可占70%，单纯林可占30%。在出入口、建筑四周、儿童活动区，园中园的绿化应富于变化。其次，在娱乐区、儿童活动区，为创造热烈的气氛，可选用红、橙、黄暖色调植物花卉；在休息区间或纪念区，为了形成自然肃穆的气氛，可选用绿、紫、蓝等冷色调植物花卉。公园近景环境绿化可选用强烈对比色，以求醒目；远景绿化可选用简洁的色彩，以求概括。在公园游览休息区，要形成一年四季季相动态构图，春季观花，夏季浓荫，秋季观红叶，冬季有绿色丛林，以利游览欣赏。

城市公园是人们娱乐、休息、游览、赏景的胜地，也是宣传、普及科学文化知识的活动场所。只有在统一规划的基础上，根据不同的自然条件，结合不同的功能分区，将公园出入口、园路、广场、建筑小品等设施、环境与绿色植物合理配置，才能充分发挥其功能作用。

（1）大门　大门为公园主要出入口，大都面向城镇主干道。绿化时应注意丰富街景并与大门建筑协调，同时还要突出公园的特色。如果大门是规则式建筑，那就应该用对称式绿化布置；如果大门是不对称式建筑，则要用不对称方式来进行绿化布置。大门前的停车场四周可用乔、灌木绿化，以便夏季遮阳及隔离周围环境；在大门内部可用花池、花坛、灌木与雕像或导游图相配合，也可铺设草坪，种植花、灌木，但不应有碍视线，且须便利交通和游人集散。

（2）园路　主要干道绿化可选用高大、荫浓的乔木和耐阳的花卉植物在两旁布置花境，但在配植上要有利于交通，还要根据地形、建筑、风景的需要而有起伏、蜿蜒。小路深入到公园的各个角落，其绿化更要丰富多彩，达到步移景异的目的。山水园的园路多依山面水，绿化应点缀风景而不碍视线。平地处的园路可用乔灌木树丛、绿篱、绿带来分隔空间，使园路高低起伏，时隐时现；山地则要根据其地形的起伏、环路，绿化有疏有密；在有风景可观的山路外侧，宜种矮小的花灌木及草花，才不影响景观；在无景可观的道路两旁，可以密植、丛植乔灌木，使山路隐在丛林之中，形成林间小道。园路交叉口是游人视线的焦点，可用花灌木点缀。

（3）广场　既不要影响交通，又要形成景观。如休息广场，四周可植乔木、灌木，中间布置草坪、花坛，形成宁静的气氛。建设停车场时应留有树穴，种植大乔木，利于夏季遮阳，但冠下分枝高应为 4 米，以便停汽车。如果与地形相结合种植花草、灌木、草坪，还可设计成山地、林间、临水之类的活动草坪广场。

（4）建筑小品　附近可设置花坛、花台、花境。展览室、游艺室内可设置耐阴花木，门前可种植浓荫大冠的大乔木或布置花台等。沿墙可利用各种花卉境域，成丛布置花灌木。所有花草树木的布置都要和小品建筑协调统一，与周围环境相呼应，四季色彩变化要丰富，给游人以愉快之感。

公园的水体中可以种植荷花、睡莲、凤眼莲、水葱、芦苇等水生植物，以创造水景。在沿岸可种植耐水湿的草本花卉或者点缀乔灌木、小品建筑等，以丰富水景。但要处理好水生植物与养殖水生动物的关系。

（5）科学普及文化娱乐区　地形要求平坦开阔，绿化要求以花坛、花境、草坪为主，便于游人集散。该区内，可适当点缀几株常绿大乔木，不宜多种灌木，以免妨碍游人视线，影响交通。室外铺装场地上应留出树穴，供栽种大乔木。各种参观游览的室内，可布置一些耐阴或盆栽花木。

（6）体育运动区　宜选择快长、高大挺拔、冠大而整齐的树种，以利夏季遮阳，但不宜用那些易落花、落果、种毛散落的树种。球类场地四周的绿化要离场地 5～6 米，树种的色调要求单一，以便形成绿色的背景。不要选用树叶反光发亮树种，以免刺激运动员的眼睛。在游泳池附近可设置花廊、花架，不可种带刺或夏季落花落果的花木。日光浴场周围应铺设柔软耐践踏的草坪。

（7）儿童活动区　可选用生长健壮、冠大荫浓的乔木来进行绿化，忌用有刺、有毒或有刺激性反应的植物。该区四周应栽植浓密的乔灌木，与其他区域相隔离。如有不同年龄段的少年儿童分区，也用绿篱、栏杆相隔，以免相互干扰。活动场地中要适当疏植大乔木，供夏季遮阳。在出入口可设立塑像、花坛、山石或小喷泉等，配以形态优美、色彩鲜艳的灌木和花卉，以增加儿童的活动兴趣。

（8）游览休息区　以生长健壮的几个树种为骨干，突出周围环境季相变化的特色。在植物配植上根据地形的高低起伏和天际线的变化，采用自然式配植树木。在林间空地中可设置草坪、亭、廊、花架、坐凳等，在路边或转弯处可设月季园、牡丹园、杜鹃园等专类园。

（9）公园管理区　要根据各项活动的功能不同，因地制宜进行绿化，但要与全园的景观相协调。为了使公园与喧哗的城市环境隔开，保持园内的安静，可在周围特别是靠近城市主要干道的一面及冬季主风向的一面布置防护林带。

2. 设计层面

根据综合性公园中的各个节点所需营造的氛围，选择配置的具体树种以及确定树种的间距等。不同的植物种类配合以及植物间距的不同，产生的园林空间也丰富多样。在设计层面应注意以下几点：

（1）留出透景线　植物的分支点高低、枝叶的密度对空间有很大影响。植物配置的空间常常是虚实结合，它们枝叶疏密有度，在这半遮半掩中常常引发人的好奇心，起到了对空间的引导和暗示作用。利用植物的封闭性和通透性，留出公园中的透景线，形成借景，大大地丰富了空间的层次和增加了景深。透过枝叶扶疏的植物看景物，就在原有的距离上增加了一重层次，虽然实际距离不变，但感觉上却觉得景物退到这一层次之后。

（2）注重植物的形态对综合性公园的空间影响　乔灌木的外形有圆柱形、圆锥形、卵圆形、圆球形、垂枝形、棕榈形。不同植物形态所形成的空间感不同。圆柱形的植物，可引导人的视线向上，突出空间的垂直面，使植物空间高度感增加。奥林匹克森林公园一个小景点中，运用高大挺拔的圆柱形的钻天杨与前面下沉式广场形成对比，使整个景点横竖对比强烈。圆锥形的植物如雪松可成为视觉的焦点。卵圆形的树木有悬铃木、泡桐、樟树等，在构图中可调和外形较强烈的植物类型。圆球形的植物如黄刺玫、小叶黄杨、五角枫等，此类植物也可调和外形较强烈的植物类型。垂枝形的植物可创造优雅、和谐的气氛。棕榈形植物有棕榈、椰子等，它们可创造具有南方特色的景观。在综合性公园的植物配置中，经常运用到各种形态植物相互间的搭配，使植物空间的构图更加和谐。可用于桥、亭、台、榭的点缀和陪衬，也可专门设于水边、草坪、广场一侧，以丰富的景观层次，活跃园林气氛。运用写意手法，几株树木丛植，姿态各异，可形成特定风格的空间。

（3）注重植物的色彩对综合性公园的空间影响　色彩是刺激人视觉最敏感的信息符号，在公园设计中，经常运用到色彩这种要素。色彩的运用不仅可以吸引人的视线，而且也会让人产生空间上的前进和后退感。暖色在前进，冷色在后退，园林中树木的色彩丰富，有嫩绿色、深绿色、灰绿色、彩叶树种等，将不同颜色的树木进行搭配，层次丰富。深色调植物配置有趋向性，这种亲近的趋势，会缩短游人与被观察者之间的距离。在一个空间中，如果深色植物占多数，则空间使人感到比实际尺寸小。浅色调的植物在视觉上有远离观赏者的感觉。深绿陪衬浅绿，可给构图及其所在空间带来坚实凝重感，有稳定的作用。色叶树木随季节的不同，变化出复杂的色彩，产生不同的效果，如银杏、黄栌、五角枫等。

（4）注重植物的间距对综合性公园的空间影响　植物间距越大，空间越开阔；植物间距越小，则空间越封闭。例如玉泉公园中紧邻道路两侧种植绦柳，给人感觉视线较封闭；而距离道路几米之外种植绦柳，则视线开敞。小水面、大水面岸线上同样栽植绦柳，但产生的视觉感不同。在综合性公园中，乔、灌、草结合，植物配置间距小，给人压抑、安静之感，而在娱乐区，植物之间的间距变大，则有轻快、活跃之感。

（5）注重植物的大小对公园的空间影响　植物大小是指植物三维体块比例所占据的大小，是植物要素特征中最直接最现实的空间特征，它直接关系着园林景观空间的占据与划分。植物大小对组成空间的影响，应该从以下两个方面考虑：

一方面，植物成熟时，各种植物搭配所组成的空间关系，乔木通常6米至数十米，孤植、丛植或群植，常形成视线焦点。在需要分割空间、划分界线的时候，乔木的列植配置形式可使人们产生领域感和分割空间的作用。大灌木犹如垂直墙面，构成闭合空间，顶部可开敞；小灌木可不遮挡视线而分割或限制空间，形成开敞空间。地被植物不遮挡人们的视线，形成开敞空间，并可进一步丰富空间层次。藤本植物是垂直绿化的主要材料，在公园中，可搭配花架等园林小品使用，或者作地被植物使用。

另一方面，植物自身在生长变化过程中，影响空间变化的关系。比如杭州花港观鱼悬铃木合欢草坪刚完成时，主景为自由栽植的5株合欢树，二十多年以后，该处的景观格局发生了变化，由于合欢树体较小，与悬铃木相比，在高度与冠幅上都不具有优势，主景发生变更。

植物是个有生命的个体，在设计层面要充分考虑到以上几点因素，从而营造出符合各个节点要求的园林空间，满足人们的需要。

二、 专类公园

专类公园一般包括植物园、药物园、动物园、野生动物园、儿童公园、专类花园、岩石园、风景名胜公园、文化公园、科技公园、艺术公园、雕塑公园、体育公园、运动公园、交通公园、老人公园、水上公园、纪念公园、墓地公园、游乐公园、农乐公园、民族公园、自然生态公园等，这些专类公园以精彩独特的专项内容吸引着人们参观游览。

（一） 植物园

1. 植物园的性质与任务

植物园是进行植物科学研究和引种驯化，并供观赏、游憩及开展科普教育活动的公园，并从事国内外及野生植物物种资源的收集、比较、保存和育种，扩大在各方面的应用。其主要任务如下：

（1）科学研究　科学研究是植物园的最主要任务之一。在现代科学技术蓬勃发展的今天，利用科学手段驯化野生植物为栽培植物、驯化外来植物、培育新的优良品种、优良品种的推广应用、为城市园林绿化服务等，是植物园责无旁贷的科学研究任务。

（2）观光游览　植物园还应结合植物的观赏特点、亲缘关系及生长习性，以公园的形式进行规划分区，创造优美的植物景观环境，让植物世界形形色色的奇花、异草、茂林、秀木组成千姿百态、绚丽多彩的自然景观，供人们观光游览，娱乐身心。

（3）科学普及　植物园通过露地展区、温室、标本室等室内外植物材料的展览，并结合挂牌介绍、图表说明、讲解及园林艺术的布局，让广大群众在休息、游览中得到完美的植物科学教育，增强群众认识自然、改造自然、保护自然的意识，丰富广大群众的自然科学知识。

（4）科学生产　科学生产是科学研究的最终目的。通过科学研究得出技术结果，推广应用到生产领域，创造社会效益和经济效益。

2. 种植布局

植物园的种植设计，应在满足其性质和功能需要的前提下讲究园林艺术构图，使全园具有绿色覆盖、较稳定的植物群落。在形式上，以自然式为主，配置密林、疏林、树群、树丛、草坪、花丛等景观，并注意乔、灌、草本植物的搭配。为了使人们在休息、游览中，通过对植物分类系统的参观学习，得到完美的植物科学知识，一般可以分为以下几个展区。

（1）科普展览区　植物园展览区把植物界的客观自然规律和人类长期以来认识自然、利用自然、改造自然和保护自然的知识展示出来，供人们参观、游赏、学习。全世界 1000 多所植物园的建设，积累了丰富的实践经验，建成形形色色、各具特点的植物园展览区。

① 按植物进化系统布置展览区。这种展览区是按照植物的进化系统和植物的科属分类来布置，反映植物界由低级到高级的进化过程。植物进化系统对于学习植物分类学、植物的进化科学，认识不同的目、科、属植物提供了良好的场所。但是，往往在进化系统上较相近的植物在生态习性上不一定相近，而在生态习性上有利于组成群落的各种植物在系统上又不一定相近，所以在植物的配置与造景上，易产生单调、呆板之感。有的只有落叶树无常绿树，或只有常绿树而无落叶树。为解决这一矛盾，可以既考虑植物分类系统，又考虑植物的生态习性和园林艺术效果，达到科学的内容与艺术的完美统一。例如上海植物园的植物进化，采取系统进化分类和观赏相结合，既有系统进化的内容，又有观赏的专类园，如松柏园、木兰园、杜鹃园、槭树园、桂花园、蔷薇园和竹园。各专类园都运用了我国传统的造景手法，以专类花木为主景，以园林建筑点缀，形成意境不同、具有丰富季相变化的山水园林。

② 按植物地理分布和植物区系布置展览区。这种展览区是以植物原产地的地理分布或以植物的区系分布原则进行布置。例如莫斯科植物园的植物区系统展览区分为远东植物区系、俄欧部分植物区系、中亚细亚植物区系、西伯利亚植物区系、高加索植物区系、

阿尔泰植物区系、北极植物区系 7 个区系。按区系布置展览区的植物园还有加拿大的蒙特利尔植物园、印度尼西亚的爪哇茂植物园。

③ 按植物的形态、生态习性与植被类型布置展览区。按照植物的形态和习性不同分为乔木区、灌木区、藤本植物区、球根植物区、一二年生草本植物区等展览区，这种展览区在归类和管理上较方便，所以建立较早的植物园展览区常采用这种方式。如美国的阿诺德植物园，分为乔木区、灌木区、松杉区、藤本区等。但这种形态相近的植物对环境的要求不一定相同，所以要绝对地按照此种分区，在养护管理上就会出现矛盾。

按照植物自然分布类型和生态习性布置的展览区，是人工模拟自然植物群落进行植物配置，在不同的地理环境和不同的气候条件下形成不同的植物群落。植物的环境因子主要有湿度、光照、温度、土壤 4 个重要方面。由于建园条件不可能在同一植物园内具备各种的生态环境，往往在条件允许的情况下选择一些适合于当地环境条件的植被类型进行展区布置。例如，水生植物展览区，可以创造出湿生、沼生、水生植物群落景观；岩石植物园和高山植物园是利用岩石、高山、沙漠等环境条件，布置高山植物群落、沙漠植物群落。如我国的庐山植物园、合肥植物园、贵州植物园、深圳仙湖植物园、杭州植物园、西安植物园、武汉植物园等都建成了景色秀丽，兼备水生植物景观和山水风光的植物园；银川植物园、新疆的吐鲁番沙漠植物园等都布置有百沙园、沙漠标本园、沙漠植物展览区等，形成在干旱荒漠气候条件下所特有的沙漠植物景观展览区；台湾、海南则利用其特有的地理条件、气候特点建设了热带植物园。

④ 按植物的经济价值布置展览区。经济植物的科学研究与利用，将对国民经济的发展起重要作用。所以许多植物园都开辟有经济植物区，区内将经过栽培、试验后确定有实用价值的经济植物栽入本区进行研究和展览，为农业、医药、林业、园林结合生产提供研究与实践的基地。经济植物区一般可分为药用植物区、芳香植物区、橡胶植物区、含糖植物区、纤维植物区、淀粉植物区等。

⑤ 按植物的观赏性布置展览区。我国地形复杂，气候多样，物种丰富，蕴藏着极丰富的植物资源。全国约有 30000 种高等植物，其中观赏植物占相当大的比例。丰富的观赏植物为我国建立专类园提供了有利条件，这类展览区可分为专类花园和专题花园。

a. 专类花园。在植物园内将具有一定特色、品种或变种丰富、观赏价值高的植物，分区集中种植，结合小品、水景、地形、草坪等形成具丰富园林景观的专类花园，如丁香、牡丹、梅花、月季、杜鹃、荷花、山茶、槭树等。

b. 专题花园。以一种观赏特征为主的花园，如芳香园、彩叶园、草药园、观果园、岩石园、藤本植物园等。专题花园不仅有很好的观赏性、实用性，还可保护种质资源。不仅可在植物园中应用，而且可在公园、风景区、机关单位、校园中应用。

⑥ 树木园。树木园是植物园中最重要的引种驯化基地，是展览本地区和引进国外露地生长乔木、灌木的园区；一般占地面积大，应选择地形地貌较为复杂、小气候变化多、土壤类型多、水源充足、排水良好、土层深厚、坡度不大的地段，以适应多种类型植物的生活习性要求。树木园的种植规划形式主要有以下 3 种：

a. 按地理分布栽植，这样便于了解世界木本植物分布的情况，以植物的生态条件为依据。

b. 按分类系统布置，这样易于了解植物的科属特征和进化规律。

c. 按植物的生态习性要求，结合园林景观考虑，将不同的树种组成各种不同的植物群落，形成密林、疏林、树群、树丛和孤植等不同的植物配置，配以草坪和水面，形成优美的植物景观。

⑦ 自然植被保护区。在我国一些植物园范围内，有些区域被划定为自然植被保护区，这些区域禁止人为砍伐与破坏，任其自然演变，不对群众开放，主要进行科学研究，如对自然植物群落、植物生态环境、种质资源及珍稀濒危植物等进行研究。如庐山植物园内的月轮峰自然保护区。

⑧温室植物展览区。温室区内主要展示不能在本地区露地越

冬、必须有温室才能正常生长发育的植物，为了适应体型较大的植物的生长和游人观赏的需要，温室的高度和宽度都远远超过一般的繁殖温室，外观庞大雄伟，是植物园的重要建筑。温室面积的大小依据展览内容多少、植物品种多少、体型大小以及园林景观的要求而定。

（2）科研区　科研区主要由实验地、引种驯化地、苗圃地、示范地、检疫地等组成，一般科研区不对观众开放，尤其一些属于国家特殊保护的植物物种资源。

植物科研区主要进行外来植物品种（包括外地、外国引种植物）的引种、驯化、培育、示范、推广的工作。此外，植物园中的检疫工作也十分重要，尤其对从国外引进的植物。一般科研区与游览区有一定的隔离带，应布置在较偏僻的地区，并控制人员的进出，加强保护措施，做好保密工作。

（3）职工生活区　为保证植物园优质环境，植物园与城市市区有一定距离，大部分职工在植物园内居住，所以在规划时，应考虑设置宿舍、浴室、锅炉房、餐厅、综合性商店、托儿所、车库等设施，其布局规划与城市中一般生活区相似，但不应破坏植物园内的景观。

北京植物园、杭州植物园、上海植物园、厦门万石植物园的规划布局与分区均充分考虑了游览与科研相结合，布局合理，构景有序，是我国植物园的代表作品。

3. 绿化设计

植物园的绿化设计，应在满足其性质和功能需要的前提下，讲究园林艺术构图，使全园具有绿色覆盖，形成较稳定的植物群落。在形式上，以自然式为主，创造各种密林、疏林、树群、树丛、孤植树、草地、花丛等景观，形成乔、灌、草相结合的立体、混交绿地。

（二）　动物园

1. 动物园的性质与任务

动物园是集中饲养、展览和研究多种野生动物和少数优良品种家禽家畜的场所。它是以野生动物展出为主要内容，目的是宣传普及有关野生动物的科学知识，对游人进行科普教育，对野生动物的习性、珍稀物种的繁育进行科学研究。同时，动物园也是为游人提供休息、活动的专类公园。动物园的主要任务有以下几点：

（1）科学普及教育　随着地球上人类与社会的发展，野生的自然环境受到破坏，栖息在野生环境中的野生动物也随之减少。动物园能使公众在动物园内正确识别动物，了解动物的进化、分类、利用以及本国具有特点的动物区系和动物种类，同时可以作为中小学生生物课的直观教材和大学生物系学生的实习基地。所以动物园在进行科学普及野生动物知识、了解有关环境与野生动物的关系、教育人们热爱自然、保护野生动物资源方面起着重要的作用。

（2）异地保护　动物园是野生动物重要的庇护场所，尤其是给濒临灭绝的动物提供避难地。它使野外正在灭绝的动物种群能在人工饲养的条件下长期生存繁衍下去，使濒危野生动物的数量增加，起到种质（即精子、卵子和胚胎）库的作用，使动物的"物种保存计划"得到了很好的实现。

（3）科学研究　科学研究是动物园主要的任务之一，主要研究野生动物的驯化和繁殖。通过对野生动物的驯化和饲养，观察其生活习性，并对其病理和治疗方法以及动物的繁殖等方面进行研究，进一步揭示动物变异进化的规律，创造新品种，也为野生动物的保护提供科学的依据。

（4）观光游览　为游人提供观光游览是动物园的目的，绚丽多彩的植物群落和千姿百态的动物共同构成生机盎然、鸟语花香的自然景观，供游人游览观光。

（5）国际交流　通过动物资源的国际交流，增进各国的友谊。

2. 动物园的类型

依据动物园位置、规模、展出方式等不同，可将我国动物园划分为以下 4 种类型：

（1）城市动物园　一般位于大城市近郊区，面积大于 20 公顷，动物展出比较集中，品种丰富，常收集数百种至上千种动物。展出方式以人工兽舍结合动物室外运动场地为主，美国纽约动物园、英国伦敦动物园及我国的北京动物园、上海动物园均属此类。

（2）人工自然动物园　一般多位于大城市远郊区，面积较大。展出的动物品种不多，通常为几十种。以群养、敞放为主，富于自然情趣和真实感。目前，此类动物园的建设是世界上动物园建设的发展趋势之一，全世界已有 40 多个，如日本九州自然动物园、我国的深圳野生动物园等均属此类。

（3）专类动物园　位于城市近郊，面积较小，一般为 5～20 公顷。展出的动物品种较少，通常为富有地方特色的种类，如泰国的鳄鱼公园、蝴蝶公园等均属此类。这类动物园特色鲜明，往往在旅游纪念品、旅游食品的开发方面与特色动物有关。

（4）自然动物园　一般多位于自然环境优美、野生动物资源丰富的森林、风景区及自然保护区。面积大，动物以自然状态生存，游人通过确定的路线、方式，在自然状态下观赏野生动物，富于野趣。在非洲、美洲许多国家公园中，均是以野生动物为主要景观。我国四川省都江堰国家森林公园也利用园内大熊猫、小熊猫、金丝猴、扭角羚、獐、天鹅等十多种国家重点保护动物，建立了全国最大的森林野生动物园。

此外，在新加坡首创了世界第一个夜间野生动物园。全园占地 40 公顷，根据地形及动物种类规划为几个景区，包括"喜马拉雅山脚""尼泊尔河谷""缅甸山区森林"等。动物园内收养有 81 种共 900 只珍禽异兽，包括单角犀牛、非洲羚羊、蓝绵羊、香猫、食鱼鳄等。别出心裁的布局是夜间野生动物园设计上的一大特色。园内以沟渠、溪流形成拦障，安装着特别的灯光，效果与自然月光近似，动物可在园地里自由漫步或随意奔跑。夜间野生动物园只在夜晚开放，时间在 18：30～24：00。为便于游客观赏野生动物，园内专设有游览电车，穿行于部分畜养驯服动物的园林间。

3. 绿化设计

动物园的规划布局中，绿化种植起着主导作用，不仅创造了动物生存的环境，还为各种动物创造接近自然的景观，为建筑及动物展出创造优美的背景烘托，同时，为游人游览创造了良好的游憩环境，统一园内的景观。

① 动物园的绿化种植应服从动物陈列的要求，配合动物的特点和分区，通过绿化种植形成各个展区的特色。应尽可能地结合动物的生存习性和原产地的地理景观，通过种植创造动物生活的环境气氛。也可结合我国人民喜闻乐见的形式来布置，如在猴山附近布置花果木为主，形成花果山；大熊猫展区多种竹子，烘托展示气氛；鸟禽类展室可通过绿化赋予传统的中国画意，建成鸟语花香的庭园式布置。如南京玄武湖公园内的鸣禽室，以灌木和山石相配，产生较好的效果。

② 与一般文化休息公园相同，动物园的园路绿化也要求达到一定的遮阳效果，可布置成林荫路的形式。陈列区应有布置完善的休息林地、草坪做间隔，便于游人参观陈列动物后休息。建筑广场道路附近应作为重点美化的地方，充分发挥花坛、花境、花架及观赏性强的乔灌木的风景装饰作用。

③ 一般在动物园的周围应设有防护林带。北京动物园为 10～20 米，上海西郊动物园为 10～30 米。卫生防护林起防风、防尘、消毒、杀菌作用，以半透风结构为好。北方地区可采用常绿落叶混交林，南方可采用常绿林为主。还可利用园内与主导风向垂直的道路增设次要防护林带。在陈列区与管理兽医院之间，也应设隔离防护林带。

④ 动物园种植材料应选择叶、花、果无毒的树种，树干、树枝无尖刺的树种，以避免动物受害。最好也不种动物喜吃的树种。

（三）屋顶花园

1. 屋顶花园的性质与功能

屋顶花园是指在各类建筑物的顶部（包括屋顶、楼顶、露台或阳台）栽植花草树木，建造各种园林小品所形成的绿地。

（1）屋顶花园的特点

① 因其基址在屋顶上，所以面积一般较小，形状比较规则，地形变化较小。

② 屋顶上风比较大，特别是人工土层较薄，较大的树木易被风折断。

③ 种植土由人工合成，土层较薄，不与自然土壤相连，不可能利用地下水通过毛细管作用供给植物，水分来源受到限制。

④ 建（构）筑物屋顶的承载力限制植物的选择，土壤的深度和园林建筑小品的安排等园林工程的设计营造均受限于建（构）筑物屋顶的承载力，同时，营建地点的特殊性决定了屋顶花园建设在技术和材料的要求和选择方面都有其特殊性。

⑤ 土层较薄，屋顶白天的日照强，水分蒸发较快，较薄的人造土保水性能较差，直接影响植物的生长。

⑥ 视野开阔，借景较容易，环境清静优雅，很少形成大量人流。

（2）屋顶绿化的特殊功能

① 改善生态环境，增加城市绿化面积。城市越发达，其建筑密度就越大，其相对的绿地所占比例也随之变小，在我国发达的城市人口密度大，人均绿地面积少，北京人均绿地面积不足 10 米^2，这与发达国家相比相差甚远。自 1992 年以来，仅北京地区的建筑面积，以每年数千万平方米的速度递增。在有限的土地面积制约下，增加绿地面积是十分有限的。因此，屋顶绿化是提高绿化面积的一种十分有效的方法。

② 美化环境，调节心情。屋顶花园（绿化）与城市园林一样，对居民的生活环境给予绿色情趣的享受。它对人们的心理作用比其他物质享受更为深远。特别是在人们通过感官接触绿色植物时，给予人们在心理方面的一系列享受，以树木花草等植物组成的自然环境具有极其丰富的形态美、色彩美、芳香美和风韵美。绿色植物能调节人的神经系统，使紧张疲劳感得到缓解和消除，使激动情绪恢复平静。屋顶花园可以使生活或工作在高层建筑的人们能够领略到

更多的绿色景观，观赏优美的环境。

③ 改善屋顶眩光，美化城市景观。随着城市高层超高层建筑的兴建，越来越多的人工作与生活在城市高空，不可避免地要经常俯视楼下的景物。除露地绿化带外，主要是道路、硬铺装场地和低层建筑物的屋顶。建筑屋顶的表面材料，常采用筒瓦、水泥瓦、水泥板砖和黑色油毡沥青等防水卷材。无论使用哪种屋顶材料，其高空鸟瞰景观极差。在强烈的太阳光照射下反射刺目的眩光，损害人们的视力。众所周知，人眼观看最舒适的颜色是绿色。在人的视野中，当绿色达到25％时，人的心情最舒畅，精神感觉最佳。在城市建筑中，屋顶花园（绿化）和垂直墙面绿化代替了不受人视觉欢迎的灰色混凝土、黑色沥青和各类墙面。对于身居高层的人们，无论是俯视大地还是仰视上空，如同置身于绿色的园林美景之中。

④ 屋顶花园的防水和调节室温效能。

a. 屋顶花园防水作用。顶层防水技术在楼体建筑中十分重要，虽然现代科学技术发展十分迅速，楼顶防水材料也不断出新，但能够经受住时间考验、彻底解决漏水问题的防水材料却比较少，这主要是因为顶层的防水材料通常设置在隔热层之上，夏季阳光曝晒，冬季冰雪侵蚀，温度的变化使其经常处于热胀冷缩的状态，数年之后极易出现破裂造成顶层漏水。没有屋顶绿化覆盖的平屋顶，夏季由于阳光照射，屋面温度比气温高得多。不同结构、不同颜色和材料的屋顶温度升高幅度不同，最高可达80℃以上。

屋顶花园在营造过程中，增加新的表面保护层——土壤和植物，这样使防水层处于保护层之内，延长了防水材料的使用寿命。

b. 调节室温。居住在顶层的人们，都会感受到室内温度在夏季明显比非顶层的要高出至少2～3℃，而冬季温度则比非顶层的低至少2～3℃。即使有隔热层也不能保证冬热夏冷。由于屋顶花园上种植池内种植各类花卉树木，必须设置一定厚度的种植基质，以保证植物的生长需要。如果屋顶绿化采用地毯式满铺地被植物，则地被植物及其下的轻质种植土组成"毛毯层"，完全可以取代屋顶的保温隔热层，起到冬季保温、夏季隔热的作用。

⑤ 屋顶花园（绿化）的蓄雨水作用。建筑屋顶构造一般分为坡屋顶（瓦屋面）和平屋顶两大类。雨水流经坡屋顶时几乎全部通过屋面流入地下排水管道。平屋顶（未经过绿化）有80％雨水排入地下管网。屋顶花园（绿化）中植物对雨水的截留和蒸发作用，以及具有较大吸水能力的人工种植土对雨水的吸收作用，使屋顶花园（绿化）的雨水排放量明显减少。一般只有30％雨水通过屋顶花园排水系统排入地下管网（据德国《住宅绿化》一书中介绍）。屋顶花园（绿化）对雨水的截流效应可以产生两方面的效果：首先，随着屋顶花园（绿化）日益增多，大雨后通过屋顶花园（绿化）排入城市下水道的水量将明显减少，因此城市排水管线直径可以适当缩小，从而节约市政设施的投资；其次，屋顶花园（绿化）中截流的70％雨水，将在雨后的一段时间内储存在屋顶上，并逐渐地通过蒸发和植物蒸腾作用扩散到大气中去，从而改善城市的空气与生态环境。

2. 屋顶绿化的种植设计

（1）植物的选配原则

① 选择耐旱、抗寒性强的矮灌木和草本植物。由于屋顶花园夏季气温高、风大、土层保湿性能差，冬季保温性差，因而应以选择耐干旱、抗寒性强的植物为主。同时，考虑到屋顶的特殊地理环境和承重的要求，应注意多选择矮小的灌木和草本植物，以利于植物的运输、栽种与管理。

② 选择阳性、耐瘠薄的浅根性植物。屋顶花园大部分地方为全日照直射，光照强度大，植物应尽量选用阳性植物。但在某些特定的小环境中，如花架下面或靠墙边的地方，日照时间较短，可适当选用一些半阳性的植物种类，以丰富屋顶花园的植物品种。屋顶的种植层较薄，为了防止根系对屋顶建筑结构的侵蚀，应尽量选择浅根系的植物。因施用肥料会影响周围环境的卫生状况，故屋顶花园应尽量种植耐瘠薄的植物种类。

③ 选择抗风、不易倒伏、耐积水的植物种类。在屋顶上空风力一般较地面大，特别是雨季或有台风来临时，风雨交加对植物的

生存危害最大，加上屋顶种植层薄，土壤的蓄水性能差，一旦下暴雨，易造成短时积水，故应尽可能选择一些抗风、不易倒伏同时又能耐短时期积水的植物。

④ 选择以常绿为主，冬季能露地越冬的植物。营建屋顶花园的目的是增加城市的绿化面积，美化"第五立面"，屋顶花园的植物应尽可能以常绿为主，宜用叶形和株形秀丽的品种。为了使屋顶花园更加绚丽多彩，体现花园的季相变化，还可适当栽植一些色叶树种；在条件许可的情况下，可布置一些盆栽的时令花卉，使花园四季有花。

⑤ 尽量选用乡土植物，适当引种绿化新品种。乡土植物对当地的气候有高度的适应性，在环境相对恶劣的屋顶花园，选用乡土植物有事半功倍之效，同时考虑到屋顶花园的面积一般较小，为将其布置得较为精致，可选用一些观赏价值较高的新品种，以提高屋顶花园的档次。

（2）屋顶植物的应用形式

① 乔木。在屋顶花园中，乔木种植很少。但由于乔木在整个花园中起骨架和支柱作用，因此在植物配置时，还应予以考虑。

乔木的设置要求主题明确、功能清晰。乔木树种的选择是否恰当，最能反映花园建设的水平；应用是否得体，最能体现景观布局的品位。其应用更应注重姿态方面。乔木的选择有很多，既有观形、赏叶的，又有观花、观果的，可根据功能和需求选用。屋顶花园的乔木通常不会选用高大的乔木，而是更趋向于选择矮小乔木，一旦选定必定能成为花园（至少是花园局部区域）的构图中心，成为吸引人视线的景致。

小乔木类可选用罗汉松、白玉兰、紫玉兰、龙爪槐、珊瑚树、棕榈、蚊母、寿星桃、橘子、金橘、红枫、紫叶李、樱花、西府海棠、侧柏、女贞、南洋杉、龙柏、梅花、桃花。

② 灌木。花灌木是我国植物造景特别重视的植物形式，它们具备木本的挺拔枝干，又大多在春夏有美丽的花朵，可欣赏树形、叶片、花朵、果实。灌木也是屋顶花园种植的主体，花园的各个部

位，如花槽、花坛、花境等均可种植。灌木种植形式多种多样，可以孤植、列植，也可以对植或组合成灌丛，有些地方种植成绿篱形式；蔓性灌木种植在屋檐花槽上，不但可增加花园的绿化面积，而且还可起到美化花园的效果。

灌木类可选用紫荆、紫薇、海棠、蜡梅、月季、六月雪、石榴、小檗、南天竹、桂花、八角金盘、瓜子黄杨、大叶黄杨、雀舌黄杨、锦熟黄杨、栀子花、金丝桃、八仙花、木矮生紫薇、锦葵、杜鹃、牡丹、茶花、含笑、丝兰、茉莉、美人蕉、大丽花、苏铁、百合、百枝莲、鸡冠花、枯叶菊、洒金桃叶珊瑚、海桐、构骨、桂花、火棘、红瑞木、结香、棣棠、爬地柏、榆叶梅。

观赏竹类可选用佛肚竹、凤尾竹、孝顺竹、斑竹、金镶玉竹、菲白竹、倭竹、翠竹、菲黄竹、铺地竹、鹅毛竹。

③ 地被植物。地被植物是指覆盖地面的低矮植物，有草本植物、蕨类植物、矮灌木和藤本。为了使原种植的植物更加美观，更富有层次感，屋顶花园中的花槽、花坛、花境、所种植的各种乔灌木下，一般也都应填种各种地被植物。

宿根类可选用菊花、石竹属、百里香属、大花金鸡菊、紫菀属、荷花。

地被类可选用葱兰、韭兰、麦冬、佛甲草、黄花万年草、垂盆草、凹叶景天、马尼拉、马蹄金、红花酢浆草、细叶结缕草、沟叶结缕草、野牛草、狗牙根、普通早熟禾。

草木花卉类可选用一串红、凤仙花、翠菊、百日草、矮牵牛、孔雀草、三色堇、金盏菊、万寿菊、金鱼草、天竺葵、球根秋海棠、风信子、郁金香、旱金莲、凤仙花、鸡冠花、大丽花、雏菊、羽衣甘蓝、翠菊、千日红。

④ 攀援植物。在屋顶花园上的绿化墙面，成为一道绿色的背景，将花园的外轮廓模糊掉，融合入花园外的环境。

藤本类可选用迎春、花叶蔓长春花、绿叶蔓长春花、油麻常春藤、葡萄、紫藤、常春藤、爬山虎、小叶扶芳藤、云南黄馨、金钟花、凌霄、木香、五叶地锦、薜荔、茑萝、牵牛花、金银花、蔷薇薇、连翘、炮仗花、葡萄、猕猴桃、丝瓜、扁豆、黄瓜。

3. 屋顶绿化植物的配置

屋顶园林景观融建筑技术和绿化美化为一体，突出意境美。重要手段是巧妙利用主体建筑物的屋顶、平台、阳台等开辟绿化场地，充分利用造景植物、微地形、水体和园林小品等造园要素，采用借景、组景、障景等造景技法，创造出不同使用功能和性质的园林景观。假山、水池、亭、廊虽然是屋顶园林造景的重要部分，但应以植物造景为主，各类树观、假山、水池、亭、廊虽然是屋顶园林造景的重要部分，但应以植物造景为主，各类树木、花卉、草坪等所占的比例应为 50%～70%。常用植物造景形式的设计有以下几种：

(1) 乔灌木的丛植、孤植　适应土层浅薄的要求，浅根性的小乔木、灌木、花卉、草坪、藤本植物应是屋顶绿化中的主体，其种植形式要讲究，以丛植、孤植为主，与大地园林讲究"亭台花木，不为行列"而突出群体美不同。丛植，就是将多种乔灌木种在一起，通过不同树种及高矮错落的搭配，利用其形态和季相变化，形成富于变化的造型，表达某一意境，如玉兰与紫薇的丛植等；孤植，则是将具有较好的观赏性和优美姿态、花期较长且花色俱佳的小乔木，如海棠、蜡梅等，单独种植在人们视线集中的地方。若要使用乔木种植，其位置应设计在承重柱和主墙所在的位置上，不要在屋面板上。

(2) 花坛、花台设计　在有微地形变化的自由种植区，可建造花坛、花台。花坛，采用方形、圆形、长方形、菱形、梅花形等，可用单独或连续带状，也可用成群组合类型。所用花草要经常保持鲜艳的色彩与整齐的轮廓。多选用植株低矮、株形紧凑、开花繁茂、色系丰富、花期较长的种类，如报春、三色堇、百日草、一串红、万寿菊、金盏菊、四季海棠、矮牵牛等。花台，则是将花卉栽植于高出屋顶平面的台座上，类似花坛但面积较小，可将其布置成"盆景式"，常以兰角梅、竹等为主，并配以山石小草为衬。

(3) 巧设花境及草坪　花境是以树丛、绿篱、矮墙或建筑小品作背景的带状自然式花卉配置。依屋顶环境地段的不同，其边缘可以是自然曲线，也可以采用直线，且各种花卉的配置是自然混交的。草坪可采用整齐、艳丽的各色草花构成图案，俯视效果好，多用于屋顶高低交错时低层屋顶的绿化，因其注重整体视觉效果，内部可不设园路，只留出管理用通道。

（4）注意配景　除主景外，采用花盆、花桶等分散组成绿化区域或沿建筑物屋顶周边应季布置，应根据其盛花期随时更换，并可在楼的边缘处摆放悬垂植物，兼顾墙体绿化，起到点缀作用。为增加气氛，或根据景观需要，还可在曲径、草地边和较高的植棵下，摆放 1～2 块形状特异的奇石等，以体现刚柔相济的内涵，可收到丰富园林景观的效果。

4. 不同类型屋顶花园植物的配置

（1）按使用功能分

① 公共游息性屋顶花园。这种形式的屋顶花园除具有绿化效益外，还是一种集活动、游乐为一体的公共场所，应有适当起伏的地貌，配以小型亭、花架等园林建筑小品，并点缀以山石。有的可以采取现代的手法，用草坪、地被植物组成流畅的图案，其中点缀小水池、小喷泉及雕塑，使之充满时代气息；也可以采取自然的手法，以草坪为基底，根据生态群落组织植物景观，加假山、置石等小品，使之充满温馨情趣；还可以将植物、花草、树木精心修剪成姿态各异、气韵生动的艺术形象。

② 赢利性屋顶花园。多用于旅游宾馆、酒店。根据国际上评定宾馆星级的要求，屋顶花园和室内花园成为新建豪华宾馆的组成部分之一。名为替顾客增设游乐环境，其实为招揽住客，特别是为国外游客提供夜生活场所，在屋顶花园中开办露天歌舞会、冷饮茶座等，达到多赢利的目的。这类屋顶花园一般场地狭小，又要摆放茶座，因此，花园中的一切景物，花卉、小品等均以小巧精美为主。植物配置应考虑使用特点，宜选用傍晚开花的芳香品种。

③ 家庭式屋顶小花园。随着现代化社会经济的发展，人们的

居住条件越来越好，多层式阶梯式住宅公寓的出现，使这类屋顶小花园走入了家庭。这类小花园面积较小，多为 10～20 米²。它的重点放在种草养花方面，一般不设置小品、假山、水体，但可以充分利用空间作垂直绿化，还可以进行一些趣味性种植。

另一类家庭式屋顶小花园为公司写字楼的楼顶，这类小花园主要作为接待客人、洽谈业务、员工休息的场所，这类花园应种植一些名贵花草，布设一些精美的小品，如小水景、小藤架、小凉亭等，还可以设置微型雕塑、小型壁画等。

④ 科研、生产用的屋顶花园。以科研、生产为目的的屋顶花园，可以设置小型温室，用于培育珍奇花卉品种、引种以及观赏植物、盆栽瓜果。既有绿化效益，又有较好的经济收入。这类花园的设置，一般应有必要的设施，种植池和人行道规则布局，形成闭合的整体地毯式种植区。

（2）按建筑结构和绿化形式分

① 坡屋面绿化。建筑的屋顶分为人字形坡屋面和单斜坡屋面。在一些低层建筑或平屋面上可采用适应性强、栽培管理粗放的藤本植物，如葛藤、爬山虎、南瓜、葎草、葫芦等。在欧洲，常见建筑屋顶种植草皮，形成绿茵茵的"草房"，让人倍感亲切。

② 平屋面绿化。平屋面在建筑中比较普遍，也是发展屋顶花园最为多见的空间。它可以分为以下几种绿化形式：

a. 苗圃式。从生产效益出发，将屋顶作为生产基地，种植蔬菜、中草药、果树、花木和农作物。在农村利用屋顶可以扩大副业生产，取得经济效益，甚至可以利用屋顶养殖观赏鱼，建造"空间养殖厂"。

b. 分散周边式。沿屋顶女儿墙四周设置种植槽，槽深 0.3～0.5 米。根据植物材料的数量和需要来决定槽宽，最狭的种植槽宽度为 0.3 米，最宽可达 1.5 米以上。这种布局方式较适合于住宅楼、办公楼和旅社的屋顶花园。在屋顶四周种植高低错落、疏密有致的花木，中间留有人们活动的场所，设置花坛、坐凳等。四周绿化还可选用枝叶垂挂的植物，以美化建筑。

c. 活动盆栽式。机动性大、布置灵活，这种方式常被家庭采用。

d. 庭院式。屋顶绿化中常见的形式，设有树木、花坛、草坪，并配有园林建筑小品，如水池、花架、室外家具等。这种形式多用于宾馆、酒店，也适合用于企事业单位及居住区公共建筑的屋顶绿化。

（四） 儿童公园

儿童公园一般指为少年儿童服务的户外公共活动场所。它是强调互动乐趣的功能性园林，也是互动园林的代表。同时儿童公园也强调了使用主体的特殊性。

1. 儿童公园的性质与任务

儿童公园是城市中儿童游戏、娱乐，进行体育活动，并从中得到文化科学普及知识的专类公园。其主要任务是使儿童在活动中锻炼身体、增长知识等，培养优良的社会风尚。包括综合性儿童公园、特色性儿童公园、小型儿童乐园等。

2. 总体规划原则要求

① 按不同年龄儿童使用比例，心理及活动特点划分空间。

② 创造优良的自然环境，绿化用地占全园用地的50％以上，保持全园绿化覆盖率在70％以上，并注意通风、日照。

③ 大门设置道路网、雕塑等，要简明、醒目，以便幼儿寻找。

④ 建筑等小品设施要求形象生动，色彩鲜明，主题突出，比例尺度小，易为儿童接受。

⑤ 种植设计应模拟自然景观，创造身临其境的森林环境，可适当设置植物角，有毒、有刺、有刺激性、有异味、对人体有危害的植物不可以使用，以免发生事故。

3. 儿童公园绿化设计要求

孩子们喜欢绚烂的颜色，在属于孩子的园林当中，种植开花、结果的植物和缤纷的秋色叶植物能够吸引孩子并且满足孩子的求知欲望，培养他们对大自然的热爱。儿童乐园的绿化设计应当有其鲜明的特色。

（1）儿童公园的绿化面积　一般要求不少于公园用地总面积的
50%。此外，道路广场占 10% 左右，建筑和各种活动设施占 4%。
公园的周围宜设绿化防护带，以免尘沙侵袭和城市噪声干扰。各活
动区之间，特别是不同年龄儿童少年的活动地段，要用植物隔开，
栽种的树木花草品种多样，避免带刺、有毒的品种。

（2）《公园设计规范》的相关规定

① 在游人活动范围内宜选用大规格苗木。

② 严禁选用危及游人生命安全的有毒植物。

③ 不应选用在游人正常活动范围内枝叶有硬刺或枝叶尖硬、
形状呈刺状以及有浆果或分泌物坠地的种类。

④ 不宜选用挥发物或花粉能引起明显过敏反应的种类。

⑤ 集散场地种植设计的布置方式，应考虑交通安全视距和人
流通行，场地内的树木枝下净空应大于 2.2 米。

（3）儿童游戏场的植物选用

① 乔木宜选用高大荫浓的种类，夏季避阴面积应大于游戏活
动范围的 50%。

② 活动范围内的灌木宜选用萌发力强、直立生长的中高型种
类，树木枝下净空应大于 1.8 米。

③ 儿童乐园要求有优美清洁的绿化环境和园林艺术的
景观。

4. 绿化设计原则

（1）因地制宜原则　绿化设计中以生态学基本理论为指导，合
理规划绿地，最大限度地充分利用土地资源和高效节能措施，保留
并利用好原有的植被和地形、地貌景观。

（2）人性原则　在孩子们活动嬉戏时，是面向自然的，尤其像
绿篱植物迷宫等与活动内容有关的植物材料，直接满足了孩子们的
要求。他们在绿地中进行活动、交流和休闲，能感受到园林绿化创
造充满生活气息、贴近自然的优良环境氛围。当然，此时植物的选
择和配置都要适合儿童的身高和心理，引起儿童的兴趣。

（3）生态原则　利用植物材料作为游戏设施、景观小品、铺装、坐凳等的背景，创造"林荫型"的立体化绿化景观模式，如游戏场内应布置一定的遮阴区，供夏日活动；利用墙壁、假山等种植攀援植物，可以弱化建筑形体的生硬线条；利用绿篱分隔空间，可降低噪声等。

（4）艺术原则　绿化设计时，选配植物，要巧妙地利用植物的形体、线条、色彩、质地和习性等进行构图。通过植物的季相及生命周期的变化，构成一幅幅活的动态画卷。如上海地区常见的配植形式有雪松＋广玉兰、紫薇＋紫荆＋黄馨、鸢尾＋麦冬，春季可欣赏紫荆、黄馨和鸢尾，夏季可观赏广玉兰、紫薇，秋季观麦冬花果、紫荆等果实，冬季可欣赏常绿植物雪松、广玉兰的树形。

5. 植物材料的选择

儿童公园在栽植中一般选择春夏观花、秋季观果、冬季观枝的四季景观，同时在树形、花色、叶色、习性等方面满足儿童利用的特征，最好是具有满足触觉、味觉、视觉、嗅觉的植物材料，突出表现植物景观的同时，增加体验、感受、认识自然的机会。在选择植物材料时应注意如下几点：

① 选用叶、花、果形状奇特，色彩鲜艳，能引起儿童注意力的花草树木，如紫玉、红花木莲等。

② 乔木应选高大浓荫的树种，分枝点不宜低于1.8米；灌木宜选用萌发力强、直立生长的中高型树种，以不影响儿童游戏活动为宗旨。

③ 忌用有毒植物，如夹竹桃等；有刺植物，如蔷薇等；有刺激性或容易引起过敏反应的植物，如漆树等；易发生病虫害的植物，如钻天杨等。

6. 儿童公园绿化常用配置形式

儿童公园中常用的植物配置形式如下：

① 布置密林和草坪两种活动空间。在密林中，创造逼真的森林景观，搭建森林小屋、游憩设施，满足少年儿童的好奇心；在草

地上少种乔木和灌木，创造开放性娱乐空间。

② 布置花坛、花境。道路两侧设置花带、花坛、花境等装饰性小景，用花草的色彩引起孩子们的兴趣，激发他们对自然、生活的热爱。

③ 规划一个植物角，通过各种叶形、叶色、花形、花色、果实、树形，丰富孩子们的植物知识，培养他们树立保护花草树木的意识。

（五） 纪念性公园

1. 纪念性公园的性质与任务

纪念性公园是人类利用技术与物质手段，通过形象思维而创造的一种精神意境，如革命活动故地、烈士陵墓、著名历史名人活动旧址及墓地等。其主要任务是供人们瞻仰、凭吊、开展纪念性活动和游览、休息、赏景等。

2. 规划原则要求

① 总体规划应采用规划式布局手法，不论地形高低起伏或平坦，都要形成明显的主轴线干道，主体建筑、纪念形象、雕塑等应布置在主轴的制高点上或视线的交点上，以利突出主体。其他附属性建筑物一般也受主轴线控制，对称布置在主轴两旁。

② 用纪念性建筑物、纪念形象、纪念碑等来体现公园的主题，表现英雄人物的性格、作风等主题。

③ 以纪念性活动和游览休息等不同功能特点来划分不同的空间。

3. 功能分区及其设施

（1）纪念区　该区由纪念馆、碑、墓地、塑像等组成。不论是主体建筑组群还是纪念碑、雕塑等，在平面构图上均用对称的布置手法，其本身也多采用对称均衡的构图手法，来表现主题形象，创造严肃的意境。

（2）园林区　该区主要是为游人创造良好的游览、观赏内容，为游人休息和开展游乐活动服务。全区地形处理、平面布置都要因地制宜、自然布置，亭、廊等建筑小品的造型均采取不对称的构图手法，创造活泼、愉快的游乐气氛。

4. 绿化种植设计

纪念性公园的植物配植应与公园特色相适应，既有严肃的纪念性活动区，又有活泼的园林休息活动部分。种植设计要与各区的功能特性相适应。

（1）出入口　要集散大量游人，因此需要视野开阔，多用水泥、草坪广场来配合，而出入口广场中心的雕塑或纪念形象周围可用花坛来衬托主体。主干道两旁多用排列整齐的常绿乔灌木配植，创造庄严肃穆的气氛。

（2）纪念碑、墓的环境　多用常绿的松、柏等作为背景树林，其前点缀红叶树或红色的花卉，寓意"烈士鲜血换来的今天幸福"，激发后人奋发图强的爱国主义精神，象征烈士的爱国主义精神万古长青。

（3）纪念馆　多用庭院绿化形式进行布置，应与纪念性建筑主题思想协调一致，以常绿植物为主，结合花坛、树坛、草坪点缀花灌木。

（4）园林区　以绿化为主，因地制宜地采用自然式布置。树木、花卉种类的选择应丰富。在色彩上的搭配要注意对比和季相变化，在层次上要富于变化。如广州起义烈士陵园大量使用了凤凰木、木棉、刺桐、扶桑、红桑等。南京雨花台烈士陵园多用红枫、榉木、茶花等。

（六）体育公园

专供市民开展群众性体育活动的公园，体育设备完善，可以开运动会，也可开展其他游览休息活动。该类公园占地面积较大，不一定设置在市内，也可设置在市郊交通方便之处。

利用平坦的地方设置运动场，低处设置游泳池，如周围有自然地形起伏，用来作为看台更好。一般体育公园以田径运动场为中心，设置运动场、体育馆、儿童活动区等，并布置各种球场，设置草地、树林等植被景观。

第二节　道路绿地园林树种选择

城市道路是现代化城市的重要组成部分，它担负着城市疏散交通的重要功能，是现代化城市必备的重要基础设施。现代化的城市道路，除满足交通等道路使用功能外，搞好道路的绿化美化，能起到防眩光、缓解驾车疲劳、调节心情、稳定情绪等作用。因此，良好的园林环境和赏心悦目的道路景观是现代化城市道路不可或缺的，道路绿化是重要手段。

一、　一般规定

一般来说，行道树是指按一定方式种植在城市道路两侧人行道与车行道之间的，以乔木为主，乔、灌、花相结合的遮阴绿化带。城市行道树种的选择必须依据城市的生态环境和城市道路的交通功能进行系统的规划。

（一）　保证行车安全的原则

为了保证行车安全，在道路的交叉口，视距三角形范围内和弯道内侧规定范围内所种植的树木不应影响驾驶员的视线，保证行车视距；而在弯道外侧的树木，可在边缘连续种植，引导驾驶员的行车视线。在道路规定宽度、高度的行车范围内不得种植影响驾驶人员视线和视距的树木，以保证行车安全。

（二）　适地适树，保护古树名木的原则

道路绿化树木应根据各地的气候、土壤等自然条件的不同，要求适地适树，以乡土树木为主，植物间应符合伴生的生态习性。不适宜绿化的土质，应改善土壤进行绿化。从规划设计到修建的全过程，宜保留有价值的原有树木，对原有的古树、名木、珍贵树种应予以保护。其保护范围是树冠投影外围 5 米的范围之内，不种植缠

绕古树的藤本植物；不建有害古树的其他设施。

（三）乔木、灌木、地被相结合的原则

城市道路绿地规划应以乔木为主，乔木、灌木、地被植物相结合，在符合植物生态习性的前提下，全面覆盖地面，创造层次丰富的道路景观。路侧绿带景观宜与道路红线外侧的绿化景观相结合，重点布置在自然立地条件好的路侧。道路绿化景观的效果需要近期与远期相结合。

（四）绿化景观与市政工程相互协调的原则

城市道路用地范围有限，除车行道、人行道外，还需要安排很多市政公用设施。道路绿化景观，特别是树木景观应与市政公用设施统筹安排，相互协调，并保证给树木留有所需要的立地条件与生长空间，根据需要配备灌溉设施，绿地的坡向、坡度应符合排水要求，或与城市排水系统相结合，防止绿地内积水和水土流失。还要保证公用设施的使用和维修的空间。

二、设计原则

（一）确立园林路与主干路的性质和特色

城市道路绿化景观规划，应与城市道路规划和绿地系统规划同步进行。城市道路景观是城市道路的重要组成部分，也是城市绿地系统的重要组成部分。它不仅可以体现一个城市的绿化风貌，而且还能体现一个城市的特色。在城市的绿地系统规划时，就应明确该城市的园林景观路与主干路的绿化景观特色。

（二）创建城市园林景观路

园林景观路是展示城市带状景观系列的重要手段。它具有较大的绿地面积和优越的环境条件，规划要求配置观赏价值高、有地方

特色的植物，并与街景相结合，反映该城市的绿化景观特色和水平。

（三）抓住城市路网景观的主体

主干路是城市路网的主体，它贯穿整个城市，绿地率也比较高，绿化植物的配置要求层次丰富，色彩和谐。绿化景观应具有长期、稳定的景观效果，形成全市的绿化景观整体效果，体现城市道路绿化景观风貌。

（四）不设开放式绿地景观

干路和次干路的交通流量大，噪声、废气、尘埃等污染较重，不利于身心健康，所以不应该在主、次干路的分车绿化带和交通岛上布置开放式绿地景观，以免行人穿越不安全。

（五）统一的风格与变化的形式相结合

统一的道路景观风格与变化的形式相结合，在同一条道路上的绿化景观应有统一的风格，保证道路景观统一协调，但在不同的路段上绿化景观的形式可以有所变化。在同一条路段上的各类绿化带，在植物的配置上应相互配合，但应协调空间层次、树形组合、色彩搭配和季节相变化的关系，既要有统一的风格，又要有变化的形式，提高道路绿化景观的艺术水平。

（六）路侧绿地景观与环境景观相结合

路侧绿地景观应与道路红线之外的公园、游园、宅旁绿地、防护绿地等相结合，以便增强道路绿带景观效果。在城市中，毗邻山、河、湖、海的道路环境是可贵的，靠近水的景观条件较好，路侧绿地景观应与水景观结合，布置在靠近水的一边，凸显自然景观，创造地方和自然景观特色。东西向道路，北侧绿地的自然条件较好，路侧绿化带景观重点布置在北侧，以利植物的生长，更好地发挥景观效果。

（七）　保证一定宽度的绿化带

一般行道树绿化带或分车绿化带上，若种植高大乔木，应保持1.5米以上的宽度，以便管理。主干路上的分车绿化带应规划2.5米以上的宽度，以便种植复层绿化树木，有利于防止来自干道车流的污染。

三、　种植设计

城市道路环境受到许多因素影响，不同地段的环境条件可能差异较大，选择行道树等植物首先要适应栽植地的环境条件，使之能生长健壮，绿化效果稳定。其次，在满足首要条件的情况下，宜优先选用一些能够体现城市绿化风貌的树种，更好地发挥道路绿化的美化作用。城市道路绿化树种选择要适应道路、广场土壤与环境条件，掌握选择树种的原则、要求，因地制宜，才能形成合理、最佳的绿化景观效果。

（一）　树种的调查

要根据具体环境条件选择树种，做到"适地适树""因地制宜"。从总体规划上讲，全市道路、广场的树种要有统一的基调，又应有所变化。确定树种以前，必须先做好如下基本调查研究工作：

① 调查研究本地区自然分布园林应用的树种，从而可以初步选择树种的范围。

② 了解本地区周边地带生长的树种或是与本地区自然条件相似的其他国家、地区生长的树种，以便引种。

③ 整理和鉴定本地区的杂交新品种。

④ 观察城市内已经生长的树种情况。

（二）　树种和地被植物的选择

1. 乔木的选择

乔木在道路绿化中，主要作为行道树，其作用主要是夏季为行人遮阴、美化街景，因此选择树种时主要从以下几方面着手：

① 株形整齐，观赏价值较高（或花形、叶形、果实奇特，或花色鲜艳，或花期长），最好是树叶秋季变色，冬季可观树形、赏枝干。

② 生命力强健，病虫害少，便于管理，管理费用低，花、果、枝叶无不良气味。

③ 树木发芽早、落叶晚，适合当地正常生长，晚秋落叶期在短时间内树叶即能落光，便于集中清扫。

④ 行道树树冠整齐，分枝点足够高，主枝伸张角度与地面不小于 30°，叶片紧密，有浓荫。

⑤ 容易繁殖，移植后易于成活和恢复生长，适宜大树移植。

⑥ 有一定耐污染、抗烟尘的能力。

⑦ 树木寿命较长，生长速度不太缓慢。

目前应用较多的有法桐、雪松、垂柳、国槐、合欢、栾树、馒头柳、杜仲、白蜡等。

2. 灌木的选择

灌木多应用于分车带或人行道绿化带，可遮挡视线、减弱噪声等，选择时应注意以下几个方面：

① 枝叶丰满，株形完美，花期长，萌蘖少。

② 植株无刺或少刺，叶色有变，耐修剪，在一定年限内人工修剪可控制它的树形和高矮。

③ 容易繁殖，易于管理，能耐灰尘和路面辐射。

应用较多的有大叶黄杨、金叶女贞、紫叶小檗、月季、紫薇、丁香、紫荆、连翘、榆叶梅等。

3. 地被植物的选择

地被植物的选择应适应气候、温度、湿度、土壤等条件的要求。北方大多数城市主要选择冷季型草坪作为地被植物，另外一些低矮花灌木，如沙地柏、麦冬、棣棠等也被作地被植物应用。

4. 草本花卉的选择

草本花卉的选择一般以宿根花卉为主，与乔、灌、草巧妙搭配，合理配置，1～2 年生草本花卉只在重点地方布置。社会在发展，人类生活水平在不断地提高，人类对生活环境要求也越来越高，因而，园林式城市建设顺应成为主题，而道路恰与人类生活息息相关。作为城市绿化规划者，应遵循道路绿地规划的基本原则和生态学原理，充分利用绿化的同时更好地保护环境。

5. 选择植于城市道路、广场的树木和地被植物

选择植于城市道路、广场的树木和地被植物，要严格挑选当地适宜的种类，一般须遵循以下原则：

① 道路绿化树种要选择适应道路环境条件、生长稳定、观赏价值高和环境效益好的植物种类。因为城市中土壤瘠薄，且树木多种在道旁、路肩、场边或砖砌穴的外来土中，又受各种管线或建筑物基础的限制和影响，树体营养面积很小，补充有限，所以选择耐瘠薄土壤、抗性强的树种尤为重要。

② 行道树应选择深根性、分枝点高、冠大荫浓、生长健壮、适应城市道路环境条件的树种。由于根系向较深的土层伸展，吸收水分和营养才能枝繁叶茂，抵御暴风袭击；而浅根性树种的根系，会破坏路面铺装。

③ 选择落花落果少或无飞毛的树木，或落果对行人不会造成危害的树种。如果树种经常落果或飞毛絮，容易污染行人的衣物，尤其污染空气。

④ 选择寿命长的树种。寿命长短影响到城市的绿化景观效果和管理工作。寿命短的树种一般 30～40 年就会出现发芽晚、落叶早和枯梢等衰老现象，而不得不砍伐更新。所以要延长树木的更新周期，就必须选择寿命长的树种。

⑤ 北方寒冷地区城市的行道树绿化带应选择发芽早、落叶晚，耐旱、耐寒的落叶乔木，以保证树木的正常生长发育，减少管理上财力、人力和物力的投入。落叶乔木在冬季可以减少对阳光的遮挡，提高地面温度，可使地面冰雪尽快融化，在夏季又有绿荫的效果。

⑥ 花灌木应选择花繁叶茂、花期长、生长健壮和便于管理的

树种。绿篱植物和观叶灌木应选用萌芽力强、枝繁叶密、耐修剪的树种。因为道路绿化树木每年都要修剪侧枝，所以树种需有很强的萌芽能力，修剪以后很快萌发出新枝。

⑦ 地被植物应选择茎叶茂密、生长势强、病虫害少和容易管养的木本或草本观叶、观花植物；而草坪地被植物应选择萌蘖力强、覆盖率高、耐修剪和绿色期长的种类。病虫害多的树种不仅造成管理上投资大、费工多，而且落下的枝叶、虫子排出的粪便、虫体和喷洒的各种灭虫剂等，都会污染环境，影响卫生。

（三） 树木配置

城市道路绿化带景观的树木配置形式有很多，但是概括起来有落叶乔木型、乔灌结合型、常绿乔木型、园林景观型、见缝插针型等。

第一种落叶乔木型，常用在北方城市的次干道或人行道绿化带上，以落叶乔木为主，适当配以草坪。高大的落叶乔木不仅夏季给行人带来遮阴的效果，而且冬季还会产生日光浴的作用。整体使人感到雄伟壮观，但是由于缺少变化，显得比较单调。

第二种乔灌结合型，是乔木和灌木合理搭配，既可增加景观和季节变化，又具有节奏感和韵律感，有较好的视觉效果。

第三种常绿乔木型，形式是以常绿乔木为主，配以花卉、灌木、草坪、绿篱等，既可四季常青，又有季节变化，是目前应用较多的形式，特别是通过不同花色的花卉布置，起到画龙点睛的作用。

第四种园林景观型，是指在繁忙的道路两侧，或是居民分布相对较密集的地块，设置自然式的园林道路即林荫路。具有一定宽度且与街道平行的带状绿化景观，其作用与街头绿化景观相似，有时可起到小游园的作用，居民不必穿过交通繁忙的街道，就可以自由出入林荫带散步休息，有效防止和减少车辆废气、噪声对居民的危害，这种形式在城市化进程中运用得较为普遍。

第五种见缝插针型，是指在一些常常被忽略或是遗忘的角落，甚至是废物垃圾的堆放之处，利用地形，宜种树则种树、宜种草则种草，巧妙布置，变废为宝，形成一道道精致玲珑的城市风景线。比如城市立交桥下面往往是被遗忘的角落，可以种植爬山虎之类垂直绿化的耐阴植物，道路交通分流隔离岛避免采用死板单调的水泥板，取而代之以冬青等低矮植物，不仅使道路绿色充盈，充满生机，也净化空气，有益身心，达到良好的视觉效果和环保效果。

第三节　居民小区园林树种选择

一、　一般规定

在绿地中，树木既是造景的素材，也是观赏的要素。由于植物的大小、形态、色彩、质地等特性千变万化，为居住区绿地的多彩多姿提供了条件。

（一）　植物配置的原则

园林植物配置是将园林植物等绿地材料进行有机的结合，以满足不同功能和艺术要求，创造丰富的园林景观。合理的植物配置既要考虑到植物的生态条件，又要考虑到它的观赏特性，既要考虑到植物自身美，又要考虑到植物之间的组合美和植物与环境的协调美，还要考虑到具体地点的具体条件。正确的选择树种，理想的配置将会充分发挥植物的特性构成美景，为园林增色。

① 乔灌结合，常绿植物和落叶植物、速生植物和慢生植物相结合，适当地点缀花卉草坪。在树种的搭配上，既要满足生物学特性，又要考虑绿化景观效果，创造出安静和优美的环境。

② 植物种类不宜繁多，但也要避免单调，更不能配置雷同，要达到多样统一。在儿童活动场地，要通过少量不同树种的变化，便于儿童记忆、辨认场地和道路。

③ 在统一基调的基础上，树种力求变化，创造出优美的林冠线和林缘线，打破建筑群体的单调和呆板感。

④ 在栽植上，除了需要行列栽植外，一般都要避免等距离的栽植，可采用孤植、对植、丛植等，适当运用对景、框景等造园手法，装饰性绿地和开放性绿地相结合，创造出丰富的绿地景观。

⑤ 在种植设计中，充分利用植物的观赏特性，进行色彩的组合与协调，通过植物叶、花、果实、枝条和干皮等显示的色彩在一年四季中的变化为依据来布置植物，创造季相景观。

（二）　树种选择

居住区道路绿化树种选择要重视以下要求：

1. 充分考虑到植物的生物学特性，做到适地适树

在树种的采用上，要适当采用本地乡土植物。一方面，长途跋涉运来名贵树木花草，增加了投资成本，降低了成活率；另一方面，一些地方性的树种得不到充分利用，造成绿化景观"不中不洋"。

2. 以阔叶树木为主，尊重居民喜好

居住小区是人们生活、休息的场所。在对居住区的绿化植被进行选择时，一定要注意居民的喜好。在我国传统美学中，针叶树如松柏带给人庄严、肃穆感。在小区中栽植成行的松柏，表面上好像绿化很好，但是在人们的潜意识里会对这样的环境产生排斥。所以小区内应以种植阔叶树为主，在道路和宅旁更为重要。

3. 以乔木树种为绿化骨干

乔木在小区中的应用主要是从生态和造景两个方面来考虑，在对乔木的选择上，落叶乔木与常绿乔木在整个小区中所占的比重一般为1∶（1～2）的比例。落叶乔木越古朴，枝干、树形越迷人，最具备树木的色彩美、形态美、风韵美。常绿乔木可以带给人四季如春的意境。在乔木的选择上，一个小区不能太多，多则杂、杂则乱。

4. 保健植物的选择

保健植物指落果少、无飞毛、无毒、无刺、无刺激性的植物。如果植物经常落果或飞毛絮，容易污染居民衣物，尤其污染环境。基于现代居民对健康的要求，小区绿化的树种，必须选用无毒、无刺激气味的乔灌木，可以选择美观、生长快、管理粗放的药用、保健植物，既可调节身心，也可美化环境。这类植物包括香樟、银杏、雪松、枇杷、鸢尾、野菊花等乔灌木及草花。

5. 选择有小果、小种子的植物，招引鸟类

栽植一定数量的结果实和种子的植物，能模拟出自然景观，引来鸟类，形成"鸟语花香"的环境，如李类、金银木、苹果类、菊类、向日葵、柳树、串红类等。

6. 冠幅大，枝叶密，深根性

由于深根性植物根系生长力很强，可向较深的土层伸展，不会因为经常践踏造成表面根系破坏而影响正常生长。

7. 耐修剪

要求有一定高度的分枝点（一般 2 米左右），侧枝不能刮碰过往车辆，并具有整齐美观的形象。

二、　设计原则

居住区绿地植物规划布局应遵循以下基本原则：

1. 植物配置要点、线、面相结合

点是指住宅小区的公共绿地，利用率高，要求位置适中，一个小区一般有 2～3 个。平面配置形式以规则式为主的混合式为好，植物配置宜突出"草铺地、乔遮阴、花藤灌木巧点缀"的公园式绿化特点，植物多用丛植、坪植、坛植和棚架结合等。线是指住宅小区的道路、围墙绿化，可栽植树冠宽阔、枝叶繁茂的小乔木、小灌木，如臭椿、石楠、法国冬青、炮仗花、雪松等。面是指宅旁绿地，是住宅小区绿化的基本单元。

2. 植物配置要层次分明、注重色块

在居住小区中进行植物配置时，应注重其层次的搭配。利用乔灌、地被的混合配置出高、中、低、地被层 4 个层次，使空间更具自然的节奏。在进行层次的搭配时，应注意乔木与灌木的比例 1：（3～6）为宜，草皮面积不高于绿地面积的 30%。色块布置应色彩简洁明快，采用色块的模纹形状可以达到最快的成形效果；养护简单，只需一次成形后进行间断性修剪即可。只要合理选择色叶树

种，就可以让色块四季基本不变；容易使人感觉环境整洁有序，现代气息较浓。

3. 掌握季节性观花观叶植物相搭配

乔、灌、藤、草、花有机搭配，丰富植物种类，创造四季景观。夏荫、春花、秋实、冬青，做到"春意早临花争艳，夏季浓荫好乘凉，秋季多变看叶果，冬季苍翠不萧条"。应保持三季有花，四季常绿。

4. 以草本花卉弥补木本之不足

在组合时必须考虑到小区中植物的色泽、花型、树冠、形状和高度、植物寿命、生长势等方面，才能互相协调。对于每个组合的设计，还应该考虑周围裸露的地面、草坪、水池、地表等几个组合之间的关系。

三、 种植设计

（一） 居住区绿化

居住区绿化是直接为居民利用并为居民提供享受的一种绿化系统。居住区的绿化规划，不仅要体现当代人的文明程度，而且更主要的还要有一定的超前意识，使之与现代化城市建设相适应，力求在一定时期内尽量满足人们对环境质量的不同要求。居住区在绿地设计时要求以生态学理论为指导，以再现自然、改善和维持小区生态平衡为宗旨，以人与自然共存为目标，以园林绿化的系统性、生物多样性、植物造景为主题的可持续性为使命，达到平面上的系统性、空间上的层次性、时间上的相关性。

充分考虑居民享用绿地的需求，建设人工生态植物群落。有益身心健康的保健植物群落，如松柏林、银杏林、香樟林、枇杷林、柑橘林、榆树林等；有益消除疲劳的香花植物群落，如栀子花丛、月季灌丛、丁香树丛、银杏-桂花丛林等；有益招引鸟类的植物群落，如海棠林、火棘林、松柏林等，可选择在小区边缘整块绿地上安排或与居住区中心绿地融合设计。利用植物群落生态系统的循环和再生功能，维护小区生态平衡。

乔木、灌木与藤蔓植物结合，常绿植物和落叶植物、速生植物和慢生植物相结合，适当地配置和点缀时令缀花草坪。在树种的搭配上，既要满足生物学特性，又要考虑绿化景观效果，要绿化与美化相结合，树立植物造景的观念，创造出安静和优美的人居环境。

在统一基调的基础上，树种力求变化。创造出优美的林冠线，打破建筑群体的单调和呆板感。注重选用不同树形的植物，如塔形、柱形、球形、垂枝形等（此类植物有雪松、水杉、龙柏、香樟、广玉兰、银杏、龙爪槐、垂枝碧桃等），构成变化强烈的林冠线；不同高度的植物，构成变化适中的林冠线；或利用地形高差变化，布置不同的植物，获得相应的林冠线变化。通过花灌木近边缘栽植，利用矮小、茂密的贴梗海棠、杜鹃、栀子花、南天竺、金丝桃等密植，使之形成自然变化的曲线。

在栽植上可采取规则式与自然式相结合的植物配置手法。一般绿地内道路两侧各植1～2行行道树，同时可规则式地配置一些耐阴花灌木，裸露地面用草坪或地被植物覆盖。其他绿地可采取自然式的植物配置手法，组合成错落有致、四季不同的植物景观。

在种植设计中，充分利用植物的观赏特性，进行色彩组合与协调，通过植物叶、花、果实、枝条等显示的色彩，以在一年四季中的变化为依据来布置植物，创造季相景观。做到一条带一个季相或一片一个季相或一个组团一个季相。如由迎春花、桃花、丁香等组成的春季景观；由紫薇、合欢、花石榴等组成的夏季景观；由桂花、红枫、银杏等组成的秋季景观；由蜡梅、忍冬、南天竹等组成的冬季景观。

（二）宅间绿地的规划设计

住宅四周及庭院内的绿化是住宅区绿化的最基本单元，最接近居民，是居民夏季乘凉、冬季晒太阳、就近休息赏景、幼儿玩耍、晾晒衣物的重要空间；且宅间绿地具有"半私有"性质，满足居民的领域心理，而受到居民的喜爱。同时宅间绿地在居民日常生活的视野之内，便于邻里交往，便于学龄前儿童较安全地游戏、玩耍。

另外宅间绿地是直接关系居民住宅的通风透光、室内安全等一些具体的生活问题，因此备受居民重视。宅间绿地因住宅建筑的高低、布局方式不同，地形起伏，其绿化形式有所区别时，绿化效果才能够反映出来。宅间绿化应注意以下问题：

① 绿化布局，树种的选择要体现多样化，以丰富绿化面貌。行列式住宅容易造成单调感，甚至不易辨认外形相同的住宅，因此可以选择不同的树种、不同的布置方式，起到区别不同行列、不同住宅单元的作用。

② 住宅周围常因建筑物的遮挡造成大面积的阴影，树种的选择上受到一定的限制，因此要注意耐阴树种的配植，以确保阴影部位良好的绿化效果，可选用桃叶珊瑚、罗汉松、十大功劳、金丝桃、金丝梅、珍珠梅、绣球花等，以及玉簪、紫萼、书带草等宿根花卉。

③ 住宅附近管线比较密集，如自来水管、污水管、雨水管、煤气管、热力管、化粪池等，应根据管线分布情况，选择合适的植物，并在树木栽植时要留够距离，以免后患。

④ 树木的栽植不要影响住宅的通风采光，特别是南向窗前尽量避免栽植乔木，尤其是常绿乔木，在冬天由于常绿树木的遮挡，使室内晒不到太阳，而有阴冷之感，是不可取的，若要栽植一般应在窗外 5 米之外。

⑤ 绿化布置要注意尺度感，以免由于树种选择不当而造成拥挤、狭窄的不良感觉，树木的高度、行数、大小要与庭院的面积、建筑间距、层数相适应。

⑥ 把庭院、屋基、天井、阳台、室内的绿化结合起来，通过植物的安排把室外自然环境与室内环境连成一体，使居民有良好的绿色环境，使人赏心悦目。

第四节 厂区、各类单位园林树种选择

单位附属绿地是指城市中分散附属于各单位公共建筑庭园，以

改善和美化人工建筑环境为主要功能，不对公众开放的绿地。单位附属绿地一般包括工矿企业、机关、科研、院校、托幼机构、医院、休疗养院、商业、宾馆、军事、体育、市政、仓储、交通设施绿地等，这些绿地在改善城市生态环境等方面起着重要的作用。附属绿地就位于这些单位建设用地中，围绕各种建筑设施或部分相对独立设置的环境绿地。根据单位性质与庭院环境特点不同，可将附属绿地概括为工业企业单位附属绿地和公共事业单位附属绿地两类。

单位附属绿地在城市中分布最广，面积较大，且分散性很强，改善和美化以建筑设施为主的公共建筑庭园环境，直接为各类生产、经营、办公以及生活等服务。单位附属绿地建设指标直接反映了城市环境普遍质量水平，与公园绿地等其他城市绿地类型相比，单位附属绿地具有环境复杂、生境局限和功能多样等特点。

一、工业企业绿地设计

（一）工业企业绿地植物种类选择

由于工业企业庭园绿地土壤条件差，地上、地下各种管线密布，有害气体、液体、尘埃等环境污染严重，所以必须规划选择一批能够适应工厂环境条件和正常生长发育、满足工厂绿地各种不同功能要求的树种及花草，这是关系到工业企业庭园绿地建设成败的关键性问题。

工业企业庭园绿地植物种类选择，除根据当地自然环境条件选择适宜种类外，还必须考虑以下几个方面的因素：

① 依各类工厂排出的污染物质和污染程度的不同选择植物。

② 依工业企业的生产工艺要求选择植物。有些工业企业的生产工艺对环境有特殊的要求，如精密仪表类工厂、无线电厂、光学仪器厂、实验室等对空气洁净度要求较高，绿地种植规划宜选择具

有较强的阻滞尘埃、净化空气、减少飘尘等作用的树种（如榕树、刺楸等），以保证产品质量和生产的正常运行。炼油厂、造纸厂、易燃物仓库及堆料厂，应选用含脂少、含水量多、着火时不产生火焰及萌蘖性强的树种，如珊瑚树、蚊母、银杏等。

③ 依照管理要求选择树种。在企业绿地管理力量不足的情况下，宜选用繁殖、栽培及养护管理容易或粗放的植物种类。应用草花与地被植物时，要选择自播繁殖能力强的种类（如紫茉莉、波斯菊等），并多选用适应性较强的宿根、球根花卉（如葱兰、玉簪、美人蕉、鸢尾、萱草等）。

④ 确定骨干、基调树种。骨干树种主要指用作行道树及遮阳的乔木树种，同城市其他类型绿地中的行道树一样，工业企业行道树通常成为工厂绿地空间景观的骨架，是联系工厂各类绿地的"线"。如果一个工厂有几条林体高大、树冠茂密、覆盖面广、美观健壮的行道树，对于美化工厂、保护和改善环境将起显著的作用。骨干树往往是工厂绿地景观的支柱，相当程度上反映了工厂绿色环境面貌和特征，要求树种寿命长，生长稳定，抗病虫、抗污染性强等。

基调树种是指能够适应工厂多数区域种植、用量大、容易成活和管理的绿化树种。由于其在工厂分布广，数量多，能反映工厂绿地景观的基本特色和质量，所以它与骨干树种一样，必须重视规划选择。

⑤ 工业企业绿地植物种类多样，各类植物之间要有一定的比例关系，方能发挥绿地的综合功能效益。根据南京市调查，各类工厂的乔、灌木植株数量比例大体为 1∶3，其中电子仪表和化工类工厂比例为 1∶4，轻工业为 1∶2，重工业为 1∶1。

树种比例中，乔木树种虽然数量少，但乔木树体高大、覆盖面广，对环境的影响作用较大，也较稳定，故规划时应以乔木为主、灌木为辅。而花草地被植物，就面积而言，也是越多越好，不论是否有树木，只要有裸露的地面，就应该有花草地被植物覆盖，这样才能使环境绿地景观建设臻于完美，达到改善环境气候、保护环境卫生、防止水土流失以及美化厂容的最佳效益。

树种配比除注意乔木与灌木比例外，还要有适当的常绿与落叶比例。常绿树一年四季常青，尤其是冬季更显其绿色生机，但常绿树种一般生长较慢，且冬季遮阳，阻滞和吸收有害物质以及夏季遮阳降温的能力不如落叶树种强。因此，做树种规划时，必须注意常绿和落叶树种的搭配，兼顾景观效果与功能要求。根据南京地区调查，工厂常绿与落叶树种比例一般为 1.16：10。

（二）设计原则

1. 规划前的准备

在进行工业企业绿地规划前，必须先从事基础调查工作，了解和掌握必要的情况和资料。

（1）工业企业绿地建设的目的和要求　首先要了解和研究工厂或车间要通过其环境绿地解决什么问题，即绿地设置的目的和要求，是防尘、减噪、遮阳、降温、防灾，还是吸收有害气体、净化空气、改善环境质量，或者各种功能兼而有之，以便在进行具体规划时统筹考虑。

（2）工业企业总体规划　了解工业企业近期规划和长远规划内容，确定可用绿地面积和可用时限，以便正确设置永久性绿地和临时性绿地，使绿地规划设计与企业发展规划相一致。

（3）经费和施工力量　了解绿化经费和施工力量情况，根据工业企业人力、物力、财力条件进行规划，避免脱离实际。

（4）环境条件　详细调查环境条件，包括气象资料、土壤水利状况、大气污染程度、自然植被、管线设施分布、建筑物性质、工厂周围景观资源、企业职工人数以及工厂地理位置等。只有充分考虑环境条件，才有可能实现绿地规划的预期效果，使工业企业公共庭园绿地景观与周围环境相协调。

2. 规划原则

（1）纳入总体规划　绿地规划是工业企业总体规划的一个重要组成部分，在决定总体规划时应给予综合的考虑和合理的安排，以充分发挥绿地在改善环境、卫生防护、保障生产、创造舒适优美的休息环境和生产环境等方面的综合功能。

（2）因地制宜，合理布局，自成体系 工业企业绿地应根据本企业规模、生产性质、用地条件、环境特点、服务对象以及经济状况等，制定合理的规划方案，形成自己的风格特色，体现新时代工人奋发向上的精神风貌。

工业企业绿地规划要考虑局部与局部、局部与整体的关系，合理布局各类绿地，形成一个较为完整的工厂庭园绿地系统，进一步提高庭园绿地整体综合功能和作用。

（3）以植物景观为主 工业企业绿地规划以植物景观种植为主，充分发挥绿地改善生态环境、卫生防护和美化厂容厂貌等方面的综合功能和效应。植物运用种类丰富，乔、灌、花草相结合，创造多层次、多结构的绿色生态景观。

（4）充分利用绿地资源 充分利用一切绿地资源，增加绿地面积，丰富绿地景观内容和绿地空间结构，"见缝插绿"，积极发展立体植物造景，扩大绿色植物的覆盖面积和绿色生物量，提高环境景观效果。

（三）种植设计

1. 工厂各类车间环境绿地设计

车间周围环境绿地比一般绿地种植设计要复杂得多。首先必须调查了解车间生产特点对景观绿地面积的要求，工人对周围环境绿地的喜爱和要求等。一般情况下，车间出入口、休息室旁、窗口附近等是车间绿地建设的重点，其他地方绿地布置宜简洁，满足主要功能要求即可。车间附近绿地设计总的要求是，一方面为车间生产创造良好的外部绿色环境，另一方面防止和减轻车间污染物对周围环境的危害与影响，同时又要有利于工人工作和休息。

车间周围环境绿地设计要考虑车间室内采光和通风。车间南侧宜布置大型落叶乔木，夏季遮阳，冬季有阳光。北侧布置常绿和落叶乔木，以阻挡冬季寒风和飞尘。车间东西两侧布置大乔木，防止夏季东晒和西晒。各种树木的种植距离必须遵照规范中所规定的间距。

工厂类型众多，因而生产车间的性质、种类、生产特点以及车间与环境的影响关系，都是多种多样的，对绿地功能的要求也各不相同。所以，设计时必须从实际出发，因地制宜。

（1）精密仪器车间　在光学、无线电、精密仪表车间以及分析化验、检验、氧气站、压缩空气站、监测等部门，对环境空气质量要求较高，不允许空气中含有较多的灰尘或其他杂质而影响产品质量和工作效果。这类车间周围应设置防尘净化绿地，栽植树冠庞大的树种，阻滞粉尘，减少空气中的含尘量。

为了常年取得防尘作用，应多用常绿树，且要求树种无飞絮、种毛、果实等污染环境。为了提高防尘效果，在结构上采取乔、灌、花草相结合的立体结构。

车间要求自然采光良好，乔木种植距离建筑 10 米以上。车间外围墙或栅栏用攀援植物垂直绿化，扩大植物叶面积指数，提高吸附粉尘、净化空气的效果。裸露的地面必须铺种草坪或地被植物，且具有较高的覆盖度，防止地表尘土二次飞扬。

（2）化工车间　在电解、制药、铸造、化学合成、三废处理车间或工区，以及各种酸碱贮罐区，常有有害气体排出，污染环境。此类车间环境绿地设计，首先要考虑有害气体扩散、稀释，并利用耐污染植物吸收黏附有害物质，净化空气。因此，绿化设计时不能封死排污源，要留出排污散污空间，然后在其周围设置抗污耐污和吸污能力较强的植物，进行卫生防护。

排污车间环境绿地土壤常被酸、碱污染而不宜直接种植植物，除客土种植外，在设计时可考虑设置花台、大型花盆等，以人工培养土或其他适合植物生长的土壤填入，利于植物正常生长发育，发挥其应有的作用。

在污染特别严重的地方，植物几乎无法生长，则可设置水池、喷泉或其他工艺造型小品来活跃气氛，美化环境。

（3）粉尘车间　在粉碎、水泥、清砂、砂轮制造、煤场、炭黑加工等车间，会产生大量粉尘和飘尘污染周围环境。绿地种植设计宜选择叶面积大、表面粗糙、具有绒毛或分泌黏性物质的植物，以提高植物吸附、阻滞粉尘的能力。设计一般不拘形式，但要求结构紧凑。

（4）噪声车间　煅压、铆接、锤打、鼓风、铸件等产生高噪声的车间，一般远离生活福利区，周围设置防护隔离绿化带。选择枝叶茂密、分枝低、叶面积大的乔灌木，或者采用常绿、落叶、阔叶树木组成隔离混交林带，以减弱噪声对周围环境的影响，或者采用高篱、绿墙隔声减噪。对于高架噪声源，其周围设置高大乔木，并以常绿树种为佳。绿地设计的形式和结构要根据具体用地条件而定。

（5）恒温车间　棉纺车间、印刷厂的凹印车间，以及微生物发酵、疫苗培养、精密仪表装配车间等，要求保持一定的温度，环境绿地要发挥改善和调节环境小气候的作用，以节约能源，降低生产成本。因此，须设置大型常绿、落叶混交型自然式绿地，并且多种草坪及其他地被植物。车间西墙外侧种植高大遮阳乔木，或用攀援植物进行垂直绿化，夏季防晒降温，寒冷的冬季则能挡风保暖。

（6）食品、医药卫生车间　在生物制品、制药、食品工业生产等车间，除要求空气含尘量少外，还要求空气含菌量少。环境绿地多选择能挥发杀菌素、抑菌素的植物，如松柏类、香樟、桉树、柑橘、紫薇、黄连木、臭椿、楝树、枳壳等植物。

（7）易燃易爆车间　乙炔、黄磷、烟花、鞭炮等生产车间及仓库、大型油库、木材仓库等周围绿地，应注重防火功能，种植设计注重选择防火树种，设置一定宽度的隔离防火林带，并分段分片栽植，以留出足够的消防用地。

防火林带宽度依火种类型及放火规模而定。一般小规模防火林带宽 3 米以上，大规模防火林带宽 40～100 米，石油化工厂、大型炼油厂的有效防火宽度为 300～500 米。也可在防护距离内设置隔离沟、障等建筑，与林带一起共同阻隔火源与火势蔓延。

（8）露天工场　水泥预制品、木材、煤炭、矿石堆料场以及一些大型停车场等，周围一般布置 2～3 行常绿乔、灌木混交林带，中间主道上布置 1～2 行落叶阔叶乔木，起到隔离、分区、遮阳、防火、组织交通和人流的作用。停车场边缘列植大型落叶乔木，以利夏季停泊车辆遮阳和驾乘人员休息。

（9）高温车间　冶炼、铸造、轧钢、热处理、焊接、烧窑等高温车间，为了调节气温，周围环境绿地设计应种植高大阔叶乔木和色彩淡雅、具有芳香的花灌木。设置喷水池、坐椅等，供工人短时间休息，消除工作疲劳。另外，树种选择也要考虑防火功能。

（10）工艺美术车间　刺绣、雕刻、工艺美术、地毯、玩具及印刷厂的美工车间等，要绘制美丽动人的图案，生产优美的艺术品和玲珑精巧的玩具。绿地除满足一般功能外，还要创造优美生动的环境。工作人员在优美环境中从事美的工作，相得益彰。植物选择重于姿态优美、色彩丰富。多设置一些花坛、花境、水池、小亭、花架等，形成具有一定园林艺术氛围的优美环境景观。

（11）供水车间　自来水厂、储水库、净化水池、冷却池及污水处理场等用水系统进行绿地设计时，要注意不影响操作。冷却池、塔周围绿地种植设计要有利于降温，减少辐射热。东西两侧种植大乔木，北向种植常绿及落叶乔木，南向疏植乔木以利夏季通风和热交换。

在鼓风式冷却塔外围设置减噪隔声林，净化储水池旁宜种植常绿林木，不要种植有大量落花、落果、落叶的树木，避免污染水池。

（12）感光材料、暗室作业及矿井作业区　为了使工作人员有一个视觉调节适应的过程，在室外通道上种植枝叶茂密的大树，或搭设棚架进行垂直绿化，形成荫蔽的过渡环境。

2. 工厂周边绿地设计

周边绿地是指沿工厂边界线内侧的绿地。多数工厂以围墙与外界分隔，所以一般沿围墙设置一定宽度的绿带，起防风沙、防污染、减少噪声以及遮挡、荫蔽和美化环境等作用。

沿墙周边绿地较宽时，可用 3～4 层乔灌木组成防护隔离绿化带，绿地较窄的，则可设置1～2排乔木，或用攀援植物对围墙进行垂直绿化，常选用蔷薇、云实等有刺的木本攀援植物，兼有安全防护作用。

（四）工厂防护林带

1. 卫生防护林带

卫生防护林带，亦称防污染隔离林带。设在生产区与居住区或行政福利区之间，以阻挡来自生产区大气中的粉尘、飘尘，吸滞空气中的有害气体，降低有害物质含量，减弱噪声，改善区域小气候等。

卫生防护林带的设置，要根据主要污染物的种类、排放形式及污染源的位置、高度、排放浓度、当地气象特点等因素而定。

对于高架污染区（如烟囱），林带应设在烟体上升高度的10～20倍范围内，这个范围为污染最重的地段。对于无组织排放的污染源，林带要就近设置，以便将污染限制在尽可能小的范围内。

林带的设置方向依据常年盛行风向、风频、风速而定。如盛行风向是西北风，有污染的生产区则设在东西方向，而在上风方向建生活区，林带设在生活区与生产区之间；如已经在上风方向设置了工厂，生活区在下风向，则需在与风向垂直方向的工厂与生活区中间设置宽阔的防护林带，尽量减少生产区对生活区的污染影响。

在风向频率分散、盛行风不明显的地区，如有两个较强风向呈180°时，则在风频最小风向的上风处设工厂生产区，在下风处设生活区；其间设防护林带。若两个盛行风向呈一夹角时，则在非盛行风向风频相差不大的条件下，生活区设在夹角之内，生产区设在对应的方向，其间设立防护林带。

根据《工业企业设计卫生标准》的意见，我国目前根据工业企业生产性质、规模、排放污染物的数量、对环境污染程度所确定的防护等级，对防护林带设计的宽度、数量、间距做了如下规定：

① 一些老工业企业，尽管多数没有留出足够宽度的防护林带绿地，但也应积极争取设置防护林带，即使种植一排树木，也会有

一定的防护效果。

②防护林带防护效果的大小，取决于林带的宽度、配植形式、结构、树种和造林类型。林带的结构形式一般分三种，即稀疏林带、密集林带和均透林带。

③稀疏林带也称透风林带，株距较大，树木枝叶稀疏，一般100米^{2}有乔木8～10株，其阻滞污染的能力较差，有害气体和烟尘的很大部分可以通过。密集林带也称不透风林带，由枝叶稠密的乔木和灌木混栽而成，一般100米^{2}有乔木20～40株，有害气体、烟尘基本不能透过林带，但可以翻越林带。均透林带也称半透风林带，介于稀疏林带和密集林带之间，每100米^{2}有10～20株乔木，林带配植上下均匀，有害烟尘在通过时多数被阻滞吸收，少量透过林带。

在污染严重、对周围环境影响面积较大的工厂总防护距离内，运用上述三种林带的结构形式组织防护带，可获得良好的防护效果。具体方法是，在靠近污染源的一侧先设稀疏林带，有害烟尘通过后，部分受到阻滞，浓度有所降低，后通过中间的半透风林带时大部分被阻滞过滤、沉降、吸收，最后留有小部分继续前进扩散时，遇到结构严密的第三层林带，基本被阻滞在林带前，于是空气得到净化，达到防止污染扩散的目的。

各类工厂应根据具体排污情况灵活应用。如有的排污源是通过烟囱有组织排放的，有的则是由车间逸散，属无组织排放，亦有两者兼而有之的。针对以上情况，卫生防护林的设置应有所变化。

在防护距离内，利用原有山丘或堆土造林，或在整个防护距离内全部栽上树木，防护效果更好，而且能把防护绿带与营造用材林结合起来。

组成防护林带的树种避免单一，要常绿与落叶相结合，乔木与灌木相结合，并选择抗污力强、吸污力高、生长快的树种。特别是在迎污染源一侧，必须选用抗污能力强的树木。常见树种有构树、枫杨、喜树、朴树、楝树、泡桐、女贞、柳杉、珊瑚树、侧柏、桧柏、接骨木、臭椿、海棠、紫穗槐等。

　　在工厂生产区内部还可结合道路、河流、小山头及建筑物周围环境绿地设计，提高庭园环境绿地卫生防护功能。

　　2. **防风林带**

　　防风林带是防止风沙灾害，保护工厂生产和职工生活环境的林带，它与卫生防护林带在设置位置和宽度上有所不同。因为防护林带的防护范围是有一定限度的，所以防风林应设在紧靠被保护的工厂、车间、作业场、居住区等附近。在防风林带前的迎风面，防护范围是林带高度的 10 倍左右，可以降低风速 15％～25％；在林带后的防护距离则为林带高度的 25 倍左右，能减弱风速 10％～70％，在这些范围以外，效果就很小了。

　　防风林带的结构以均透林带（半透风林带）为最佳。这种林带结构上下均匀，它能使大部分气流穿过，在穿过时与枝叶发生充分的摩擦作用，使气流的能量大量消耗掉。当林带的通透率为 48％时，其防风效能最高。林带过密或过稀，防风效果均不好。林带过密，穿过林带的气流少，大部分气流从林冠上翻越过去，气流受林带的摩擦作用小，防风效能低；林带过稀时，大部分气流穿过林带，气流受到的阻力小，防风效果亦小。

　　另外，林带的设置走向与位置应根据主导风向而定。一般与主导风向成 90°或低于 45°，并根据主导风向选择树种的栽植形式。

　　单条防风林带的宽度一般以 20～30 米为宜，但窄林带也有效果。据测定，由两行水杉与一行杞柳组成的混交林带，高 4.1 米，减低风速的效应在林后 1～3 倍林高处为 25％左右，3～10 倍处为 50％左右，在 10～15 倍处为 40％左右，15～20 倍处为 35％左右。因此，单从防风的效应看，营造单条或窄林带所起的防风作用虽然比不上多条宽林带的效果好，但所起的作用也是明显的。另外，因其占地面积小，营造和维护成本低，较为经济实用。

　　3. **防火林带**

　　在石油化工、化学制品、冶炼、易燃易爆产品的生产工厂及车间、作业场地，为确保安全生产，减少事故的损失，应设防火林带绿地。林带由不易燃烧、萌生能力强的防火、耐火树种组成。防火林带的宽度依工厂的生产规模、火种的类型而定。一般火灾规模小的林带宽约 3 米以上，可能引起较大规模火灾的，林带宽宜 40～100 米。石油化工厂、大型炼油厂的有效宽度应为 300～500 米。也可在防护距离内设置隔离沟、障碍物等设施，与林带一起共同阻隔火源，延缓火势蔓延。

防火绿地规划设计要与主干道、广场等绿地相结合。在易燃工业设施周围应采用敞开式绿地空间以利职工疏散消防作业，在靠近居住区、街道附近重点设置防灾绿地。防火林带的设计类型有纯林带型、结合设施型和地形利用型等三种。常见防火树种有珊瑚树、厚皮香、交让木、山茶、油茶、罗汉松、蚊母、夹竹桃、海桐、女贞、冬青、槠、栲、青冈栎、大叶黄杨、枸骨、银杏、栓皮栎、麻栎、泡桐、悬铃木、枫香、乌桕、白杨、柳树、国槐、刺槐、臭椿、苦木等。

（五）　工厂绿地常用树种

1. 我国北部地区（华北、东北、西北）抗污树种

（1）吸收 CO_2

① 第一类植物（单位叶面积每年吸收 CO_2 高于 2000 克）。

a. 落叶乔木：柿树、刺槐、合欢、泡桐、栾树、紫叶李、山桃、西府海棠。

b. 落叶灌木：紫薇、丰花月季、碧桃、紫荆。

c. 藤本植物：凌霄、山荞麦。

d. 草本植物：白三叶。

② 第二类植物（单位叶面积年吸收 CO_2 1000～2000 克）。

a. 落叶乔木：桑、臭椿、槐树、火炬树、垂柳、构树、黄栌、白蜡、毛白杨、元宝枫、核桃、山楂。

b. 常绿乔木：白皮松。

c. 落叶灌木：木槿、小叶女贞、羽叶丁香、金叶女贞、黄刺玫、金银花、连翘、金银木、迎春、卫矛、榆叶梅、太平花、珍珠梅、石榴、猬实、海州常山、丁香、天目琼花。

  d. 常绿灌木：大叶黄杨、小叶黄杨。

  e. 藤本植物：蔷薇、金银花、紫藤、五叶地锦。

  f. 草本植物：马蔺、鸢尾、崂峪苔草、萱草。

  ③ 第三类植物（单位面积年吸收 CO_2 低于 1000 克）。

  a. 落叶乔木：悬铃木、银杏、玉兰、杂交马褂木、樱花。

  b. 落叶灌木：锦带花、玫瑰、棣棠、蜡梅、鸡麻。

  （2）滞尘 丁香滞尘能力是紫叶小檗的 6 倍多；落叶乔木毛白杨为垂柳的 3 倍多，花灌木中较强的有丁香、紫薇、锦带花、天目琼花；一般的有榆叶梅、棣棠、月季、金银木、紫荆；较弱的有小叶黄杨、紫叶小檗。乔木中较强的有桧柏、毛白杨、元宝枫、银杏、槐树，一般的有臭椿、栾树，较弱的有白蜡、油松、垂柳。

  （3）抗 SO_2

  a. 抗性强：构树、皂荚、华北卫矛、榆树、白蜡、沙枣、柽柳、臭椿、旱柳、侧柏、小叶黄杨、紫穗槐、加拿大杨、枣、刺槐。

  b. 抗性较强：梧桐、丝棉木、槐、合欢、麻栎、紫藤、板栗、杉松、柿、山楂、桧柏、白皮松、华山松、云杉、杜松。

  （4）抗 Cl_2

  a. 抗性强：构树、皂荚、榆、白蜡、沙枣、柽柳、臭椿、侧柏、杜松。

  b. 抗性较强：梧桐、丝棉木、槐、合欢、板栗、刺槐、银杏、华北卫矛、杉松、桧柏、云杉。

  （5）抗 HF

  a. 抗性强：构树、皂荚、华北卫矛、榆、白蜡、沙枣、柽柳、杉、侧柏、杜松、臭椿、枣、五叶地锦、地锦、蔷薇。

  b. 抗性较强：梧桐、丝棉木、槐、桧柏、刺槐、杉松、山楂、紫藤、枣、丝棉木、槐、刺槐。

  2. 我国中部地区（华东、华中、华南部分地区）的抗污树种

  （1）抗 SO_2

  a. 抗性强：大叶黄杨、海桐、蚊母、棕榈、青冈栎、夹竹桃、

小叶黄杨、石栎、绵槠、构树、无花果、凤尾兰、枸杞、枳橙、蟹橙、柑橘、金橘、大叶冬青、山茶、厚皮香、冬青、枸骨、胡颓子、樟叶槭、女贞、小叶女贞、丝棉木、广玉兰。

b. 抗性较强：珊瑚树、梧桐、臭椿、朴、桑、槐、玉兰、木槿、鹅掌楸、紫穗槐、刺槐、紫藤、麻栎、合欢、泡桐、樟、梓、紫薇、板栗、石楠、石榴、柿、罗汉松、侧柏、楝树、白蜡、乌柏、榆、桂花、栀子、龙柏、皂荚、枣。

（2）抗 Cl_2

a. 抗性强：大叶黄杨、育冈栎、龙柏、蚊母、棕榈、枸杞、夹竹桃、小叶黄杨、山茶、木槿、海桐、凤尾兰、构树、无花果、丝棉木、胡颓子、柑橘、枸骨、广玉兰。

b. 抗性较强：珊瑚树、梧桐、臭椿、女贞、小叶女贞、泡桐、桑、麻栎、板栗、玉兰、紫薇、朴、楸、梓、石榴、合欢、罗汉松、榆、皂荚、刺槐、栀子、槐。

（3）抗 HF

a. 抗性强：大叶黄杨、蚊母、海桐、棕榈、构树、夹竹桃、枸杞、广玉兰、青冈栎、无花果、柑橘、凤尾兰、小叶黄杨、山茶、油茶、丝棉木。

b. 抗性较强：珊瑚树、女贞、小叶女贞、紫薇、臭椿、皂荚、朴、桑、龙柏、樟、榆、楸、梓、玉兰、刺槐、泡桐、垂柳、罗汉松、乌柏、石榴、白蜡。

（4）抗 HCl　小叶黄杨、无花果、大叶黄杨、构树、凤尾兰。

（5）抗 NO_2　构树、桑、无花果、泡桐、石榴。

3. 我国南部地区（华南及西南部分地区）的抗污树种

（1）抗 SO_2

a. 抗性强：夹竹桃、棕榈、构树、印度榕、樟叶槭、楝红背桂、松叶牡丹、小叶驳骨丹、广玉兰、细叶榕、扁桃、盆架树。

b. 抗性较强：菩提榕、桑、番石榴、银桦、人心果、蝴蝶果、木麻黄、蓝桉、黄槿、蒲桃、黄葛榕、红果仔、米白兰、木菠萝、石栗、香樟、海桐。

（2）抗 Cl_2

a. 抗性强：夹竹桃、构树、棕榈、樟叶槭、盆架树、印度榕、小叶驳骨丹、广玉兰。

b. 抗性较强：高山榕、细叶榕、菩提榕、桑、黄槿、蒲桃、石栗、人心果、番石榴、木麻黄、米白兰、蓝桉、蒲葵、蝴蝶果、黄葛榕、扁桃、杧果、银桦、桂花。

（3）抗 HF 夹竹桃、棕榈、构树、广玉兰、桑、银桦、蓝桉。

二、 公共事业庭园附属绿地规划设计

公共事业庭园附属绿地包括行政机关、学校、科研院所、卫生医疗机构、文化体育设施、商业金融机构、社会团体机构、旅游娱乐设施等单位的庭园环境绿地。这类绿地主要为各类场所从事的办公、学习、科学研究、疗养健身、旅游购物、经营服务乃至生活居住提供良好的生态环境。

（一） 公共事业庭园绿地规划原则

（1）与总体规划同步进行 公共事业单位在编制基本建设总体规划的同时，应考虑庭园环境绿地规划设置。只有这样，才能克服各单位性质、用地规模和条件等制约因素，使庭园绿地与建筑及各项设施用地比例分配恰当，营造最佳的教学、科研、管理与人居生态环境。

对已经编制了总体规划而尚未有绿地详细规划的单位，应及时在总体规划的指导下进行绿色生态环境建设规划的编制。在实施基本建设计划的同时，完成环境绿地建设，彻底解决庭园生态环境滞后的局面，更好地配合各单位实施优化形象、环境育人、促进科研创新等发展战略。

（2）执行国家与地方标准 公共事业庭园环境是整个社会大环境的重要组成部分。大部分学校，尤其是高校、中等专业学校、高级中学等较大规模的学校庭园，以及机关、科研院所，分布于全国各大中小城市或城镇，是各地城市或城镇绿地系统的重

要组成内容，也是分布范围最广的单位附属绿地。其环境绿地景观质量与效果如何，直接影响城市整体环境质量水平。因此，公共庭园绿地规划必须贯彻执行国家及地方有关城市园林绿化的方针政策，各项指标应达到或超过有关指标定额要求，以确保庭园环境绿地与城市（镇）绿地系统协调发展，切实发挥庭园环境绿地在改善城市（镇）生态环境和提高精神文明建设方面的重要作用。

（3）体现时代精神，创造地方特色　公共事业庭园绿地规划要体现时代精神风貌，并具有地方特色。在编制规划前，要充分调查当地城市、地区规划中的土地利用、资源保护情况，了解当地的历史文化和风土人情、人文景观，以及规划场地环境中的自然植被资源与绿化现状，使公共庭园环境与社会融为一体，使自然的植物、山水景观和人工设施景观尽量反映地方风貌，体现地方特色。

由于公共庭园建设的时期不同，作为庭园主体的建筑物，其建筑思想、建筑材料和建筑形式多种多样，且不断发展变化。因此，公共庭园环境绿地建设的风格也要与时代前进、社会发展的节奏合拍，体现时代精神，在满足生态功能要求的基础上，创造富有时代气息的庭园环境景观。

（4）因地制宜，合理布局　各类公共庭园环境绿地规划，应充分考虑庭园所在地区的土壤、气候、地形、地势、水系、乡土植物以及其他适生植物种类等自然条件，结合具体庭园场地环境特点，因地制宜，充分、合理地利用地形地势、河流水系及植物资源，进行各种绿色空间景观的布局和设计。公共庭园绿地还要与单位周围的山川、湖泊、海洋等大环境相结合，充分利用借景手法，营造富有大自然气息的环境景色，使庭园融汇于大自然之中，形成良好的环境生态系统。

（5）以生态造景为主，满足多功能要求　公共庭园环境绿地建设应主要营造自然绿色植物生态景观，在保护自然植被资源和自然生态环境的基础上，创造丰富多彩的环境景观，并以自然审美价值为主、人工艺术文化为辅，科学而合理地做好庭园绿地规划，在充分发挥生态功能的前提下，考虑庭园环境空间的多功能要求，处理好生态造景与使用功能的关系。

（6）远近结合，便于实施与管理　公共庭园绿地建设是一个持续发展的过程。"十年树木，百年树人"，编制绿地规划应贯彻"经济、实用、美观"的总方针，做到长计划、短安排，远近结合，统筹兼顾，合理规划，分步实施。一些占地规模较大、绿地景观基础薄弱或新建高校、科研院所等大型公共庭园，在制定远期规划发展目标的同时，要认真做好近期建设计划，使庭园环境绿地建设工作有计划、有步骤地分期实施，逐年提高，持续稳步地营建优良的庭园生态环境。

在编制绿地规划时，还要注重规划实施的可操作性和易管理性。这一点主要体现在避免盲目追求所谓"高档次"的硬质景观，或一味引进栽培各种高档名贵植物以及进行大量的装饰性和时尚化造景，要使绿地规划便于实施和管理。唯一的做法是，一切从实际出发，以生态造景为基本原则，大量运用乡土植物和适生引进植物，将较多的投入用于研究生态造景的形式和营造适合各种植物生长的生态环境，通过植物群落自身的发育和相互作用来获得具有丰富形态美和色彩美的自然景观。适当的人工养护可促进自然景观质量的提高，实现预期的规划目标，并满足一定人文艺术美的要求。

（二）校园绿地规划设计

校园绿地环境须在更深层次上反映校园的精神与文化内涵。学校校园绿地应与全校的总体规划同时进行，统一规划，全面设计。另外，校园绿化应根据学校的规模、性质、类型、地理位置、经济条件、自然条件等因素，因地制宜地进行规划设计、精心施工，才能显出特色并取得美化效果。

1. 校园绿化的特点

（1）与学校性质和特点相协调　校园绿化除遵循一般的园林绿

化原则之外，还要与学校性质、级别、类型相结合。校园绿化应体现校园的文化特色，不同性质、不同类型的学校校园绿地规划设计理念不同。如大专院校，工科要与工厂相结合，理科要与实验中心相结合，文科要与文化设施相结合，林业院校要与林场相结合，农业院校要与农场相结合，医科要与医药、治疗相结合，体育、文艺院校要与活动场地相结合等。中小学校园的绿化则要丰富，形式要灵活，以体现青少年学生活泼向上的特点。

（2）与校园建筑风格相呼应　校园内的建筑多种多样，不同性质、不同级别的学校其规模大小、环境状况、建筑格各不相同。学校园林绿化要能创造出符合各种建筑功能的绿化美化的环境，使多种多样、风格不同的建筑形体统一在绿化的整体之中，并使人工建筑景观与绿色的自然景观协调统一，达到艺术性、功能性与科学性协调一致。各种环境绿化相互渗透、相互结合，使整个校园不仅环境质量良好，而且有整体美的风貌。如武汉大学的樱花在青砖绿瓦的建筑掩映下风姿绰约。

（3）师生员工集散性强　在校学生上课、训练、集会等活动频繁集中，需要有适合较大量的人流聚集或分散的场地。校园绿化要适应这种特点，有一定的集散活动空间，否则即使是优美完好的园林绿化环境，也会因为不适应学生活动需要而遭到破坏。

另外，由于师生员工聚集机会多，身体健康就显得越发重要。校园绿化建设要以绿化植物造景为主，树种选择无毒无刺、无污染或无刺激性异味，对人体健康无损害的树木花草为宜，力求实现彩化、香化、富有季相变化的自然景观，以达到陶冶情操、促进身心健康的目标。

（4）学校所处地理位置、自然条件、历史条件各不相同　我国地域辽阔，学校众多，分布广泛，各地学校所处地理位置、土壤性质、气候条件各不相同，学校历史年代也各有差异，学校园林绿化也应根据这些特点，因地制宜地进行规划、设计和选择植物种类。

例如，位于南方的学校，可以选用亚热带喜温植物；北方学校则应选择适合于温带生长环境的植物；在旱、燥气候条件下应选择抗旱、耐旱的树种；在低洼的地区则要选择耐湿或抗涝的植物；积水之处应就地挖池，种植水生植物。具有纪念性、历史性的环境，应设立纪念性景观，或设雕塑，或种植纪念树，或维持原貌，使其成为一块教育园地。

（5）绿地指标要求高　一般高等院校内，包括教学区、行政管理区、学生生活区、教职工生活区、体育活动区以及幼儿教育和卫生保健等功能分区，这些都应根据国家要求，进行合理分配绿化用地指标，统一规划，认真建设。据统计，我国高校目前绿地率已达10％，平均每人绿化用地 4～6 米²。但按国家规定，要达到人均占有绿地 7～11 米²，绿地率超过 30％，今后学校的新建和扩建都要努力达标。如果高校园林绿化结合学校教学、实习园地，则绿地率完全可以达到 30％～50％的绿化指标。所以，对新建院校来说，其园林绿化规划应与全校各功能分区规划和建筑规划同步进行，并且可把扩建预留地临时用来绿化，对扩建或改建的院校来说，也应保证绿化指标，创建优良的校园环境。

2. 绿化设计

学校校园内一般分为行政办公区、教学科研区、生活区、体育运动区。由于每个部分的功能不同，因此对绿化的要求也不同，绿化形式也相应有所变化。

（1）学校入口及行政办公区绿化　学校入口是学校的门户和标志，在规划上常常与行政办公楼共同组成学校入口区。绿化要与校门及办公建筑形式相协调，多使用常绿花灌木，形成开朗而活泼的门景。校门两侧如有花墙，可用不带刺的藤本花木进行配植。以速生树、常绿树为主，形成绿色的带状围墙，减少风沙对学校的袭击和外围噪声的干扰。大门外面的绿化应与街景一致，但又要有学校的特色。大门及门内的绿化，要以装饰性绿地为主，突出校园安静、美丽、庄重、大方的气氛。大门内可设置小广场、草坪、花灌木、常绿小乔木、绿篱、花坛、水池、喷泉和能代表学校特征的雕塑或雕塑群。树木的种植不仅不能遮挡主楼，还要有助于衬托主楼的美，与主楼共同组成优美的画面。主楼两侧的绿地可以作为休息绿地。

对于主楼前广场的设计，主要是大面积铺装为主，结合基础花坛、草坪、喷泉等园林小品点缀。草坪应以种质优良、绿期长的草种为主，主要体现一种开阔、简洁的布局形式，适合学生的活动、集合、交流，场地的空间处理应具有较高的艺术性和思想内涵，并富有人情意趣，有良好的尺度和景观，使自然和人工有机融为一体。

（2）教学科研区绿化　教学科研区绿地主要满足全校师生教学、科研、实验和学习的需要，应为师生提供安静、优美的环境，同时为学生提供课间可以进行适当活动的绿色空间。绿地布局要注意其平面图案构成和线型设计，植物品种宜丰富，叶色变化多样。绿地也要与建筑主体相协调，并对建筑起到美化、烘托的作用，成为该区内空间的休闲主体。科研区绿化要根据实验室对绿化的特殊要求进行设计。注意在防尘、防火、采光、通风等方面进行绿化配置，选择合适的树种。例如，有精密仪器的实验室周围不宜种植有飞絮的植物，如柳树；有防火要求的实验室周围不宜种植冬季树叶宿存在树上的槲树、橡树等易燃树种。

（3）生活区绿化　生活区绿化应主要为师生的生活方便考虑，因此可以在宿舍楼周围及多数园林景点周围开辟休闲读书点和小游园，多设置一些坐椅，以方便师生课余饭后的休息。小游园设计要力求新颖并取植物造景为主，创造环境优美、安静、空气清新的园林空间，应以点少量多为原则。在绿化配置中，以高大浓荫的乔木为主，配以季相变化丰富的花灌木，也可设一些花坛、花台以及坐椅、坐凳、桌等，有条件的地方也可以建亭、廊、花架等建筑小品。由于学校肩负着育人的重任，除了课堂、教育、会议学习之外，环境育人也不可忽视，所以，建成清新向上、朝气蓬勃的园林空间对学生身心都有有益的影响。在游园绿地建设中，也可考虑建设一些有特色的小园，如有的学校内建有梅园，取其坚忍不拔、斗霜傲雪的精神，鼓励师生克服困难，不断进步；有的种植翠竹，取其高风亮节的寓意等。

（4）体育运动区绿化 青少年天性好动，所以校园的体育运动场所不可缺少。校园中运动场应离教室、实验室、图书馆、宿舍等有一定的距离，或种植 50 米以上的常绿与落叶乔木混交林带，以防来自运动场上的噪声干扰，并隔离视线，不影响教室和宿舍同学的休息。为了运动员夏季遮阳的需要，可在运动场四周局部栽种落叶大乔木，在西北面可设置常绿树墙，以阻挡冬季寒风袭击。林中可以适当设置单、双杠等体操活动器械。

3. 学校小游园设计

小游园是学校园林绿化的重要组成部分，是美化校园精华的集中表现。小游园的设置要根据不同学校特点，充分利用自然山丘、水塘、河流、林地等自然条件，合理布局，创造特色，并力求经济、美观。小游园也可和学校的电影院、俱乐部、图书馆、人防设施等总体规划相结合，统一规划设计。小游园一般选在教学区或行政管理区与生活区之间，作为各分区的过渡。其内部结构布局紧凑灵活，空间处理虚实并举，植物配置需有景可观，全园应富有诗情画意。游园形式要与周围的环境相协调一致。如果靠近大型建筑物而面积小、地形变化不大，可规划为规则式；如果面积较大，地形起伏多变，而且有自然树林、水塘或邻近河、湖水边，可规划为自然式。在其内部空间处理上要尽量增加层次，有隐有显，曲直幽深，富于变化；充分利用树丛、道路、园林小品或地形，将空间巧妙地加以分隔，形成有虚有实、有明有暗、高低起伏、四季多变的美妙境界。不同类型的小游园，要选择一些造型与之相适应的植物，使环境更加协调、优美，具有审美价值、生态效益乃至教育功能。

规则式小游园可以全面铺设草坪，栽植色彩鲜艳、生长健壮的花灌木或孤植树，适当设置坐椅、花棚架，还可以设置水池、喷泉、花坛、花台。花台可以和花架、坐椅相结合，花坛可以与草坪相结合，或在草坪边缘，或在草坪中央形成主景。草坪和花坛的轮廓形态要有统一性，而且符合规则式布局要求。单株种植的树木可以进行规则式造型，修剪成各种几何形态，如黄杨球、女贞球、菱形或半圆球形黄杨篱；也可进行空悬式造型，如松树、黄杨、柏树。园内小品多为规则式的造型，园路平直，即使有弯曲，也是左右对称的；如有地势落差，则设置台阶踏步。

自然式的小游园，常以乔灌木相结合，用乔灌木丛进行空间分隔组合，并适当配置草坪，多为疏林草地或林边草坪等。可利用自然地形挖池堆山创造涌泉、瀑布；既创造了水面动景，又融合了山林景观。有自然河流、湖海等水面的则可加以艺术改造，创造自然山水特色的园景。园中也可设置各种花架、花境、石椅、石凳、石桌、花台、花坛、小水池、假山，但其形态特征必须与自然式的环境相协调。如果用建筑材料设置时，出入口两侧的建筑小品应用对称均衡形式，但其形态、姿态应有所变化。例如，用钢筋或竹竿做成框架，用攀援植物绿化，形成绿色门洞，既美观又自然。

小游园的外围可以用绿墙布置，在绿墙上修剪出景窗，使园内景物若隐若现，别有情趣。中、小学的小游园还可设计成为生物学教学劳动园地。

（三） 医疗机构绿地规划设计

医院绿化的目的是卫生防护隔离、阻滞烟尘、减弱噪声，创造一个幽雅安静的绿化环境，以利人们防病治病，尽快恢复身体健康。据测定，在绿色环境中，人的体表温度可降低 $1\sim2.2℃$，脉搏减缓 $4\sim8$ 次/分钟，呼吸均匀，血流舒缓，紧张的神经系统得以放松，对高血压、神经衰弱、心脏病和呼吸道疾病能起到间接的治疗作用。现代医院设计中，环境作为基本功能已不容忽视，将建筑与绿化有机结合，可使医院功能在心理及生理意义上得到更好的落实。

1. 医疗机构园林绿化的基本原则

医院中的园林绿地一方面可以创造安静的休养和治疗环境，另一方面也是卫生防护隔离地带，对改善医院周围的小气候有着良好的作用，如降低气温、调节湿度、减低风速、遮阳，使病人除药物治疗外，还可在精神上受到优美的绿化环境的良好影响，使病人尽快恢复身体健康。

医院绿化应与医院的建筑布局相一致，除建筑之间设计一定绿化空间外，还应在院内特别是住院部留有较大的绿化空间，建筑与绿化布局紧凑，方便病人治病和检查身体。建筑前后绿化不宜过于闭塞，病房、诊室都要便于识别。通常全院绿化面积占总用地面积的70%以上，才能满足要求。树种选择以常绿树为主，可选用一些具有杀菌作用及可作药用的花灌木和草本植物。

2. 医疗机构绿地规划设计

医院的绿化布局，根据医院各组成部分功能要求的不同，其绿化布置亦有不同的形式。为了防止来自街道的尘土、烟尘和噪声，在医院用地的周围应种植乔灌木的防护林带，其宽度应为10～15米。

（1）门诊区　门诊区靠近医院的入口，入口绿地应该与街景调和，也要防止来自街道和周围的烟尘和噪声污染。所以在医院外围应密植10～15米宽的乔灌木防护林带。

门诊部是病人候诊的场所，其周围人流较多，是城市街道和医院的结合部，需要有较大面积的缓冲场地，场地及周边应作适当的绿地布置，以美化装饰为主，可布置花坛、花台，有条件的还可设喷泉和主题性雕塑，形成开朗、明快的格调。在喷泉水流的冲击下，促进空气中富氧阴离子的形成，增加疗养功能。沿场地周边可以设置整形绿篱，用开阔的草坪、花开四季的花灌木来点缀花坛、花台等建筑小品，构成清洁整齐的绿地区，但是花木的色彩对比不易强烈，应以常绿素雅为宜。场地内可选择一些能分泌杀菌素的树种如雪松、白皮松、悬铃木，以及银杏、杜仲、七叶树等有药用价值的乔木作为遮阳树，并在其下设置坐凳以便病人休息和夏季遮阳。大树应在离门诊室8米外种植，以免影响室内日照和采光。在门诊楼与总务性建筑之间应保持20米的卫生距离，并以乔灌木隔离。医院临街的围墙以通透式的为好，使医院庭园内草坪与街道上绿荫如盖的树木交相辉映，如南京解放军医院的通透围墙取得了很好的效果。

（2）住院区　住院区常位于医院比较安静的地段，位置选在地势较高、视野开阔、四周有景可观、环境优美的地方。可在建筑物的南向布置小游园，供病人室外活动，花园中的道路起伏不宜太大，宜平缓一些，方便病人使用，不宜设置台阶踏步。中心部位可以设置小型装饰广场，以点缀水池、喷泉、雕像等园林小品，周围设立坐椅、花棚架，以供休息、赏景兼作日光浴场，亦是亲属探望病人的室外接待处。面积较大时可以利用原地形挖池叠山，配置花草、树木，并建造少量园林建筑、装饰性小品、水池等，形成优美的自然式庭园。

植物布置要有明显的季节性，使长期住院的病人能感受到自然界的变化，季节变换的节奏感宜强烈些，使之在精神、情绪上比较兴奋，从而提高药物疗效。常绿树与开花灌木应保持一定的比例，一般为 1∶3 左右，使植物景观丰富多彩。植物配置要考虑病人在室外活动时对夏季遮阳、冬季阳光的需要。还可以多栽些药用植物，使植物布置与药物治疗联系起来，增加药用植物知识，减轻病人对疾病的精神负担，有利于病人的心理辅疗。医疗机构绿化宜多选用保健型人工植物群落，利用植物的配置，形成一定的植物生态结构，从而利用植物分泌物质和挥发物质，达到增强人体健康、防病治病的目的。例如，枇杷树、丁香、桃树＋八仙花、八角金盘、葱兰、银杏、广玉兰＋香草、桂茂、胡颓子、薰衣草、含笑＋蜡梅＋丁香＋桂花、结香＋栀子、玫瑰、月季。其中枇杷安神明目，丁香止咳平喘，广玉兰散湿风寒，许多香花树种如含笑、桂花、广玉兰花、栀子等，均能挥发出具有强杀菌力的芳香油类物质，银杏净化空气能力较强。

根据医疗的需要，在绿地中布置室外辅助医疗地段，如日光浴场、空气浴场、体育医疗场等，各以树木作隔离，形成相对独立的空间。在场地上以铺草坪为主，也可以砌块铺装并间以植草（嵌草铺装），以保持空气清洁卫生，还可设棚架作休息交谈之用。

一般病房与隔离病房应有 30 米绿化隔离地段，且不能用同一花园。

（3）辅助区绿化　主要由手术部、中心供应部、药房、X 光室、理疗室和化验室等部分组成。大型医院中可按门诊部和住院部各设一套辅助医疗用房，中小型医院则合用。这部分应单独设立，周围密植常绿乔灌木，形成完整的隔离带。特别是手术室、化验室、放射科等，四周的绿化必须注意不种有绒毛和花絮的植物，防止东、西日晒，保证通风和采光。

（4）服务区绿化　如洗衣房、晒衣场、理发室、锅炉房、商店等。晒衣场与厨房等杂务院可单独设立，周围密植常绿乔灌木作隔离，形成完整的隔离带，医院太平间、解剖室应有单独出入口，并在病人视野以外，有绿化作隔离。有条件时要有一定面积的苗圃、温室，除了庭园绿化布置外，可为病房、诊疗室等提供公园用花及插花，以改善、美化室内环境。

医疗机构的绿化，在植物种类选择上，可多种些杀菌能力较强的树种，如松、柏、樟、桉树等。有条件的还可选种些经济树种、果树，药用植物如核桃、山楂、海棠、柿、梨、杜仲、槐、白芍药、牡丹、杭白菊、垂盆草、麦冬、枸杞、长春花等，都是既美观又实惠的种类，使绿化同医疗结合起来，是医院绿化的一个特色。

3. 不同性质医院的一些特殊要求

（1）儿童医院　主要接收年龄在 14 周岁以下的生病儿童。在绿化布置中要安排儿童活动场地及儿童活动的设施，其外形色彩、尺度都要符合儿童的心理与生理需要，因此儿童医院要以"童心"为主题进行设计与布局，还可布置些图案式样的装饰物及园林小品，树种选择要尽量避免种子飞扬、有臭（异）味、有毒有刺以及易引起过敏的植物。良好的绿化环境和优美的布置，可减弱儿童对疾病的心理压力。

（2）传染病医院　主要接收有急性传染病、呼吸道系统疾病的病人。医院周围的防护隔离带的作用就显得尤其重要。其宽度要

30 米以上，比一般医院要宽，林带由乔灌木组成，将常绿树与落叶树一起布置，使之在冬天也能起到良好的防护效果。在不同病区之间也要隔以绿篱，利用绿地把不同病人组织到不同空间去休息、活动，以防交叉感染。病人活动以下棋、聊天、散步、打拳为主，须布置一定的场地和设施，以提供良好的条件。

（四） 体育活动环境绿地设计

体育活动区外围常用隔离绿带，将之与其他功能区分隔，减少相互干扰。体育活动区内包括田径运动场、各种球场、体育馆、训练房、游泳池以及其他进行体育健身活动的场地和设施，其环境绿地设计要充分考虑运动设施和周围环境的特点。田径场同时又是足球场，常选用耐踩踏的草种如狗牙根、结缕草等铺设运动场草坪。运动场周围跑道的外侧栽植高大乔木，以供运动间隙休息遮阳。如配设看台，则必须将树木种植于看台或主席台后侧及左右两侧，以免影响观看比赛。

篮球场、排球场周围主要栽植高大挺拔、树冠整齐、分枝点高的落叶大乔木，以利夏季遮阳，创造林荫，不宜种植带有刺激性气味、易落花落果或种毛飞扬的树种。树木的种植距离以成年树冠不伸入球场上空为准，树下铺设草坪，草种要求能耐阴、耐踩踏。树下可设置低矮的坐凳，供运动员或观众休息、观看使用。如果球场规划在地势变化较大处，则可结合地形设计成阶梯式看台，台阶最上沿种植乔木。

网球场和排球场周围常设置金属围网，以防止球飞出场外，除在围网外侧绿地中种植乔灌木，还可进行垂直绿化，如选择莴萝、牵牛花、木通、金银花等攀援植物，进一步美化球场环境。

体育馆周围的绿地应布置得精细一些。在大门两侧可设置花台或花坛，种植树木和一、二年生草花，以色彩鲜艳的花卉衬托体育运动的热烈气氛。绿地地被植物可选用麦冬、三叶草、红花酢浆草、常春藤、络石等或铺设草坪，绿地边缘常设置绿篱。

游泳池周围的绿地种植以乔木为主，而且多选择常绿树木，防止落叶飘扬，影响游泳池的清洁卫生，也不能选具有落花、落果、飞毛等污染环境的植物和有毒有刺的植物。常用树种有香樟、桂花、栀子、广玉兰、月桂、松树、柏树、榕树、杜鹃、山茶、珊瑚树、竹等。在远离水池的地方也可适量采用石榴、金钟、瑞香、紫荆等落叶或半常绿花灌木，以进一步美化环境。游泳池外围可用树墙进行绿化隔离，也可用高大常绿乔木组成防护林带。近水池绿地宜铺设叶细柔软而又低矮的草坪，如矮生百慕大、剪股颖等。

各种运动场之间可用灌木进行空间分隔和相互隔离，减少相互之间的干扰。只要不影响体育活动的开展，就可以多栽一些树木，特别是体操活动场地等可设在疏林边缘。另外，也要考虑体育活动对绿化植物的影响或伤害作用。如球类场地周围的植物经常遭到飞球撞击，应设计低矮的灌木或绿篱，要求树种萌发力强，枝条柔韧性好，这样的植物具有一定耐机械损伤能力，即使遭到损伤后也易恢复生长，而不影响整个环境绿色景观。如确有必要，则可采用护栏，对环境绿地植物景观进行保护。

（五）行政办公环境绿地设计

行政办公区的主体建筑一般为行政办公楼或综合楼等，其环境绿地规划设计要与主体建筑艺术相一致。若主体建筑为对称式，则其环境绿地也宜采用规则对称式布局。行政办公区绿地多采用规则式，以创造整洁而有理性的空间环境，有利于培养严谨的工作作风和科学的态度，并感受到一定的约束性。植物种植设计除衬托主体建筑、丰富环境景观和发挥生态功能以外，还须注重艺术造景效果，多设置盛花花坛、模纹花坛、观赏草坪、花境、对植树、树列、绿篱或树木造型景观等。在空间组织上多采用开阔空间，创造具有丰富景观内容和层次的大庭园空间，给人以明朗、舒畅的景观感受。

办公区的花坛一般设计成规则的几何形状，其面积根据主体建筑的大小和形式以及周围环境空间的具体尺度而定，并考虑一定面积的广场路面，以方便人流和车辆集散。花坛植物主要采用一、二年生草本花卉和少量花灌木及宿根、球根花卉，多为盛花花坛，特别是节日期间要采用色彩鲜艳丰富的草花来创造欢快、热烈的气氛。花卉植物的总体色彩既要协调，也要有一定对比效果，如一般选用红色或红黄相间的色彩搭配，再适当布置一些白色花卉，既活泼热烈，又不乏沉稳与理性。花坛周围常以雀舌黄杨、瓜子黄杨等小灌木或麦冬、葱兰等多年生宿根花卉镶边、装饰，也可设置低矮的花式护栏等。花坛为封闭式，仅供观赏。花坛内也可栽植造型植物，如常绿灌木球或盆景树、吉祥动物造型等。

行政办公楼前如空间较大，也可设置喷泉水池、雕塑或草坪广场等景观，水池、草坪宜为规则几何形状，一般不宜堆叠假山。如果行政办公区的环境绿地面积较小，可以简单地设计为行道树和草坪或地被植物景观。行道树树冠可覆盖整个路面和绿地地面，树下采用耐阴植物。办公楼东西两侧宜种植高大阔叶乔木，以遮挡强烈日光。也可采用垂直绿化措施，在近建筑墙基处种植地锦、凌霄、薜荔等攀援植物，进行墙面垂直绿化，同样具有较好的环境绿化美化效果和生态功能。

（六）游憩绿地规划设计

公共事业庭园中具有游憩功能的集中绿地，是庭园户外空间的一个重要组成部分，是庭园环境中景观类型较多、功能健全、园林艺术和景观质量最高的绿地空间，因此，常常成为庭园环境的景点，也是庭园绿地建设的重点和亮点。游憩绿地的规划设置要根据庭园用地条件、地形地势特征，充分利用山丘、水塘、河流、林地等自然风景资源，进行科学合理规划，既能保护好自然资源和生态环境，又能创造良好的游憩空间和美化庭园环境。

游憩绿地规划要根据公共庭园总体规划布局，因地制宜，综合权衡，既要美化环境，又能方便员工休息和赏景。大型公共庭园可能需要规划多个游憩绿地，此时应考虑好游憩绿地在整个庭园中的平衡布局，以满足各个功能区人群的使用，充分发挥游憩绿地的综合功能和效益。具体位置因庭园不同而异，如高等学校游憩绿地常布置于教学区与生活区或行政区与生活区之间，或布置于生活区中；机关庭园中的小游园等游憩绿地常设置于前庭区或办公区；科研院所游憩绿地多设置于生活区或前庭区等。游憩绿地内部结构布局灵活紧凑，空间处理虚实兼备，常利用起伏地形和建筑小品、植物群落等进行空间组织，每个空间各有特点和主题，并具有方便的交通条件。园林小品玲珑精巧，整个游憩绿地不仅具有良好的生态环境和游憩设施，同时也富有诗情画意，具有幽雅的园林意境美。

　　游憩绿地规划布局的形式或为规则式，或为自然式。如果用地面积较小，靠近大型建筑物附近，或周围空间为规则式布局，地势较为平坦等，小游园可采用规则式布局；若用地面积较大，地势起伏变化，地形复杂多变，如湖边、河畔、海滨、山丘地等，则可将游憩绿地规划为自然式。游憩绿地内部景观布局应层次丰富，景物有藏有露，忌一览无余，空间有明有暗，有开有闭，充分利用树丛、树群、建筑小品或起伏的地势巧妙地进行空间分隔和空间组织。建筑小品分隔空间时尽量做到虚隔，既有空间分隔与装饰效果，又有绿色景观映衬，时隐时现，隔而不断，既有明暗对比、疏密变化，又有丰富的色彩效果，创造轻松愉快、柔和洁净的优美环境。

　　游憩绿地在种植设计上要充分考虑环境条件和庭园特点，既要绿化、美化、香化庭园环境，又要适应立地生境条件。有些公共庭园中的游憩绿地规划可结合单位特点进行布置，如农、林、师及综合性医药类等高校与科研院所，可利用丰富的植物进行分类规划，建成植物园、树木园、百草园（或药草园）、百果园、专类花卉园、蔬菜瓜果园、生态园等各种形式和内容的小游园，既创造户外休息赏景空间，又能与教学、科研有机结合，还能使人增加科学知识和游园兴趣，并能体现庭园环境绿化造景特色。

　　规则式的游憩绿地可铺植较大面积的草坪，配植生长健壮、形态丰满、色彩优美的花灌木或孤景树，适当设置一些坐椅、花架、花坛、花台、水池、喷泉、雕塑以及假山、瀑布等园林小品。规划式游憩绿地园路布局多为直线、折线或几何曲线，水体多为几何形，地面平坦或呈阶梯状，不同高度的地面多以台阶连接。游憩绿地周围可用空透式栅栏作围护，配植攀援植物进行垂直绿化美化，也可采用绿篱作边界进行布置。

自然式游憩绿地，多用乔木或灌木树丛、树群进行空间分隔和景观布置，适当设置草坪，且多为疏林草地或林缘草坪、湖边草地等。自然式游憩绿地一般面积较大，地形变化丰富，通常利用自然地形、地势进行人工处理，低处挖池，高处堆岭，创造生动的水面景观和自然起伏的山野风景。也可利用现状河流、湖泊、山林等自然景色，进行园林艺术构图，因势利导，形成可供人们游览、欣赏、休息和社会交往活动的优美的风景园林空间。自然式游憩绿地中也可点缀凉亭、花架、花境、花丛、花池、坐凳等景观小品和设施，注意其形态及布局与自然环境相协调，进一步丰富小游园的景观内容，提高园林艺术与环境美化水平。

（七）　一般机关单位的绿化设计

一般机关单位的绿化设计，重点在入口处及办公楼前。

入口处门体外或门体内两侧应对植植物，树种以常绿植物为主。在入口对景位置上可栽植较稠密的树丛，树丛前种植花卉或置山石，也可设计成花坛、喷水池、雕塑、影壁等，其周围的绿化要从色彩、树形、花色、布置形式等多方面来强调和配衬。入口广场两侧的绿地，应先规则种植，再过渡到自然丛植，具体的种植方式及树种选择应视周围环境而定。

办公楼前的绿化设计，可分为楼前装饰性绿地、楼房基础栽植、办公楼入口处布置等部分。办公楼前的绿地多为封闭绿地，主要是对办公楼起装饰和衬托作用。装饰绿地常在草地上种植观赏价值较高的常绿树，点缀珍贵开花小乔木及各种花灌木。观赏绿地可以是整齐式，也可以为自然式。树木种植的位置，不要遮挡建筑主要立面，应与建筑相协调，衬托和美化建筑。楼前基础种植，从功能上看，能将行人与楼下办公室隔离开，保证室内安静；从环境上看，楼前基础种植是办公楼建筑与楼前绿地的衔接和过渡，使绿化更加自然和谐。楼前基础种植多用绿篱和灌木，在对正墙垛的地方栽种常绿树及开花小乔木，形式以规则为主。若办公楼面向北侧，许多植物不宜栽种，这种情况除选用耐阴的花灌木外，可种植地锦，进行垂直绿化。办公楼入口处的布置，多用对植方式种植常绿树木或开花灌木进行装饰，有的还设有花池和花台，供栽植花木和摆设盆栽植物。

若机关单位内有较大面积的绿地，则绿地内还可安放简单的园林小品，以提高美化与实用效果。

单位绿化还有杂物堆放处及围墙边的处理问题。杂物堆放处主要是食堂、锅炉房附近，绿化时应注意对不美观处的遮挡，可用常绿乔木与绿篱、灌木结合，组成密植植物带，阻挡人们的视线。围墙边应尽量种植乔灌木和攀援植物，与外界隔离，起卫生防护的作用，并美化墙体。

机关单位的庭院进行绿化时，要为职工创造良好的休息环境，同时要在庭院中留出做工间操、打排球、羽毛球等开展体育活动的场地。场地边缘可种高大乔木遮阳。

机关单位绿化的植物种类应常绿与落叶结合，乔木与灌木结合，适当地种植攀援植物和花卉，尽量做到三季有花、四季常青。

第五节　防护树种园林树种选择

防护林带，指在农田、草原、居民点、厂矿、水库周围和铁路、公路、河流、渠道两侧及滨海地带等，以带状形式营造的具有防护作用的树行的总称。

防护林带有条状和网状两种。除农田、草原防护林带多为网状外，其余防护林带大部分为条状。防护林是为了防止水土流失、防风固沙、涵养水源、调节气候、减少污染所配置和营造的由天然林和人工林组成的森林。在我国，根据其防护目的和效能，防护林分为水源涵养林、水土保持林、防风固沙林、农田牧场防护林、护路林、护岸林、海防林、环境保护林等。

一、　一般规定

1. 防护林的树种配置基本原则

应选择生长健壮，抗性强的乡土树种。常绿与落叶的比例为1：1，快长与慢长结合，乔木与灌木结合，经济树和观赏树结合。特殊树种选择应考虑以下几点：

① 选择经济、观赏价值高、有利于环境卫生的树种。

② 选择与当地环境条件相适应的树种。

③ 选择对有害物质抗性强或净化能力强的树。

④ 应选择满足近、远期绿化效果的需要，具备冬夏季景观和防护效果的树种。

⑤ 选择便于管理、当地产、价格低、补植移植方便的树种。

2. 防护林基本设置原则

在工厂生产区与生活区防护林带的方位，应与其交线一致。当两个盛行风呈180°时防护林应设置成"一"形，当有夹角时，应设置成"L"形。

3. 防护林树种选择

防护林和其他林种的树种无明显区别，这是因为用材林和经济林也同样有防护作用。有的树种是多用途的，作防护林的树种，一般也可以作用材林和经济林培育。只是用材林树种要考虑培育大宗的木材产品和高的木材生长量，经济林树种要考虑较大量林副产品生产，要求副产品高产。而防护林培育木材和副产品不是主要的，主要是生态环境上的效益。

有些造林则有具体的目标。防护林中有农田防护林、护岸护路林、水土保持林、水源涵养林等，都要求选择具有不同特性的树种。比如，适于营造纤维林的有桉树、杨树、松树、日本落叶松、相思树等；适于营造胶合板材的有泡桐、杨树、枫香等；适于营造农田防护林的有泡桐、杨树、池杉等；适于营造水土保持林的有松树、刺槐、栎类、桤木、紫穗槐等。

西南地区用作防护林树种的有马尾松、云南松、思茅松、柏木、巴山松、云杉、高山松、红杉、车桑子、余甘子等。西南地区经济林树种有油桐、油茶、漆树、盐肤木、黄檀、黑荆树、杜仲、黄檗、乌桕、白蜡、八角、厚朴、茶树、棕榈及竹类。近十多年来，针对以上树种已在遗传改良方面做了大量工作，选出了一批优良种源、家系及无性系，可以选择适合于各地的良种进行造林。例如西南地区目前用于发展用材林的树种就有杉木、马尾松、云南松、柏木、火炬松、桉树等。

为了发展多树种造林，避免造林树种的单一化，开发优良造林树种，还要推荐一些有发展前途的树种作造林试验或推广培育的造林树种，比如鹅掌楸、光皮桦、西南桦、麻栎等。云杉属树木目前用作造林的很少，主要是粗枝云杉、红杉、桤木、桦树等。一些珍贵用材树种，如桢楠、栲类（如红椎）、麦吊杉、黄杉等，通过试验研究，将发展造林，或作四旁植树。

二、　设计原则

营造防护林的具体技术要求如下：

① 树种选择和混交类型。宜选择生长稳定、长寿、抗性强的树种，以优良的乡土树种为宜。根据当地条件，营造乔灌木混交型、阴阳树种混交型等类型的混交林。

② 防护林配置。根据防护目的和地貌类型，配置防护林带。水源林和水土保护林配置成片状、带状或块状，构成完整的水土保护林体系。

③ 抚育管理。在防护林地区只能进行择伐，清除病腐木，并须及时更新。

三、　种植设计

首先，结合立地条件调查，查清当地已有造林树种、天然林树种及其生长状况。

其次，研究引进后生长良好的造林树种，然后将这些树种综合分析，选出适宜本地区的造林树种。

最后，按自然条件和各树种生物学、生态学特性，规划出造林树种和总体造林树种及其所占比重。

1. 整地设计

整地设计要根据林种不同，视造林地立地条件，因地制宜地设计整地方式、整地规格和密度等。

整地规格应根据苗木规格、造林方法、地形条件、植被和土壤等状况，结合水土流失情形等综合决定，以满足造林需要而又不浪费劳动力为原则。

2. 造林方式、方法设计

目前，我国已大体取得了各主要造林树种的经验。例如一般针叶树以植苗造林为主，杉木可以插条；一些小叶种子的针叶树如油松、侧柏的树种，有时采用飞播造林或直播造林。此外，有机械造林或飞播造林条件的地方，可设计机械造林或飞播造林。

3. 造林密度设计

依据林种、当地自然经济条件进行合理设计。一般防护林密度应大于材林，速生树种密度小于慢生树种，干旱地区密度可小些。密度过大造成养分、水分不足而降低生长速度，但密度过小又会造成土地浪费。

第二篇

各 论

第一章

行道树

◆ 第一节　行道树的特点与用途 ◆

　　行道树是指种在道路两旁及分车带，给车辆和行人遮阴并构成街景的树种。

　　行道树绿带又称人行道绿化带，行道树绿带景观是设在道路的两侧，位于车行道与人行道之间或外侧的带状绿化景观。它是设在人行道与车行道之间的绿化景观带，也就是以种植行道树为主的绿带景观。它的主要功能是为夏季行人和非机动车遮阴、美化街景、装饰建筑立面，也是城市街道绿化景观的主要形式之一。

一、　行道树的特点

1. 行道树树种的选用

　　道路绿化植物的选择是道路景观创造的重中之重，尽量采用乡土树种或长期以来已经适应本地生长的外来树种。如此既可以配合功能的需要，又能创造艺术效果，体现地方特色。行道树树种设计要认真考虑，充分体现行道树保护和美化环境的功能，应选用适应性强、生长迅速、萌芽性强、冠幅大、主干高大挺拔、树型美、枝叶繁茂、抗性强、耐修剪、病虫害少、管理粗放、寿命长、无特殊气味和花粉过敏性的大乔木树种。最好具有观叶、观花等效果的树种。常用行道树树种有雪松、火炬松、油松、南洋杉、香樟、乐昌含笑、圆柏、广玉兰、国槐、悬铃木、栾树、榉斑、榔榆、水杉、池杉、白蜡、木棉、凤凰木、木菠萝、扁桃、桃花心木、仁面、秋枫、盆架子、杜英、海南红豆、羊蹄甲、合欢、柳杉、银杏、白玉兰、银桦、女贞、椰子、大王椰子、假槟榔、榕树、鹅掌楸、枫香、安树、白桦、薄壳山核桃、无患子、臭椿、泡桐、七叶树、樱花、金钱松、重阳木、木麻黄、黄连木、三角枫、五角枫、梧桐等。

由于地区不同和各城市的树种特性不同，选用树种也不同，例如我国北方多用国槐、乌桕、榔榆、榉树、银杏、梧桐、鹅掌楸、栾树、楸树等落叶大乔木，有利于行人夏季遮阳，冬季日光浴。在我国南方多选用常绿大乔木，如香樟、女贞、冬青、银桦、椰子、大王椰子、假槟榔等。

2. 行道树的规格

为了保证新栽行道树的成活率，在种植后较短的时间内达到绿化景观效果，还要注意苗木的规格。例如苗木的胸径、苗木的总高度、冠幅大小、干高、分支情况、土球大小，采用假植苗还是容器苗等都要按规范进行。

如果选用快长树作为行道树时，树木的胸径应在 8 厘米左右；如果选用慢长树作行道树种植时，苗木的胸径应在 10 厘米以上，不宜选用太小或太大的树木作为行道树。

苗木的冠幅，宜全冠较好，但是种植前为了保持苗木本身水分的平衡，也可以修剪一部分不必要的枝叶。

行道树的定干高度，取决于道路的性质、距车行道的距离和树种分枝角度。有利于双层车或货车行走，距车行道近的可定为 3 米以上；距车行道较远而分枝角度小的则可适当低些，但不要小于 2 米。如果人行道上空电线太低，可把树冠的主枝修剪成"Y"字形，让电线从中穿过，以保证树木和电线的安全。如行道树不影响行车和电线，可任其自然生长，形成自然的树木景观带。

3. 行道树绿带景观的宽度

带状绿化宽度因用地条件及附近建筑环境不同可宽可窄。为了保证绿化带景观树木的正常生长，行道树绿带宽度不应小于 1.5

米，即行道树树干中心至路缘石外侧最小距离宜为 0.75 米；若条件允许，绿带景观宽度可设计在 3 米以上。这样就可以采用规则与自然相结合的布置形式，乔木、灌木、花卉、草坪根据绿带面积大小、街道环境的变化而进行合理配植。为了体现以上的功能需要，最好提高行道树绿带宽度，采用规则式与自然式相结合的手法进行设计。例如林带式配植方式，行道树绿带宽度有 6～10 米时，在绿带外缘可设隔离防护设施，其中以高大的落叶乔木为主，地面适当配植绿篱和地被植物，以减少土壤裸露，形成连续不断的绿化景观带，提高防护及景观效果；当行道树绿带宽度在 10～20 米时，以高大的落叶乔木为主，适当配植常绿树、绿篱和地被植物，以形成连续不断的绿化景观带；如果行道树绿带宽度有 30 米以上时，以高大的落叶乔木为主，也可以适当配植常绿乔木、绿篱和地被植物，以减少土壤裸露，形成连续不断的绿化景观带，提高防护及景观效果。行道树绿带宽度还要与沿街的绿化景观、居住区绿化景观、公园绿化景观、专用附属绿化景观等相配合，相互协调，形成统一的绿化景观系统，以提高城市的生态景观环境质量。

二、 行道树的用途

1. 补充氧气、 净化空气

行道树可以进行光合作用，吸收二氧化碳，释放出氧气；而林木的叶面可以黏着及截留浮尘，并能防止沉积污染物被风吹扬，故有净化空气的作用。据研究指出，树木的叶沉积浮游尘的最大量可达每公顷 30～68 吨，可减轻空气污染。

2. 调节局部气候

行道树的树冠可以阻截、反射及吸收太阳辐射，也会经由林木的蒸发作用而吸收热气，从而调节夏季气温。此外，林木蒸发的水分可增高相对湿度；环流影响使都市四郊凉爽洁净的空气流入市区等，使气候得以改善。

3. 减轻噪声

噪声是都市的公害之一，不仅使人心理紧张、容易疲劳、影响睡眠，严重的甚至危及听觉器官。行道树可通过树体本身（枝、干、叶摇曳摩擦）或生活在期间的野生动物（鸟、虫）所发出的声音来消除一部分噪声，或仅仅是借着遮住噪声源的视觉效果达到减弱噪声的心理感受。

4. 美化市容

在城市道路两旁的楼房，颜色暗沉生冷，线条粗硬，行走其中，犹如置身水泥丛林，而行道树树形挺拔、风姿绰约，可以绿化、美化环境，软化水泥建筑物的生硬感觉，为都市增添美丽的景色。

5. 遮阴

炎炎夏日里，行道树可遮阻烈日照射，行人得以免受日晒之苦。

6. 珍贵的乡土文化资产

历经数十年漫长岁月培育才能苗然有成的林荫大道，是饱经风霜、走过时间、走过历史的见证人，与人类社会的发展、生活密切相关，其种植背景、事迹与地方特色更是最宝贵的乡土文化。

◆ 第二节　常见行道树种举例 ◆

一、悬铃木

悬铃木属（*Platanus*）是悬铃木科中现存的唯一属，落叶乔木，我国引入栽培的有 3 种，分别为一球悬铃木、二球悬铃木和三球悬铃木，俗称分别是美国梧桐、英国梧桐和法国梧桐。

研究表明，本属植物已经存在有一亿二千万年。

1. 形态特征

本属植物都是乔木，高达 30～50 米。一般生长在河边或湿地等有充足水分的地带，但人工栽培的也有一定的耐旱能力。其花单性同株，密聚成球形的头状花序，无花萼，每一朵小雄花有 3～8 个雄蕊，雌花有 3～7 个雌蕊，为风媒花，授粉后雄花脱落，雌花逐渐形成只有 1 毫米大的小坚果组成的毛球，每个球直径约为 2.5～4 厘米，球散后，种子带毛，随风飞扬散播，类似蒲公英（图 1-1）。

　　树皮老化后会脱落，露出新生的组织，因此树干显示斑驳的花纹。

图 1-1　悬铃木的植株、果实

　　2. 生长习性

　　悬铃木喜光，喜湿润温暖气候，较耐寒。适生于微酸性或中性、排水良好的土壤，微碱性土壤虽能生长，但易发生黄化。抗空气污染能力较强，对二氧化硫、氯气等有毒气体有较强的抗性。叶片具吸收有毒气体和滞积灰尘的作用。悬铃木生长迅速，易成活，耐修剪。

　　3. 分布状况

　　悬铃木原产于欧洲，印度、小亚细亚地区亦有分布，现广植于世界各地，我国暖温带到亚热带均广泛栽培。

　　4. 园林用途

　　悬铃木是世界著名的优良庭荫树和行道树。其适应性强，又耐修剪整形，是优良的行道树种，广泛应用于城市绿化，在园林中孤植于草坪或旷地，列植于甬道两旁，尤为雄伟壮观。又因其对多种有毒气体抗性较强，并能吸收有害气体，作为街坊、厂矿绿化颇为合适。

二、 银杏

银杏（*Ginkgo biloba*）为银杏科、银杏属落叶乔木。银杏树体高大，树干通直，姿态优美，春夏翠绿，深秋金黄，是理想的园林绿化、行道树种，被列为我国四大长寿观赏树种（松、柏、槐、银杏）之一。

根据外观，银杏品种主要包括：

① 黄叶银杏，叶黄色。

② 垂枝银杏，幼枝下垂。

③ 斑叶银杏，叶带黄色斑点。

④ 裂叶银杏，叶形较大、缺刻深。

⑤ 塔状银杏，树冠呈尖塔柱形。

此外，食用银杏品种按种子形状可分为长子类、佛手类、马铃类、梅核类、圆子类等五大类别。

1. 形态特征

银杏树为裸子植物中唯一的中型阔叶落叶乔木，可以长到25～40 米高，胸径可达 4 米，幼树的树皮比较平滑，呈浅灰色，大树树皮呈灰褐色，表面有不规则纵裂，有长枝与生长缓慢的锯状短枝。树冠较为消瘦，枝杈有些不规则。一年生枝为淡褐黄色，二年生枝粗短，暗灰色，有细纵裂纹。冬芽为黄褐色，多为卵圆形，先端钝尖。

银杏叶子在种子植物中很特别，叶呈扇形，呈二分裂或全缘，叶脉平行，无中脉。在一年生枝上，叶螺旋状散生，在短枝上 3～8 片叶呈簇生状。

成年银杏的扇形叶片主要有全缘、二分裂或多裂形态，但银杏幼株的叶片多数为二分裂，有些是多裂，极少是不裂的。

雄球花 4～6 枚，花药黄绿色，花粉球形。萌发时产生具两个纤毛的游动精子。雌球花有长梗，梗端分为二叉，少有 3～5 叉或不分叉。

银杏具有一定观赏价值。因其枝条平直，树冠呈较规整的圆锥形，大量种植的银杏林在视觉效果上具有整体美感。银杏叶在秋季会变成金黄色，在秋季低角度阳光的照射下比较美观，常被摄影者用作背景（图1-2）。

图1-2 银杏树植株、叶

　　银杏为裸子植物，只有种子的构造，尚未演化出被子植物的果实，但银杏种子的种皮发达，看起来与被子植物的果实相似。银杏种子直径1.5～2厘米，包在棕黄色的种皮里。银杏的种子也称为白果，有点像杏子，因为含有很多丁酸，闻起来像是腐败的奶油。有人易对果浆中的成分过敏，一旦碰到会发痒长水疱，洗果子的时候需要戴手套。种子剥出烧熟可以食用。

2. 生长习性

银杏寿命长，我国有 3000 年以上的古树。最适于生长在水热条件比较优越的亚热带季风区。土壤为黄壤或黄棕壤，pH 值 5～6。初期生长较慢，萌蘖性强。无病虫害，不污染环境，树干光洁，是著名的无公害树种。银杏适应性强，对气候土壤要求不严，抗烟尘、抗火灾、抗有毒气体。雌株一般 20 年左右开始结实，500 年生的大树仍能正常结实。一般 3 月下旬至 4 月上旬萌动展叶，4 月上旬至中旬开花，9 月下旬至 10 月上旬种子成熟，10 月下旬至 11 月落叶。

3. 分布状况

银杏在中国、日本、朝鲜、韩国、加拿大、新西兰、澳大利亚、美国、法国、俄罗斯等国家均有大量分布。银杏的自然地理分布范围很广。从水平自然分布状况看，以北纬 30°附近的银杏东西分布的距离最长，随着纬度的增加或减少，银杏分布的东西跨度逐渐缩短，纬度愈高银杏的分布愈趋向于东部沿海，纬度愈低银杏的分布愈趋向于西南部的高原山区。

在我国，银杏主要分布于温带和亚热带气候区内，跨越北纬 21°30′～41°46′，东经 97°～125°，遍及 25 个省（自治区或直辖市）。

从资源分布量来看，以山东、浙江、江西、安徽、广西、湖北、四川、江苏、贵州等地最多，而各地资源分布也不均衡，主要集中在一些县或市，如江苏的泰兴、新沂、大丰、邳州、吴县，山东省郯城县新村、泰安市、烟台市，湖北省宜昌市雾渡河镇、随州的洛阳镇、随州何店镇花园村，广西的灵川、兴安等。

许多专家考证后认为，浙江天目山、湖北大洪山、湖北神农架、云南腾冲等偏僻山区，发现自然繁衍的古银杏群。它们是极其珍贵的文化遗产和自然景观，对周围生态环境的改善和研究生物多样性、确保银杏遗传资源的持续利用具有重要作用。自然资源考察人员还在湖北和四川的深山谷地发现银杏与水杉、珙桐等孑遗植物相伴而生。银杏的垂直分布，也由于所在地区纬度和地貌的不同，分布的海拔高度也不完全一样。

总的来说，银杏的垂直分布的跨度比较大，在海拔数米至数十米的东部平原到 3000 米左右的西南山区均发现有生长得较好的银杏古树。如江苏泰兴海拔为 5 米左右、吴县海拔约 300 米，山东郯城海拔约 40 米，四川都江堰海拔 1600 米，甘肃为 1500 米（兰州），云南为 2000 米（昆明），西藏为 3000 米（昌都）。

4. 园林用途

银杏是理想的园林绿化、行道树种，可作为园林绿化、行道、公路、田间林网、防风林带的理想栽培树种。

盆景观赏，银杏树是著名的长寿树种，生命力强，叶形奇特，易于嫁接繁殖和整形修剪，是制作盆景的优质材料。银杏是我国盆景中常用的树种，银杏盆景干粗、枝曲、根露、造型独特、苍劲潇洒、妙趣横生，是我国盆景中的一绝。夏天遒劲葱绿，秋季金黄可掬，给人以峻峭雄奇、华贵优雅之感，日益受到重视，被誉为"有生命的艺雕"。按照人们不同的欣赏要求，主要有观实盆景、观叶盆景和树桩盆景几种类型。

三、　鹅掌楸

鹅掌楸[*Liriodendron chinense*（Hemsl.）Sarg.]为木兰科、鹅掌楸属落叶大乔木，为我国特有的珍稀植物。鹅掌楸叶形如马褂（叶片的顶部平截，犹如马褂的下摆；叶片的两侧平滑或略微弯曲，好像马褂的两腰；叶片的两侧端向外突出，仿佛是马褂伸出的两只袖子），秋季叶色金黄，似一个个黄马褂，故鹅掌楸又叫马褂木。它生长快，栽种后能很快成荫，是珍贵的行道树和庭园观赏树种。

1. 形态特征

乔木，高达 40 米，胸径 1 米以上，小枝灰色或灰褐色。叶马褂状，长 4～12（18）厘米，近基部每边具 1 侧裂片，先端具 2 浅裂，下面苍白色，叶柄长 4～8（16）厘米。花大而美丽，杯状，花被片 9，外轮 3 片绿色，萼片状，向外弯垂，内两轮 6 片，直

立，花瓣倒卵形，长 3～4 厘米，绿色，具黄色纵条纹，花药长 10
～16 毫米，花丝长 5～6 毫米，花期时雌蕊群超出花被之上，心皮
黄绿色（图1-3）。聚合果长 7～9 厘米，具翅的小坚果长约 6 毫米，
顶端钝或钝尖，具种子 1～2 颗。花期 5 月，果期 9～10 月。

图 1-3　鹅掌楸的植株、叶和花

2. 生长习性

鹅掌楸喜光及温和湿润气候，有一定的耐寒性。喜深厚肥沃、
适湿而排水良好的酸性或微酸性土壤（pH4.5～6.5），在干旱土地
上生长不良，也忌低湿水涝。对病虫害抗性极强。

3. 分布状况

在我国产于陕西、安徽以南，西至四川、云南，南至南岭山地，主要有陕西（镇巴）、安徽（歙县、休宁、舒城、岳西、潜山、霍山）、浙江（龙泉、遂昌、松阳）、江西（庐山）、福建（武夷山）、湖北（房县、巴东、建始、利川）、湖南（桑植、新宁）、广西（融水、临桂、龙胜、兴安、资源、灌阳、华江）、四川（万源、叙永、古蔺）、贵州（绥阳、息烽、黎平）、云南（彝良、大关、富宁、金平、麻栗坡）、台湾。越南北部也有分布。

4. 园林用途

鹅掌楸是城市中极佳的行道树、庭荫树种，无论丛植、列植或片植于草坪、公园入口处，均具有独特的景观效果。鹅掌楸对有害气体的抗性较强，也是工矿区绿化的优良树种之一。

四、 榆树

榆树（*Ulmus pumila* Linn.）为榆科、榆属落叶乔木，常用名还有白榆、家榆。北方乡土树种，多作为防护林、行道树和绿篱等。

1. 形态特征

榆树为高大落叶乔木，高达 25 米，胸径 1 米，在干瘠之地长成灌木状。幼树树皮平滑，灰褐色或浅灰色，大树树皮暗灰色，不规则深纵裂，粗糙；小枝无毛或有毛，淡黄灰色、淡褐灰色或灰色，稀淡褐黄色或黄色，有散生皮孔，无膨大的木栓层及凸起的木栓翅；冬芽近球形或卵圆形，芽鳞背面无毛，内层芽鳞的边缘具白色长柔毛。叶椭圆状卵形、长卵形、椭圆状披针形或卵状披针形，长 2～8 厘米，宽 1.2～3.5 厘米，先端渐尖或长渐尖，基部偏斜或近对称，一侧楔形至圆，另一侧圆至半心脏形，叶面平滑无毛，叶背幼时有短柔毛，后变无毛或部分脉腋有簇生毛，边缘具重锯齿或单锯齿，侧脉每边 9～16 条，叶柄长 4～10 毫米，通常仅上面有短柔毛。花先叶开放，在生枝的叶腋成簇生状（图 1-4）。

图 1-4　榆树植株

翅果近圆形，稀倒卵状圆形，长 1.2～2 厘米，除顶端缺口柱头面被毛外，余处无毛，果核部分位于翅果的中部，上端不接近或接近缺口，成熟前后其色与果翅相同，初淡绿色，后白黄色，宿存花被无毛，4 浅裂，裂片边缘有毛，果梗较花被为短，长 1～2 毫米，被（或稀无）短柔毛。花、果期 3～6 月（东北较晚）。

2. 生长习性

生于海拔 1000～2500 米以下的山坡、山谷、川地、丘陵及沙岗等处。

阳性树种，喜光，耐旱，耐寒，耐瘠薄，不择土壤，适应性很强。根系发达，抗风力、保土力强。萌芽力强，耐修剪，生长快，寿命长。能耐干冷气候及中度盐碱，但不耐水湿（能耐雨季水涝）。具抗污染性，叶面滞尘能力强。在土壤深厚、肥沃、排水良好之冲积土及黄土高原生长良好。榆树可作西北荒漠、华北及淮北平原、丘陵及东北荒山、砂地及滨海盐碱地的造林或"四旁"绿化树种。

3. 分布状况

分布于我国东北、华北、西北及西南各地，长江下游各地也有栽培。朝鲜、俄罗斯、蒙古也有分布。

4. 园林用途

树干通直，树形高大，绿荫较浓，适应性强，生长快，是城市绿化、行道树、庭荫树、工厂绿化、营造防护林的重要树种。在干瘠、严寒之地常呈灌木状，有用作绿篱者；又因其老茎残根萌芽力强，可自野外掘取制作盆景。在林业上也是营造防风林、水土保持林和盐碱地造林的主要树种之一。

五、 毛白杨

毛白杨（*Populus tomentosa*）为杨柳科、杨属落叶大乔木，生长快，树干通直挺拔，是造林绿化的树种，广泛应用于城乡绿化，其品种适应性强，主根和侧根发达，枝叶茂密。

1. 形态特征

乔木，高达 30 米。树皮幼时暗灰色，壮时灰绿色，渐变为灰白色，老时基部黑灰色，纵裂，粗糙，干直或微弯，皮孔菱形散生，或 2～4 连生。树冠圆锥形至卵圆形或圆形。侧枝开展，雄株斜上，老树枝下垂；小枝（嫩枝）初被灰毡毛，后光滑。芽卵形，花芽卵圆形或近球形，微被毡毛。长枝叶阔卵形或三角状卵形，长 10～15 厘米，宽 8～13 厘米，先端短渐尖，基部心形或截形，边缘深齿牙缘或波状齿牙缘，上面暗绿色，光滑，下面密生毡毛，后渐脱落；叶柄上部侧扁，长 3～7 厘米，顶端通常有 2（3～4）腺点；短枝叶通常较小，长 7～11 厘米，宽 6.5～10.5 厘米（有时长达 18 厘米，宽 15 厘米），卵形或三角状卵形，先端渐尖，上面暗绿色有金属光泽，下面光滑，具深波状齿牙缘；叶柄稍短于叶片，侧扁，先端无腺点。雄花序长 10～14（20）厘米，雄花苞片约具 10 个尖头，密生长毛，雄蕊 6～12，花药红色；雌花序长 4～7 厘米，苞片褐色，尖裂，沿边缘有长毛；子房长椭圆形，柱头 2 裂，粉红色。果序长达 14 厘米；蒴果圆锥形或长卵形，2 瓣裂。花期 3 月，果期 4 月（河南、陕西）至 5 月（河北、山东）（图 1-5）。

图 1-5　毛白杨的植株、叶

2. 生长习性

毛白杨喜生于海拔 1500 米以下的温和平原地区。深根性，耐旱力较强，黏土、壤土、沙壤上或低湿轻度盐碱土均能生长。在水肥条件充足的地方生长最快，20 年生即可成材，是我国速生树种之一。

3. 分布状况

毛白杨分布广泛，在辽宁（南部）、河北、山东、山西、陕西、甘肃、河南、安徽、江苏、浙江等地均有分布，以黄河流域中、下游为中心分布区。

4. 园林用途

毛白杨是速生用材林、防护林和行道河渠绿化的好树种。可用播种、插条（须加处理）、埋条、留根、嫁接等繁殖方法进行育苗造林。毛白杨材质好，生长快，寿命长，较耐干旱和盐碱，树姿雄壮，冠形优美，为各地群众所喜欢栽植的优良庭园绿化或行道树，也为华北地区速生用材造林树种，应大力推广。

六、 合欢

合欢树（*Albizia julibrissin Durazz*）为豆科、合欢属落叶乔木，别名福榕树、刺拐棒、坎拐棒子、一百针、五加参、俄国参、西伯利亚人参等。合欢树也被称为敏感性植物，被列为地震观测的首选树种。

1. 形态特征

落叶乔木，高可达 16 米，树冠开展；树干浅灰褐色，树皮轻度纵裂。枝粗而疏生，幼枝带棱角。嫩枝、花序和叶轴被绒毛或短柔毛。托叶线状披针形，较小叶小，早落。

（1）叶 二回羽状复叶，总叶柄近基部及最顶一对羽片着生处各有 1 枚腺体；羽片 4～12 对，栽培的有时达 20 对；小叶 10～30 对，线形至长圆形，长 6～12 毫米，宽 1～4 毫米，向上偏斜，先端有小尖头，有缘毛，有时在下面或仅中脉上有短柔毛；中脉紧靠上边缘。

（2）花 头状花序于枝顶排成圆锥花序；花粉红色；花萼管状，长 3 毫米；花冠长 8 毫米，裂片三角形，长 1.5 毫米，花萼、花冠外均被短柔毛；花丝长 2.5 厘米（图 1-6）。荚果带状，长 9～15 厘米，宽 1.5～2.5 厘米，嫩荚有柔毛，老荚无毛。花期 6～7 月。

（3）果　果期9～11月。伞形树冠。叶互生，伞房状花序，雄蕊花丝犹如缕状，半白半红，故有"马缨花""绒花"之称。果实为荚果，成熟期为10月。

另外有大叶合欢，叶大，花黄白色，有香气，热带树种，我国广州较多；还有美蕊花，又叫小朱樱花，多年生常绿灌木，热带树种，花大红色，我国华南各省多有栽培。

图1-6　合欢的植株、花

2. 生长习性

合欢是阳性树种，喜欢温暖湿润的气候环境。小苗耐严寒，耐干旱及贫瘠。夏季树皮不耐烈日，暴晒容易蜕皮生病。合欢在沙质土壤上生长较好，怕水涝和阴湿积水。栽植合欢的土地要排水顺畅，一年四季不能积水，阳光充沛。

3. 分布状况

合欢产于我国东北至华南及西南部各地。全国均有种植，长江、珠江流域较多。非洲、中亚至东亚均有分布，北美亦有栽培。

4. 园林用途

在城市绿化单植可为庭院树，群植与花灌木类配植或与其他树种混植成为风景林。常用于园林观赏，植于小区、学校、事业单位、工厂、山坡、庭院、路边、建筑物前。合欢常作为城市行道树、观赏树。

七、　凤凰木

凤凰木（*Delonix regia*）为豆科、凤凰木属落叶乔木。取名于"叶如飞凰之羽，花若丹凤之冠"，别名金凤花、红花楹树、火树、洋楹等。凤凰木因鲜红或橙色的花朵配合鲜绿色的羽状复叶，被誉为世上最色彩鲜艳的树木之一。

1. 形态特征

落叶大乔木，高 10～20 米，胸径可达 1 米。树形为广阔伞形，分枝多而开展。树皮粗糙，灰褐色。小枝常被短绒毛并有明显的皮孔。二回羽状复叶互生，长 20～60 厘米，有羽片 15～20 对，对生；羽片长 5～10 厘米，有小叶 20～40 对；小叶密生，细小，长椭圆形，全缘，顶端钝圆，基部歪斜，长 4～8 毫米，宽 2.5～3 毫米，薄纸质，叶面平滑且薄，青绿色，叶脉则仅中脉明显，两面被绢毛。冬天落叶时，小叶如雪花飘落。总状花序伞房状，顶生或腋生，长 20～40 厘米。花大，直径 7～15 厘米。花萼和花瓣皆 5 片。花瓣红色，下部四瓣平展，长约 8 厘米，第 5 瓣直立，稍大，且有黄及白的斑点，雄蕊红色。花萼内侧深红色，外侧绿色。花期 5～8 月。荚果带状或微弯曲呈镰刀形，扁平，下垂，成熟后木质化，呈深褐色，长 30～60 厘米，内含种子 40～50 粒。种子千粒重 400 克，种皮有斑纹。秋季（11 月）果熟。和许多豆科植物一样，凤凰木的根部也有根瘤菌共生。为了适应多雨的气候，树干基部有板状根出现（图 1-7）。

图 1-7　凤凰木

2. 生长习性

凤凰木为热带树种，种植 6～8 年开始开花，喜高温多湿和阳光充足环境，生长适温 20～30℃，不耐寒（冬季温度不低于 5℃）。以深厚肥沃、富含有机质的沙质壤土为宜；怕积水，排水须良好，较耐干旱；耐瘠薄土壤。浅根性，但根系发达，抗风能力强。抗空气污染。萌发力强，生长迅速。一般一年生高可达 1.5～2 米，二年生高可达 3～4 米，种植 6～8 年始花。在华南地区，每年 2 月初冬芽萌发，4～7 月为生长高峰，7 月下旬因气温过高，生长量下降，8 月中下旬以后气温下降，生长加快，10 月后生长减慢，12 月至翌年 1 月落叶。应选土壤肥沃、深厚、排水良好且向阳处栽植。春季萌芽前与开花前应各施肥 1 次。台风季节应及时清理被吹断枝叶。病虫害有叶斑病和夜蛾幼虫等，须对症防治。

3. 分布状况

凤凰木原产于非洲马达加斯加。世界各热带、暖亚热带地区广泛引种。我国台湾、海南、福建、广东、广西、云南等省（区）有引种栽培。在美国，凤凰木主要生长在佛罗里达州、得克萨斯州南部的瑞欧格兰山谷、亚利桑那州及加利福尼亚州的沙漠地区、夏威夷州、美属维尔京群岛和关岛等。凤凰木亦广泛生长在加勒比海地区。

4. 园林用途

凤凰树树冠高大，花期花红叶绿，满树如火，富丽堂皇，是著名的热带观赏树种。在我国南方城市的植物园和公园栽种颇盛，作为观赏树或行道树。

八、栾树

栾树（*Koelreuteria paniculata*），别名木栾、栾华等，是无患子科、栾树属落叶乔木或灌木。其树形端正，枝叶茂密而秀丽，春季嫩叶多为红叶，夏季黄花满树，入秋叶色变黄，果实紫红，形似灯笼，十分美丽。

栾树属常见的品种有五种，在我国有四种。

（1）北方栾树　北方常见的一种栾树称北方栾树，华北分布居多。北方栾树已得到很大程度的开发应用。栾树在北京行道树中占有一定的比例，天安门两侧（南池子至新华门），栾树与松柏交相辉映。

（2）黄山栾树　另一常见的分布较广的栾树为黄山栾树（var. *intergrifola*），又名全缘叶栾树，主产于江南、中南西部地区。落叶乔木，小枝棕红色，密生皮孔。小叶 7~9 片，全缘或有稀疏锯齿。花黄色。蒴果膨大，入秋变为红色。黄山栾树主产于安徽、江苏、江西、湖南、广东、广西等地，多生于丘陵、山麓及谷地。喜光，幼年期稍耐阴，喜温暖湿润气候。喜生长于肥沃土壤，对土壤 pH 值要求不严，微酸性、中性、盐碱土均能生长，喜生于石灰质土壤。具深根性，萌蘖强，寿命较长，不耐修剪。耐寒性一般，适合在长江流域或偏南地区种植。病虫害较少，生长速度中上，有较强的抗烟尘能力。其耐寒性不及北方栾树，但顶芽梢较北方栾树发达，故假二叉分枝习性没有北方栾树明显，因此较易培养良好的树形。黄山栾树因其生长速生性（当年播种苗可长至 80~100 厘米，3~5 年开花结果）、抗烟尘及三季观景的特点，正迅速发展成为长江流域的风景林树种。

（3）复羽叶栾树　复羽叶栾树（*Koelreuteria bipinnata*）分布于我国中南、西南部，落叶乔木，高达 20 米。花黄色，果紫红色，二回羽状复叶。8 月开花，蒴果大，秋果呈红色，观赏效果佳。

（4）秋花栾树　秋花栾树（*Koelreuteria paniculata* 'September'），又称九月栾，是栾树的一个栽培变种，落叶大乔木，高达 15 米左右，是地地道道的北京乡土树种。主产于我国北部，是华北平原及低山常见树种，朝鲜、日本也有分布。叶片多呈一回复叶，每个小叶片较大，8～9 月开花，易与北方栾树区分。枝叶繁茂，晚秋叶黄，是理想的观赏庭荫树及行道树，也可作为水土保持及荒山造林树种。

1. 形态特征

叶丛生于当年生枝上，平展，一回、不完全二回或偶有二回羽状复叶，长可达 50 厘米；小叶（7)11～18 片（顶生小叶有时与最上部的一对小叶在中部以下合生），无柄或具极短的柄，对生或互生，纸质，卵形、阔卵形至卵状披针形，长（3)5～10 厘米，宽 3～6 厘米，顶端短尖或短渐尖，基部钝至近截形，边缘有不规则的钝锯齿，齿端具小尖头，有时近基部的齿疏离呈缺刻状，或羽状深裂达中肋而形成二回羽状复叶，上面仅中脉上散生皱曲的短柔毛，下面在脉腋具髯毛，有时小叶背面被茸毛。

聚伞圆锥花序长 25～40 厘米，密被微柔毛，分枝长而广展，在末次分枝上的聚伞花序具花 3～6 朵，密集呈头状；苞片狭披针形，被小粗毛；花淡黄色，稍芬芳；花梗长 2.5～5 毫米；萼裂片卵形，边缘具腺状缘毛，呈啮蚀状；花瓣 4，开花时向外反折，线状长圆形，长 5～9 毫米，瓣爪长 1～2.5 毫米，被长柔毛，瓣片基部的鳞片初时黄色，开花时橙红色，参差不齐的深裂，被疣状皱曲的毛；雄蕊 8 枚，在雄花中的长 7～9 毫米，雌花中的长 4～5 毫米，花丝下半部密被白色、开展的长柔毛；花盘偏斜，有圆钝小裂片；子房三棱形，除棱上具缘毛外无毛，退化子房密被小粗毛。

蒴果圆锥形，具 3 棱，长 4～6 厘米，顶端渐尖，果瓣卵形，外面有网纹，内面平滑且略有光泽；种子近球形，直径 6～8 毫米（图 1-8）。花期 6～8 月，果期 9～10 月。

图 1-8　栾树的植株、花、果实

2. 生长习性

栾树喜光，为稍耐半阴的植物。耐寒，耐盐渍及短期水涝，但是不耐水淹，耐干旱和瘠薄，对环境的适应性强，喜欢生长于石灰质土壤中。栾树具有深根性，萌蘖力强，生长速度中等，幼树生长较慢，以后渐快，有较强抗烟尘能力。在中原地区多有栽植。抗风能力较强，可抗 $-25℃$ 低温，对粉尘、二氧化硫和臭氧均有较强的抗性。多分布在海拔 1500 米以下的低山及平原，最高可生长于海拔 2600 米处。

3. 分布状况

栾树原产于我国北部及中部，华北、华东、华南、华中地区都有分布。日本、朝鲜也有分布。现我国江苏栾树基地、浙江栾树基地都大量人工培育。主要繁殖基地有江苏沭阳、浙江、江西、安徽、河南。

4. 园林用途

栾树适应性强，季相明显，是理想的绿化观叶树种，宜作庭荫树、行道树及园景树，也是工业污染区配植的良好树种。栾树春季观叶，夏季观花，秋冬观果，已大量将它作为居民区、工厂区及村旁绿化树种。

九、 木棉

木棉又名红棉、英雄树、攀枝花、斑芝棉、斑芝树、攀枝，属木棉科落叶大乔木，原产于印度。木棉是一种在热带及亚热带地区生长的落叶大乔木，树干基部密生瘤刺，以防止动物的侵入。

木棉外观多变化，春天一树橙红，夏天绿叶成荫，秋天枝叶萧瑟，冬天秃枝寒树，四季展现不同的风情。花橘红色，每年 2～3 月树叶落光后进入花期，然后长叶，树形具阳刚之美。

木棉的种类：

（1）按形态分类　包括吉贝木棉、美人树、大果木棉、龟纹木棉以及榴莲。

（2）按地域分类　包括广东本地木棉、美丽木棉、青皮木棉、大腹木棉、非洲木棉。

1. 形态特征

木棉树干高可达 25 米，树皮灰白色，幼树的树干通常有圆锥状的粗刺，分枝平展。掌状复叶，小叶 5～7 片，长圆形至长圆状披针形，长 10～16 厘米，宽 3.5～5.5 厘米，顶端渐尖，基部阔或渐狭，全缘，两面均无毛，羽状侧脉 15～17 对，上举，其间有 1 条较细的 2 级侧脉，网脉极细密，二面微凸起；叶柄长 10～20 厘米；小叶柄长 1.5～4 厘米；托叶小。

花单生枝顶叶腋，通常红色，有时橙红色，直径约 10 厘米；萼杯状，长 2～3 厘米，外面无毛，内面密被淡黄色短绢毛，萼齿 3～5，半圆形，高 1.5 厘米，宽 2.3 厘米，花瓣肉质，倒卵状长圆形，长 8～10 厘米，宽 3～4 厘米，二面被星状柔毛，但内面较疏。

图1-9　木棉植株、花

雄蕊管短，花丝较粗，基部粗，向上渐细，内轮部分花丝上部分2叉，中间10枚雄蕊较短，不分叉，外轮雄蕊多数，集成5束，每束花丝10枚以上，较长；花柱长于雄蕊（图1-9）。

蒴果长圆形，钝，长10～15厘米，粗4.5～5厘米，密被灰白色长柔毛和星状柔毛；种子多数，倒卵形，光滑。花期3～4月，果夏季成熟。

2. 生长习性

喜温暖干燥和阳光充足环境。不耐寒，稍耐湿，忌积水。耐旱、抗污染、抗风力强，深根性，速生，萌芽力强。生长适温20～30℃，冬季温度不低于5℃，以深厚、肥沃、排水良好的中性或微酸性砂质土壤为宜。

3. 分布状况

云南、四川、贵州、广西、江西、广东、福建、台湾等省

（区）均有分布。生长于海拔 1400～1700 米以下的干热河谷及稀树草原，也可生长在沟谷季雨林内，也有栽培作行道树的。印度、斯里兰卡、中南半岛、马来西亚、印度尼西亚、菲律宾及澳大利亚北部都有分布。

4. 园林用途

木棉树型高大雄伟，树姿巍峨，花大而美。春季红花盛开，是优良的行道树、庭荫树和风景树。

十、 梧桐

梧桐〔*Firmiana platanifolia*（L. f.）Marsili〕，又名青桐、桐麻，是梧桐科、梧桐属落叶乔木。

1. 形态特征

梧桐，高达 15～20 米，胸径 50 厘米；树干挺直，光洁，分枝高；树皮绿色或灰绿色，平滑，常不裂。小枝粗壮，绿色，芽鳞被锈色柔毛，树皮片状剥落；嫩枝有黄褐色绒毛；老枝光滑，红褐色。

叶大，阔卵形，宽 10～22 厘米，长 10～21 厘米，3～5 裂至中部，长比宽略短，基部截形、阔心形或稍呈楔形，裂片宽三角形，边缘有数个粗大锯齿，上下两面幼时被灰黄色绒毛，后变无毛；叶柄长 3～10 厘米，密被黄褐色绒毛；托叶长 1～1.5 厘米，基部鞘状，上部开裂。

圆锥花序长约 20 厘米，被短绒毛；花单性，无花瓣；萼管长约 2 毫米，裂片 5，条状披针形，长约 10 毫米，外面密生淡黄色短绒毛。雄花的雄蕊柱约与萼裂片等长，花药约 15，生雄蕊柱顶端；雌花的雌蕊具柄 5，心皮的子房部分离生，子房基部有退化雄蕊。蓇葖，在成熟前即裂开，纸质；蓇葖果，种子球形，分为 5 个分果，分果成熟前裂开呈小艇状，种子生在边缘。

果枝有球形果实，通长 2 个，常下垂，直径 2.5～3.5 厘米。小坚果长约 0.9 厘米，基部有长毛。花期 5 月，果期 9～10 月。种子 4～5，球形。种子在未成熟期时成球成青色，成熟后橙红色

（图 1-10）。

图 1-10　梧桐

2. 生长习性

梧桐树喜光，喜温暖湿润气候，耐寒性不强；喜肥沃、湿润、深厚而排水良好的土壤，在砂质土壤上生长较好，在酸性、中性及钙质土上均能生长，但不宜在积水洼地或盐碱地栽种，不耐草荒。积水易烂根，受涝 5 天即可致死。通常在平原、丘陵及山沟生长较好。深根性，植根粗壮；萌芽力弱，一般不宜修剪。生长快，寿命较长，能活百年以上。在生长季节受涝 3～5 天即烂根致死。发叶较晚，秋天落叶早。对多种有毒气体都有较强抗性。对病毒病易感，怕大袋蛾，惧强风。宜植于村边、宅旁、山坡、石灰岩山坡等处。

3. 分布状况

梧桐产于我国南北各地，广东、海南、福建、浙江、江西、山东、江苏、北京、天津、河北、河南等地均有分布。在国外也有分布，主要分布在日本、韩国、朝鲜。

4. 园林用途

梧桐是一种优美的观赏植物，可点缀于庭园、宅前，作为庭园绿化观赏树，也可植作行道树。

第二章

造型、景观树

第一节 造型、景观树的类型与特点

采用修剪、盘扎等措施，将园林树木育成预期优美形状，经过造型的树木，称为造型树。园林中恰当地应用树木造型，可收到良好的艺术效果。

一、造型、景观树的类型

根据造型树形状的不同，树木造型可分成以下 4 类：

（1）规整式　将树木修剪成球形、伞形、方形、螺旋体、圆锥体等规整的几何形体。多用于规则式园林，给人以整齐的感觉。适于这类造型的树木要求枝叶茂密、萌芽力强、耐修剪或易于编扎，如圆柏、红豆杉、黄杨、枳、五角枫、紫薇等。

（2）篱垣式　通过修剪或编扎等手段使列植的树木形成高矮、形状不同的篱垣。常见的绿篱、树墙均属此类。树篱在园林中常植于建筑、草坪、喷泉、雕塑等的周围，起分隔景区或背景的作用。这类造型一般要求枝叶茂密、耐修剪、生长偏慢的树种（见绿篱植物）。

（3）仿建筑、鸟兽式　即将树木外形修剪或绑缚、盘扎成亭、台、楼、阁等建筑形式或各种鸟兽姿态。适于规整式造型的树种，一般也适于本类造型。

（4）桩景式　是应用缩微手法，典型再现古木奇树神韵的园林

艺术品。多用于露地园林重要景点或花台。大型树桩盆景即属此类。适于这类造型的树种要求树干低矮、苍劲拙朴，如银杏、罗汉松、金柑、石榴、梅、贴梗海棠等。

二、　造型技术

　　成功的树木造型可获得自然美与人工美的良好结合。不同树木种类的自然株形与观赏特性各异，造型的方式也不同。造型时还应考虑各种树木的生长发育规律。生长快速、再生力强的树种，整形修剪可稍重；而生长缓慢、再生力弱的种类修剪宜轻。一个完美的树木造型，须经多年以至数十年的努力才能完成，因此树木造型还须有远近结合的全面设想。树木造型的技术措施主要有以下几种，可单用一种或综合应用多种措施。

　　（1）修剪　　在树木造型中应用最多主要是通过剪截树干与枝叶，增加修剪后树木的整体观赏效果。修剪时期，落叶树木多在落叶后次春萌芽之前，常绿树则在春夏分 2 次进行。

　　（2）盘扎　　根据造型需要，将枝条进行绑缚牵引使其弯曲改向的措施。在桩景式造型中常用，多在树木生长季节进行。

　　（3）编扎　　根据造型需要，将一株、几株或数十株树木长在一起的枝条交互编扎而形成预想形状的措施。我国四川的花农常利用紫薇萌芽力强、枝条柔软、树皮薄易于编扎、枝条相接触处很易愈合长成连理枝（见嫁接）的特性，进行各种形式的紫薇造型，别具特色。编扎多在早春枝条萌芽前进行，编扎成型后，还需经常修剪、养护。

第二节　常见造型、景观树举例

一、　龙爪槐

　　龙爪槐（*Sophora japonica*）为豆科、槐属落叶乔木。龙爪槐是国槐的芽变品种。本种由于生境不同，或由于人工选育结果，形态多变，产生许多变种和变型。

（1）伞状 伞状接近龙爪槐的自然生枝状况，是龙爪槐栽培中最常用的一种整型方式。嫁接成活当年，在同一水平面上从不同的方向选留3～5条主枝，在新梢尚未木质化时，向外水平引缚。新梢长到80～100厘米时，进行摘心，促发新梢。冬季修剪，主枝基部粗2厘米以上者，可保留至80厘米，2厘米以下者保留至60厘米处，防止偏冠。偏冠部位，去强留弱，去长留短，以培养匀称丰满的冠型。第2年每一主枝上选留2～3个延长枝向外延伸生长，可从新梢下垂弯曲处下方剪去，促进新梢生长，而后同样进行修剪，扩大树冠，同时要及时剪除内膛的下垂枝及高出"伞顶"的枝条。经过3～4年，基本可成型。此造型适于行间距大的地方栽植，可孤植、列植。

（2）圆柱状 不过多地进行人为修剪，充分发挥其自然下垂的特点。要解决好偏冠问题，通过修剪、绑扎等手段使枝条在四周分布均匀。当枝条接近地面或垂到地面时，从距地20～30厘米处剪断，内部下垂枝剪除。当树冠达到理想状态后，应将向外延伸的枝条及时剪除，保持圆柱形。这种造型适合于空间狭小处，如路边行列式栽植及在小型花坛、景点中栽植。

（3）球状 在国槐干高1米以下截断进行嫁接。接穗成活后，选5～6条主枝，在下部距地30厘米处绑扎，并借助竹条使枝条弯曲似圆弧，各圆弧尽量保持在同一球面上。以后萌发的新梢或纵向或横向以这几条主枝进行编织。及时剪去下垂新梢及伸出球面的枝条。2～3年后，基本形成球状树冠，这时应改编枝为修剪，用大剪将球面修剪圆滑。这种造型适合在小型花坛及草地上布置。

（4）长廊状 必须注意定植株行距的确定，一般株距2米，行距3～4米。单行栽植应采用引缚、绑扎等手段让株间枝条尽快生长到一起。同时促进枝条纵向及向两侧生长。为尽快成型，可将沿纵向生长的多余的枝条引向两侧培养。在造型过程中要及时清除树冠内膛下垂枝。双行栽植造廊可于行间用铁丝牵引成棚架，让枝在上生长。应注意骨干枝的培养，冬季修剪疏除骨干枝的竞争枝及强壮枝，从而提高骨干枝的承重力，对于廊道两边的枝，在距树行50～60厘米处拉线修剪。单行造型在距树行两侧100～150厘米处拉线修剪，形成廊檐，如窗帘的流苏，起到装饰作用。

（5）塔状　该造型需要选干高在3～4米的国槐进行分层嫁接。主干无分枝的国槐顶端抹头后进行插皮枝接，其下1～2层用皮下腹接法。这种培养方法易造成上下部生长不平衡，且皮下腹部成活枝易折伤。最好从小苗开始培养。国槐苗高1米时，摘心选留1个直立生长枝作为主干延长枝，留3～4个作为供嫁接用的主枝，并使之分布均匀，并通过绑扎使各主枝的预定嫁接点在同一水平面上。在开张这些主枝角度时，应使预定嫁接位置高于其后端部分，防止顶端优势造成砧木萌生。待主枝粗度在1.5～2厘米时即可嫁接。嫁接成活后，培养枝层技术同伞状造型。主干延长头高出第一层枝1米左右时，同上述做法再行摘心培养。塔状造型一般以3～4层为好，各层下垂枝不超过30～40厘米，并且使上层面积较小，依次向下渐大。该造型修剪起来不方便。

（6）匍匐状　龙爪槐枝条生长垂地后，不进行短截，而是在距地20厘米左右立一支架，让新梢匍匐向前生长，可对新梢适当加以人工引缚。外围修剪后成正方形、圆形等多种图案，可在图案中留出空隙，栽植鲜艳的花草。

（7）亭形　三四株高3米以上的龙爪槐成等边三角形或正方形栽植，株间距不超过3米，通过采用绑扎、引缚等手段，5年左右即可亭亭如盖。为体现造型的逼真感，应控制外围枝的伸展。

1. 形态特征

龙爪槐高达25米；树皮灰褐色，具纵裂纹。当年生枝绿色，无毛。

羽状复叶长达25厘米；叶轴初被疏柔毛，旋即脱净；叶柄基部膨大，包裹着芽；托叶形状多变，有时呈卵形，叶状，有时线形或钻状，早落；小叶 4～7 对，对生或近互生，纸质，卵状披针形或卵状长圆形，长 2.5～6 厘米，宽 1.5～3 厘米，先端渐尖，具小尖头，基部宽楔形或近圆形，稍偏斜，下面灰白色，初被疏短柔毛，旋变无毛；小托叶 2 枚，钻状。

圆锥花序顶生，常呈金字塔形，长达 30 厘米；花梗比花萼短；小苞片 2 枚，形似小托叶；花萼浅钟状，长约 4 毫米，萼齿 5，近等大，圆形或钝三角形，被灰白色短柔毛，萼管近无毛；花冠白色或淡黄色，旗瓣近圆形，长和宽约 11 毫米，具短柄，有紫色脉纹，先端微缺，基部浅心形，翼瓣卵状长圆形，长 10 毫米，宽 4 毫米，先端浑圆，基部斜戟形，无皱褶，龙骨瓣阔卵状长圆形，与翼瓣等长，宽达 6 毫米；雄蕊近分离，宿存；子房近无毛。

荚果串珠状，长 2.5～5 厘米或稍长，径约 10 毫米，种子间缢缩不明显，种子排列较紧密，具肉质果皮，成熟后不开裂，具种子 1～6 粒；种子卵球形，淡黄绿色，干后黑褐色（图 2-1）。花期 7～8 月，果期 8～10 月。

图 2-1　龙爪槐的植株、果和花

2. 生长习性

龙爪槐喜光，稍耐阴，能适应干冷气候。喜生于土层深厚、湿润肥沃、排水良好的沙质壤土。深根性，根系发达，抗风力强，萌芽力亦强，寿命长。对二氧化硫、氟化氢、氯气等有毒气体及烟尘有一定抗性。

3. 分布状况

原产于我国，南北各地均有广泛栽培，华北和黄土高原地区尤为多见。

在宋时传入日本，18世纪中叶从日本传到欧洲，以后从欧洲传到美洲。越南也有分布，朝鲜境内有野生。

4. 园林用途

龙爪槐姿态优美，是优良的园林树种，宜孤植、对植、列植。龙爪槐寿命长，适应性强，对土壤要求不严，较耐瘠薄，观赏价值高，故园林绿化上应用较多，常作为门庭及道旁树；或作庭荫树；或置于草坪中作观赏树。节日期间，若在树上配挂彩灯，则更显得富丽堂皇。若采用矮干盆栽观赏，使人感觉柔和潇洒。开花季节，米黄花序布满枝头，似黄伞蔽目，更加美丽可爱。

二、 圆柏

圆柏[*Sabina chinensis* (L.) Ant.]是柏科、圆柏属常绿乔木，也称刺柏、柏树、桧、桧柏。圆柏幼龄树树冠整齐圆锥形，树形优美，大树干枝扭曲，姿态奇古，可以独树成景，是我国传统的园林树种。我国古来多配植于庙宇陵墓作墓道树或柏林，古庭院、古寺庙等风景名胜区多有千年古柏，"清""奇""古""怪"各具幽趣。

（1）球桧（cv. *Globosa*） 矮型丛生圆球形或扁球形灌木，叶多为鳞叶，间有刺叶，小枝密生。

（2）金叶桧（cv. *Aurea*） 栽培变种，植株呈直立窄圆锥形灌木状，全为鳞形叶。鳞叶初为深金黄色，后渐变为绿色。

（3）金心桧（cv. *Aureoglobosa*） 栽培品种，为卵圆形无主干灌木，具 2 型叶，小枝顶部部分叶为金黄色。

（4）龙柏（cv. *Kaizuka*） 树形不规正，枝交错生长，少数大枝斜向扭转，小枝紧密。多为鳞叶，仅有时几部萌生蘖枝上有钻形叶。鳞叶排列紧密，幼嫩时淡黄绿色。后呈翠绿色。球果蓝色，微被白粉。长江流域及华北各大城市庭园有栽培。

（5）鹿角桧（cv. *Pfutzeriana*） 丛生灌木，中心低矮，外侧枝发达斜向外伸长，如鹿角分叉，多为紧密的鳞叶。华东地区多栽培作园林树种。

（6）塔桧（cv. *Pyramidalis*） 树冠塔状圆柱形，亦名圆柱桧。枝不平展，多贴主干斜生，小枝密集；2 型叶，以钻形叶为多。华北及长江流域各地多栽培作园林树种。

（7）匍地龙柏（栽培变种） 植株无直立主干，枝就地平展。

1. 形态特征

高 20 米，胸径达 3～5 米。花期 4 月下旬，果多次年 10～11 月成熟。

幼树的枝条通常斜上伸展，形成尖塔形树冠，老则下部大枝平展，形成广圆形的树冠；树皮灰褐色，纵裂，裂成不规则的薄片脱落；小枝通常直或稍成弧状弯曲，生鳞叶的小枝近圆柱形或近四棱形，径 1～1.2 毫米。叶二型，即刺叶及鳞叶；刺叶生于幼树之上，老龄树则全为鳞叶，壮龄树兼有刺叶与鳞叶；生于一年生小枝的一回分枝的鳞叶三叶轮生，直伸而紧密，近披针形，先端微渐尖，长 2.5～5 毫米，背面近中部有椭圆形微凹的腺体；刺叶三叶交互轮生，斜展，疏松，披针形，先端渐尖，长 6～12 毫米，上面微凹，有两条白粉带。雌雄异株，稀同株，雄球花黄色，椭圆形，长 2.5～3.5 毫米，雄蕊 5～7 对，常有 3～4 花药。球果近圆球形，径 6～8 毫米，2 年成熟，熟时暗褐色，被白粉或白粉脱落，有 1～4 粒种子；种子卵圆形，扁，顶端钝，有棱脊及少数树脂槽；子叶 2 枚，出土，条形，长 1.3～1.5 厘米，宽约 1 毫米，先端锐尖，下面有两条白色气孔带，上面则不明显（图 2-2）。

图 2-2　圆柏的植株、花和果实

2. 生长习性

圆柏为喜光树种，较耐阴，喜湿润土壤。忌积水，耐修剪，易整形，耐寒，耐热。对土壤要求不严，生于中性土、钙质土及微酸性土上。也能生于石灰质土壤上，对土壤的干旱及潮湿均有一定的抗性，但以在中性、深厚而排水良好处生长最佳。深根性，侧根也很发达。生长速度中等而较侧柏略慢，25 年生者高 8 米左右。寿命极长。圆柏耐修剪又有很强的耐阴性，故作绿篱比侧柏优良，下枝不易枯，冬季颜色不变褐色或黄色，且可植于建筑之北侧阴处。

圆柏对多种有害气体有一定抗性，是针叶树中对氯气和氟化氢抗性较强的树种。对二氧化硫的抗性显著胜过油松。能吸收一定数量的硫和汞，防尘和隔音效果良好。

常见的病害有圆柏梨锈病、圆柏苹果锈病及圆柏石楠锈病等。这些病以圆柏为越冬寄主，对圆柏本身虽伤害不太严重，但对梨、苹果、海棠、石楠等则危害颇巨，故应注意防治，最好避免在苹果、梨园等附近种植。

3. 分布状况

圆柏产于内蒙古乌拉山、河北、山西、山东、江苏、浙江、福建、安徽、江西、河南、陕西南部、甘肃南部、四川、湖北西部、湖南、贵州、广东、广西北部及云南等地，西藏也有栽培。朝鲜、日本也有分布。

4. 园林用途

在华北及长江下游海拔 500 米以下，中上游海拔 1000 米以下排水良好之山地可选用圆柏造林。圆柏树可以群植草坪边缘作背景，或丛植于片林、镶嵌树丛的边缘、建筑附近。在庭园中用途极广，可作绿篱、行道树，还可以作桩景、盆景材料。

三、 榕树

榕树（*Ficus microcarpa* Linn. F.）为桑科、榕属大乔木。

榕树为福建省省树，也是福州、赣州的市树。

1. 形态特征

榕树高达 15～25 米，胸径达 50 厘米，冠幅广展；老树常有锈褐色气根。树皮深灰色（图 2-3）。

叶薄革质，狭椭圆形，长 4～8 厘米，宽 3～4 厘米，先端钝尖，基部楔形，表面深绿色，干后深褐色，有光泽，全缘，基生叶脉延长，侧脉 3～10 对；叶柄长 5～10 毫米，无毛；托叶小，披针形，长约 8 毫米。

榕果成对腋生或生于已落叶枝叶腋，成熟时黄或微红色，扁球形，直径 6～8 毫米，无总梗，基生苞片 3，广卵形，宿存；雄花、雌花、瘿花同生于一榕果内，花间有少许短刚毛；雄花无柄或具柄，散生内壁，花丝与花药等长；雌花与瘿花相似，花被片 3，广卵形，花柱近侧生，柱头短，棒形。瘦果卵圆形。花期 5～6 月。

图 2-3 榕树的植株

2. 生长习性

榕树的适应性强，喜疏松肥沃的酸性土，在瘠薄的沙质土中也能生长，在碱土中叶片黄化。不耐旱，较耐水湿，短时间水涝不会烂根。在干燥的气候条件下生长不良，在潮湿的空气中能发生大气生根，使观赏价值大大提高。喜阳光充足、温暖湿润气候，怕烈日曝晒。不耐寒，除华南地区外多作盆栽。

3. 分布状况

榕树产于我国台湾、浙江（南部）、福建、广东（及沿海岛屿）、广西、湖北（武汉至十堰栽培）、贵州、云南［海拔 174～1240(1900)米］。斯里兰卡、印度、缅甸、泰国、越南、马来西亚、菲律宾、日本、巴布亚新几内亚和澳大利亚北部、东部直至加罗林群岛也有分布。

4. 园林用途

在华南和西南等亚热带地区可用榕树来美化庭园，露地栽培，从树冠上垂挂下来的气生根能为园林环境创造出热带雨林的自然景观。大型盆栽植株通过造型可装饰厅、堂、馆、舍，也可在小型古典式园林中摆放；树桩盆景可用来布置家庭居室、办公室及茶室，也可常年在公共场所陈设，不需要精心管理和养护。

四、 龙须柳

龙须柳（*Salix matsudana*）为杨柳科、柳属植物。龙须柳是优良的绿化树种，是我国北方平原地区最常见的乡土树种之一，环境适应性强，栽培简单。

常见的变种有龙爪柳（*cv. tortuosa*）。其特点为枝条扭曲向上，甚为奇特，但生长势较弱，树体较小，易遭虫害，寿命短。

1. 形态特征

落叶乔木，高达 20 米，树冠圆卵形或倒卵形。

树皮灰黑色，纵裂（图 2-4）。枝条斜展，小枝淡黄色或绿色，

图 2-4　龙须柳的植株

无毛，枝顶微垂，无顶芽。

叶互生，披针形至狭披针形，先端长渐尖，基部楔形，缘有细锯齿，叶背有白粉。托叶披针形，早落。

雌雄异株，荑荑花序。花期 3 月，4～5 月果熟。种子细小，基部有白色长毛。

2. 分布状况

我国分布甚广，东北、华北、西北及长江流域各地区均有分布，而黄河流域为其分布中心，是我国北方平原地区最常见的乡土树种之一。垂直分布在海拔 1500 米以下地区。

五、 垂枝榆

垂枝榆（*Ulmuspumila* cv. *Pendula*）为榆科、榆属落叶小乔木。1974 年新疆林业厅组织林业科技人员在甘肃省境内采集种条引种到新疆，次年嫁接繁殖试验成功。是从我国广为栽培的白榆中选出的栽培品种。

1. 形态特征

树皮灰色，不规则纵裂（图 2-5）；小枝幼时有细毛或几无毛，后变无毛。

叶卵形或卵状椭圆形，长 4～15（常 7～12）厘米，中部或中下部较宽，先端渐尖，基部极偏斜，一边楔形，一边半圆形至半心脏形，边缘具重锯齿，侧脉每边 12～22 条。叶面除主脉凹陷处有疏毛外，余处无毛，叶背有毛或近无毛，脉腋常有簇生毛，叶柄长 5～9 毫米，上面有毛。

花果期 3～4 月。果核部分位于翅果近中部。

2. 生长习性

喜光，耐寒，抗旱，喜肥沃、湿润而排水良好的土壤，不耐水湿，但能耐干旱瘠薄和盐碱土壤。主根深，侧根发达，抗风，保土力强，萌芽力强，耐修剪。

图 2-5　垂枝榆的植株

3. 分布状况

我国东北、西北、华北地区均有分布。

4. 园林用途

垂枝榆枝条下垂，使植株呈塔形。通常用白榆作高位嫁接，宜布置于门口或建筑入口两旁等处作对栽，或在建筑物边、道路边作行列式种植。

六、雪松

雪松[*Cedrus deodara*（Roxb.）G. Don]是松科、雪松属常绿乔木。

1. 形态特征

树冠尖塔形，高达 30 米左右，胸径可达 3 米（图 2-6）。树皮深灰色，裂成不规则的鳞状片；枝平展、微斜展或微下垂，基部宿存芽鳞向外反曲，小枝常下垂。一年生长枝淡灰黄色，密生短绒毛，微有白粉；二、三年生枝呈灰色、淡褐灰色或深灰色。

图 2-6 雪松的植株

叶在长枝上辐射伸展，短枝之叶成簇生状（每年生出新叶 15～20 枚），叶针形，坚硬，淡绿色或深绿色，长 2.5～5 厘米，宽 1～1.5 毫米，上部较宽，先端锐尖，下部渐窄，常成三棱形，稀背脊明显。叶之腹面两侧各有 2～3 条气孔线，背面 4～6 条，幼时气孔线有白粉。

雄球花长卵圆形或椭圆状卵圆形，长 2～3 厘米，径约 1 厘米；雌球花卵圆形，长约 8 毫米，径约 5 毫米。球果成熟前淡绿色，微有白粉，熟时红褐色，卵圆形或宽椭圆形，长 7～12 厘米，径 5～9 厘米，顶端圆钝，有短梗。中部种鳞扇状倒三角形，长 2.5～4 厘米，宽 4～6 厘米，上部宽圆，边缘内曲，中部楔状，下部耳形，基部爪状，鳞背密生短绒毛；苞鳞短小。种子近三角状，种翅宽大，较种子为长，连同种子长 2.2～3.7 厘米。10～11 月开花。球果翌年成熟，椭圆状卵形，熟时赤褐色。

2. 生长习性

在气候温和凉润、土层深厚、排水良好的酸性土壤上生长旺盛。喜阳光充足，也稍耐阴。生于北部暖温带落叶阔叶林区，南部暖带落叶阔叶林区，中亚热带常绿、落叶阔叶林区和常绿阔叶混交林区。雪松喜年降水量 600～1000 毫升的暖温带至中亚热带气候，在我国长江中下游一带生长最好。

3. 分布状况

雪松原产于亚洲西部、喜马拉雅山西部、地中海沿岸，现分布于阿富汗至印度海拔 1300～3300 米地带。在我国，北京、旅顺、大连、青岛、徐州、上海、南京、杭州、南平、庐山、武汉、长沙、昆明等地已广泛栽培作庭园树。

4. 园林用途

雪松是世界著名的庭园观赏树种之一。它具有较强的防尘、减噪与杀菌能力，也适宜作工矿企业绿化树种。雪松树体高大，树形优美，最适宜孤植于草坪中央、建筑前庭之中心、广场中心或主要建筑物的两旁及园门的入口等处。其主干下部的大枝自近地面处平展，长年不枯，能形成繁茂雄伟的树冠，列植于园路的两旁，形成甬道，亦极为壮观。

第三章

花灌木

第一节　花灌木的特点与用途

花灌木是指以观花为主的灌木类植物。其造型多样，能营造出五彩景色，被视为园林景观的重要组成部分。适合于湖滨、溪流、道路两侧和公园布置，及小庭院点缀和盆栽观赏，还常用于切花和制作盆景。修剪是促进花灌木健康生长的关键措施之一，只有恰当的修剪才能使其繁花不断。

一、 花灌木的特点

1. 花灌木在园林绿化应用中的优点

花灌木作为一种园林设计手法被大量应用于园林绿化中，它体现的不仅是植物的自然美、个体美，而且通过人工修剪造型的办法，体现了植物的修剪美、群体美。

① 花灌木栽植造景在园林上应用时，主要靠修剪造型，因此土壤肥水不均造成的苗势强弱对整体效果影响不大。

② 和一、二年生草花或多年生草本地被植物相比，花灌木有一劳永逸的作用。为保证效果，有的一、二年生草花1年要更换2～3次，一些草坪草除了管理费工、费时、费水外，一般最佳观赏期较短，若不更换则会出现根系盘结、草坪老化等问题，影响观赏效果，运用密集栽植法栽植小灌木，其效果则明

显、持久。

③ 抗病虫害，抗旱，管理简易。由于花灌木是木本植物，根系较深，因此较草本植物耐旱。栽植后，前期浇水、喷水，保证成活后，后期基本可以粗放管理。进入正常管理后，即使在旺盛生长季节修剪次数也仅 1～2 次/月，比高羊茅、早熟禾等混播的冷季型草修剪次数要少。

2. 花灌木在园林绿化应用中的缺点

① 一次栽植时投资略高于草坪。

② 主要靠修剪出效果，不能完全放任生长。

③ 花灌木的色彩比较少，与草花的自然形态及颜色相比都颇为逊色。

④ 花灌木虽具草坪观赏效果，但不能取代草坪，它仅被应用于面积有限、管理水平高的空地。

二、 花灌木的用途

花灌木栽植造景的作用和效果虽不及草坪和草本地被植物，但也因其具有便于管理、效果好的优点被广泛应用于园林绿化的重要场所，替代草坪和草花而产生较高水平的园林艺术效果，以满足现代城市园林绿化建设的需要。

① 代替草坪成为地被覆盖植物。对大面积的空地，利用小灌木一棵一棵紧密栽植，而后对植株进行修剪，使其平整划一，也可随地形不同有起伏。虽是灌木，但整体组合却是一片"立体草坪"效果，成为园林绿化中的背景和底色。

② 草花组合成色块和各种图案。一些小灌木的叶、花、果具有不同的色彩，可运用小灌木密集栽植法组合成寓意不同的曲线、色块、花形等，这些图案在园林绿地中或大片草坪中起到画龙点睛的作用。

③ 对一些形状各异的花坛，采用小灌木密集栽植法进行绿化美化，形成花境、花坛，会产生不同的视觉效果。

第二节　常见花灌木举例

一、灌木月季

月季（*Rosa chinensis* Jacq.）为蔷薇科、蔷薇属常绿、半常绿低矮灌木，被称为花中皇后，又称"月月红"。四季开花，可作为观赏植物，也可作药用植物。现代月季花型多样，有单瓣和重瓣，还有高心卷边等优美花型；其色彩艳丽、丰富，不仅有红、粉、黄、白等单色，还有混色、银边等品种；多数品种有芳香。月季的品种繁多，全世界已有近万种，我国也有千种以上。

月季花荣秀美，姿色多样，四时常开，深受人们的喜爱，我国有52个城市将其选为市花，1985年5月月季被评为我国十大名花之五。

1. 形态特征

月季花高1～2米；小枝粗壮，圆柱形，近无毛，有短粗的钩状皮刺。

小叶3～5，稀7，连叶柄长5～11厘米。小叶片宽卵形至卵状长圆形，长2.5～6厘米，宽1～3厘米，先端长渐尖或渐尖，基部近圆形或宽楔形，边缘有锐锯齿，两面近无毛，上面暗绿色，常带光泽，下面颜色较浅。顶生小叶片有柄，侧生小叶片近无柄，总叶柄较长，有散生皮刺和腺毛。托叶大部贴生于叶柄，仅顶端分离部分成耳状，边缘常有腺毛。

花几朵集生，稀单生，直径4～5厘米。花梗长2.5～6厘米，近无毛或有腺毛，萼片卵形，先端尾状渐尖，有时呈叶状，边缘常有羽状裂片，稀全缘，外面无毛，内面密被长柔毛。花瓣重瓣至半重瓣，红色、粉红色至白色，倒卵形，先端有凹缺，基部楔形。花柱离生，伸出萼筒口外，约与雄蕊等长（图3-1）。果卵球形或梨形，长1～2厘米，红色，萼片脱落。花期4～9月，果期6～

11 月。

2. 生长习性

月季花对气候、土壤要求虽不严格，但以疏松、肥沃、富含有机质、微酸性、排水良好的壤土较为适宜。性喜温暖、日照充足、空气流通的环境。大多数品种最适温度白天为 15～26℃，晚上为 10～15℃。冬季气温低于 5℃即进入休眠。有的品种能耐−15℃的低温和 35℃的高温；夏季温度持续 30℃以上时，即进入半休眠状态，植株生长不良，虽也能孕蕾，但花小瓣少，色暗淡而无光泽，失去观赏价值。

图 3-1　月季

3. 分布状况

我国是月季花的原产地之一，主要分布于湖北、四川和甘肃等省的山区，尤以上海、南京、常州、天津、郑州和北京等市种植最多。

4. 园林用途

月季花在园林绿化中，有着不可或缺的地位。月季是南北园林中使用次数最多的一种花卉。月季花是春季主要的观赏花卉，其花期长，观赏价值高，价格低廉，可用于园林布置花坛、花境、庭院，可制作月季盆景，也可作切花、花篮、花束等。月季因其攀援生长的特性，主要用于垂直绿化，在美化园林街景环境方面具有独特的作用。如能构成赏心悦目的能道和花柱，做成各种拱形、网格形、框架式架子供月季攀附，再经过适当的修剪整形，可装饰建筑物。

二、　牡丹

牡丹（*Paeonia suffruticosa* Andr.）是芍药科、芍药属多年生落叶小灌木。花色泽艳丽，富丽堂皇，素有"花中之王"的美誉。牡丹花大而香，故又有"国色天香"之美誉。

唐代刘禹锡有诗曰："庭前芍药妖无格，池上芙蕖净少情。唯有牡丹真国色，花开时节动京城。"牡丹是我国特有的木本名贵花卉，有数千年的自然生长和 1500 多年的人工栽培历史。在清代末年，牡丹就曾被当作我国的国花。1985 年 5 月牡丹被评为我国十大名花之一。

牡丹大体分野生种、半野生种及园艺栽培种几种类型。

栽培牡丹有牡丹系、紫斑牡丹系、黄牡丹系等品系，通常分为墨紫色、白色、黄色、粉色、红色、紫色、雪青色、绿色八大色系，按照花期又分为早花、中花、晚花类，依花的结构分为单花、台阁两类，又有单瓣、重瓣、千叶之异。牡丹栽培和研究愈来愈兴旺，品种也越来越丰富，我国产有五百余种，著名品种有姚黄、魏紫、赵粉、二乔、梨花雪、金轮黄、冰凌罩红石、瑶池春、掌花案、首案红、葛巾紫、蓝田玉、乌龙卧墨池、豆绿等等。清程先贞咏"春烟笼宝墨，入夜看来难。恐奏清平调，杨妃砚滴干"，足见此时已有色与暗夜无异的黑牡丹品种出现，而江苏盐城便仓产的枯枝牡丹，竟然"奇在一放十二瓣，如果是闰年，就一定是十三瓣，而且枝干枯黄……一离开便仓，花即变种"。

1. 形态特征

牡丹茎高达 2 米；分枝短而粗。

叶通常为二回三出复叶，偶尔近枝顶的叶为 3 小叶；顶生小叶宽卵形，长 7～8 厘米，宽 5.5～7 厘米，3 裂至中部，裂片不裂或 2～3 浅裂，表面绿色，无毛，背面淡绿色，有时具白粉，沿叶脉疏生短柔毛或近无毛，小叶柄长 1.2～3 厘米；侧生小叶狭卵形或长圆状卵形，长 4.5～6.5 厘米，宽 2.5～4 厘米，不等 2 裂至 3 浅裂或不裂，近无柄。叶柄长 5～11 厘米，和叶轴均无毛。

花单生枝顶，直径 10～17 厘米；花梗长 4～6 厘米；苞片 5，长椭圆形，大小不等；萼片 5，绿色，宽卵形，大小不等；花瓣 5，或为重瓣，玫瑰色、红紫色、粉红色至白色，通常变异很大，倒卵形，长 5～8 厘米，宽 4.2～6 厘米，顶端呈不规则的波状（图 3-2）。雄蕊长 1～1.7 厘米，花丝紫红色、粉红色，上部白色，长约 1.3 厘米，花药长圆形，长 4 毫米；花盘革质，杯状，紫红色，顶端有数个锐齿或裂片，完全包住心皮，在心皮成熟时开裂；心皮 5，稀更多，密生柔毛。蓇葖长圆形，密生黄褐色硬毛。花期 5 月，果期 6 月。

图 3-2　牡丹

2. 生长习性

牡丹性喜温暖、凉爽、干燥、阳光充足的环境。喜阳光，耐半阴，耐寒，耐干旱，耐弱碱，忌积水，怕热，怕烈日直射。适宜在疏松、深厚、肥沃、地势高燥、排水良好的中性沙壤土中生长；酸性或黏重土壤中生长不良。

充足的阳光对其生长较为有利，但不耐夏季烈日暴晒，温度在25℃以上则会使植株呈休眠状态。开花适温为 17～20℃，但花前必须经过 1～10℃的低温处理 2～3 个月才可。最低能耐－30℃的低温，但北方寒冷地带冬季需采取适当的防寒措施，以免受到冻害。南方的高温高湿天气对牡丹生长极为不利，因此，南方栽培牡丹需给其提供特定的环境条件。

3. 分布状况

我国牡丹资源特别丰富，全国各地均有牡丹种植。

牡丹栽培面积最大最集中的有菏泽、洛阳、彭州、北京、临夏、铜陵等。经过中原花农冬季赴粤、闽、浙、琼进行牡丹催花，牡丹在以上几个地区安家落户，使牡丹的栽植遍布全国。

4. 园林用途

牡丹花色丰富、花大而美、色香俱佳，历来为人们所喜爱。在园林中常作丛植或孤植观赏，有的制作专类花园，供作品种研究或重点绿化用，亦可盆栽作切花栽培用。

三、 丁香

丁香（*Syringa oblata* Lindl.）是木樨科、丁香属落叶灌木或小乔木，又称紫丁香、华北紫丁香、百结、情客、龙梢子。紫丁香原产于我国华北地区。在全国已有 1000 多年的栽培历史，是我国的名贵花卉。

春季盛开时硕大而艳丽的花序布满全株，芳香四溢，观赏效果甚佳，是庭园栽种的著名花木。

① 白丁香（变种）（*Syringa oblata l* var. *alba* Hort.），亦称白花丁香。花白色；叶片较小，基部通常为截形、圆楔形至近圆形，或近心形。我国长江流域以北普遍栽培。采自辽宁东南部的某些标本，过去被鉴定为 *S. dilatata* var. *alba* Wang & Skv.，可能是该

种的野生类型。

② 毛紫丁香（变种）[*Syringaoblata* var. *giraldii*（Lemoine）Re-hd]，亦称紫萼丁香。与原变种区别在于该变种的小枝、花序和花梗除具腺毛外，被微柔毛或短柔毛，或无毛；叶片基部通常为宽楔形、近圆形至截形，或近心形，上面除有腺毛外，被短柔毛或无毛，下面被短柔毛或柔毛，有时老叶脱落；叶柄被短柔毛、柔毛或无毛。

1. 形态特征

紫丁香属灌木或小乔木，高可达 5 米；树皮灰褐色或灰色。小枝黄褐色，初被短柔毛，后渐脱落。花序轴、花梗、苞片、花萼、幼叶两面以及叶柄均无毛而密被腺毛。小枝较粗，疏生皮孔。

嫩叶簇生，后对生。叶片革质或厚纸质，卵圆形至肾形，宽常大于长，长 2～14 厘米，宽 2～15 厘米，先端短凸尖至长渐尖或锐尖，基部心形、截形至近圆形，或宽楔形，上面深绿色，下面淡绿色。萌枝上叶片常呈长卵形，先端渐尖，基部截形至宽楔形。叶柄长 1～3 厘米。

圆锥花序直立，由侧芽抽生，近球形或长圆形，长 4～16（20）厘米，宽 3～7（10）厘米；花梗长 0.5～3 毫米。花萼长约 3 毫米，萼齿渐尖、锐尖或钝。花冠紫色，长 1.1～2 厘米，花冠管圆柱形，长 0.8～1.7 厘米，裂片呈直角开展，卵圆形、椭圆形至倒卵圆形，长 3～6 毫米，宽 3～5 毫米，先端内弯略呈兜状或不内弯。花药黄色，位于距花冠管喉部 0～4 毫米处（图 3-3）。

果倒卵状椭圆形、卵形至长椭圆形，长 1～1.5（2）厘米，宽 4～8 毫米，先端长渐尖，光滑。花期 4～5 月，果期 6～10 月。

2. 生长习性

丁香生于山坡丛林、山沟溪边、山谷路旁及滩地水边，海拔 300～2400 米地带。我国长江以北各庭园普遍栽培。喜温暖、湿润及阳光充足的气候，很多种类也具有一定耐寒力。

图 3-3　丁香

　　落叶后萌动前裸根移植，选土壤肥沃、排水良好的向阳处种植。喜光，稍耐阴，阴处或半阴处生长衰弱，开花稀少。对土壤的要求不严，耐瘠薄，喜肥沃、排水良好的土壤，忌在低洼地种植，积水会引起病害，直至全株死亡。

　　3. 分布状况

　　丁香分布以秦岭为中心，黑龙江、吉林、辽宁、内蒙古、河北、山东、陕西、甘肃、四川、云南和西藏均有。长江以北各庭园普遍栽培。广泛栽培于世界各温带地区。

　　4. 园林用途

　　丁香花芬芳袭人，为著名的观赏花木之一。紫丁香是我国特有的名贵花木，已有 1000 多年的栽培历史，欧、美园林中也广为栽植。

　　植株丰满秀丽，枝叶茂密，且具独特的芳香，广泛栽植于庭园、机关、厂矿、居民区等地。常丛植于建筑前、茶室凉亭周围；散植于园路两旁、草坪之中；与其他种类丁香配植成专类园，形成美丽、清雅、芳香、青枝绿叶、花开不绝的景区，效果极佳；也可盆栽、切花等用。

四、 黄刺玫

黄刺玫（*Rosa xanthina* Lindl）为蔷薇科、蔷薇属落叶灌木。辽宁省阜新市市花。晋南俗称"马茹子"。

1. 形态特征

直立灌木，高2～3米。枝粗壮，密集，披散；小枝无毛，有散生皮刺，无针刺。

小叶7～13，连叶柄长3～5厘米；小叶片宽卵形或近圆形，稀椭圆形，先端圆钝，基部宽楔形或近圆形，边缘有圆钝锯齿，上面无毛，幼嫩时下面有稀疏柔毛，逐渐脱落；叶轴、叶柄有稀疏柔毛和小皮刺；托叶带状披针形，大部贴生于叶柄，离生部分呈耳状，边缘有锯齿和腺。

花单生于叶腋，重瓣或半重瓣，黄色，无苞片；花梗长1～1.5厘米，无毛，无腺；花直径3～4（5）厘米；萼筒、萼片外面无毛，萼片披针形，全缘，先端渐尖，内面有稀疏柔毛，边缘较密；花瓣黄色，宽倒卵形，先端微凹，基部宽楔形；花柱离生，被长柔毛，稍伸出萼筒口外部，比雄蕊短很多（图3-4）。果近球形或倒卵圆形，紫褐色或黑褐色；直径8～10毫米，无毛，花后萼片反折。花期4～6月，果期7～8月。

2. 生长习性

黄刺玫喜光，稍耐阴，耐寒力强。对土壤要求不严，耐干旱和瘠薄，在盐碱土中也能生长，以疏松、肥沃土地为佳。不耐水涝。少病虫害。

3. 分布状况

我国东北、华北各地庭园常见栽培。

4. 园林用途

黄刺玫可做保持水土及园林绿化树种，观赏效果佳。果实可食、制果酱。花可提取芳香油。花、果药用，能理气活血、调经健脾。

图 3-4　黄刺玫

五、　连翘

连翘（*Forsythia suspensa*）为木樨科、连翘属落叶灌木，香港俗称一串金。连翘早春先叶开花，花开香气淡艳，满枝金黄，艳丽可爱，是早春优良观花灌木。

1. 形态特征

连翘株高约 3 米，枝干丛生，枝开展或下垂，棕色、棕褐色或淡黄褐色，小枝土黄色或灰褐色，略呈四棱形，疏生皮孔，节间中空，节部具实心髓。

叶通常为单叶，或 3 裂至三出复叶，叶片卵形、宽卵形或椭圆状卵形至椭圆形，长 2～10 厘米，宽 1.5～5 厘米，先端锐尖，基部圆形、宽楔形至楔形，叶缘除基部外具锐锯齿或粗锯齿，上面深绿色，下面淡黄绿色，两面无毛；叶柄长 0.8～1.5 厘米，无毛。

花通常单生或 2 至数朵着生于叶腋，先于叶开放；花梗长 5～6 毫米；花萼绿色，裂片长圆形或长圆状椭圆形，长（5）6～7 毫米，先端钝或锐尖，边缘具睫毛，与花冠管近等长；花冠黄色，

1～3 朵生于叶腋；裂片倒卵状长圆形或长圆形，长 1.2～2 厘米，宽 6～10 毫米（图 3-5）。在雌蕊长 5～7 毫米的花中，雄蕊长 3～5 毫米；在雄蕊长 6～7 毫米的花中，雌蕊长约 3 毫米。果卵球形、卵状椭圆形或长椭圆形，长 1.2～2.5 厘米，宽 0.6～1.2 厘米，先端喙状渐尖，表面疏生皮孔；果梗长 0.7～1.5 厘米。花期 3～4 月，果期 7～9 月。

图 3-5　连翘的植株、花

2. 生长习性

连翘喜光，有一定的耐阴性；喜温暖、湿润气候，很耐寒；耐干旱瘠薄，怕涝；不择土壤，在中性、微酸或碱性土壤中均能正常生长。在干旱阳坡或有土的石缝，甚至在基岩或紫色沙页岩的风化母质上都能生长。

连翘根系发达，虽主根不太显著，但其侧根都较粗而长，须根众多，广泛伸展于主根周围，大大增强了吸收和固土能力。连翘耐寒力强，经抗寒锻炼后，可耐受－50℃低温，其惊人的耐寒性，使其成为北方园林绿化的较好选择。连翘萌发力强、发丛快，可很快扩大其分布面，生命力和适应性都非常强。

连翘可正常生长于海拔 250～2200 米、平均气温 12.1～

17.3℃、绝对最高温 36～39.4℃、绝对最低温－4.8～14.5℃的地区，但以在阳光充足、深厚肥沃而湿润的立地条件下生长较好。

3. 分布状况

连翘产于河北、山西、陕西、山东、安徽西部、河南、湖北、四川。生于山坡灌丛、林下或草丛中，或山谷、山沟疏林中，海拔250～2200 米地带。我国除华南地区外，其他各地均有栽培。日本也有栽培。

4. 园林用途

连翘萌发力强，树冠盖度增加较快，能有效防止雨滴击溅地面，减少侵蚀，具有良好的水土保持作用，是国家推荐的退耕还林优良生态树种和黄土高原防治水土流失的最佳经济作物。连翘树姿优美，生长旺盛，早春先叶开花，且花期长、花量多，盛开时满枝金黄，芬芳四溢，令人赏心悦目，是早春优良观花灌木，可以做成花篱、花丛、花坛等，在绿化美化城市方面应用广泛，是观光农业和现代园林难得的优良树种。

六、 珍珠梅

珍珠梅 [*Sorbaria sorbifolia* (L.) A. Br] 为蔷薇科、珍珠梅属灌木。

珍珠梅星毛变种亦称星毛华楸珍珠梅（东北木本植物图志）和穗形七度灶（植物学辞典），其花序及叶轴密被星状毛，叶背具疏生星状毛，果实具疏生短柔毛。产于吉林、黑龙江，多生于海拔250～300 米山地灌木丛中。朝鲜亦有分布。

与该种近缘的种有密脉珍珠梅。原产于我国，模式标本系采自法国维里莫林树木园栽培植物。根据文献记载，密脉珍珠梅和珍珠梅的不同点在于雄蕊少（20），小叶片具 25 对以上侧脉；但未指出与华北珍珠梅的差别，未见模式标本。

1. 形态特征

珍珠梅高达 2 米，枝条开展；小枝圆柱形，稍屈曲，无毛或微被短柔毛，初时绿色，老时暗红褐色或暗黄褐色；冬芽卵形，先端圆钝，无毛或顶端微被柔毛，紫褐色，具有数枚互生外露的鳞片。羽状复叶，小叶片 11～17 枚，连叶柄长 13～23 厘米，宽 10～13 厘米，叶轴微被短柔毛；小叶片对生，相距 2～2.5 厘米，披针形至卵状披针形，长 5～7 厘米。锐重锯齿，上下两面无毛或近于无毛，羽状网脉，具侧脉 12～16 对，下面明显。小叶无柄或近于无柄；托叶叶质，卵状披针形至三角披针形，先端渐尖至急尖，边缘有不规则锯齿或全缘，长 8～13 毫米，宽 5～8 毫米，外面微被短柔毛。

顶生大型密集圆锥花序，分枝近于直立，长 10～20 厘米，直径 5～12 厘米，总花梗和花梗被星状毛或短柔毛，果期逐渐脱落，近于无毛；苞片卵状披针形至线状披针形，长 5～10 毫米，宽 3～5 毫米，先端长渐尖，全缘或有浅齿，上下两面微被柔毛，果期逐渐脱落；花梗长 5～8 毫米；花直径 10～12 毫米；萼筒钟状，外面基部微被短柔毛；萼片三角卵形，先端钝或急尖，萼片约与萼筒等长；花瓣长圆形或倒卵形，长 5～7 毫米，宽 3～5 毫米，白色（图 3-6）。雄蕊 40～50，约长于花瓣 1.5～2 倍，生在花盘边缘；心皮 5，无毛或稍具柔毛。蓇葖果长圆形，有顶生弯曲花柱，长约 3 毫米，果梗直立；萼片宿存，反折，稀开展。花期 7～8 月，果期 9 月。

2. 生长习性

珍珠梅耐寒，耐半阴，耐修剪，生长快，易萌蘖。在排水良好的砂质壤土中生长较好，是良好的夏季观花植物。

3. 分布状况

我国辽宁、吉林、黑龙江、内蒙古、河北、江苏、山西、山东、河南、陕西、甘肃均有分布，生于海拔 250～1500 米山坡疏林中。俄罗斯、朝鲜、日本、蒙古亦有分布。

4. 园林用途

珍珠梅的花、叶清丽，花期很长，盛开期又值夏季少花季节，是在园林应用上十分受欢迎的观赏树种，孤植、列植、丛植效果甚佳。

图 3-6 珍珠梅

珍珠梅多在园林中单株栽植，一般不必施肥，但必须经常灌水，特别春夏干旱时节要保持土壤湿润。入冬前灌足冬水，在高寒地区应保护越冬，其他管理均较粗放。

珍珠梅对多种有害细菌具有杀灭或抑制作用，适宜在各类园林绿地中种植。其具有耐阴的特性，因而是北方城市高楼大厦及各类建筑物北侧阴面绿化的花灌木树种。

七、 红瑞木

红瑞木（*Swida alba* Opiz）是伞形目、山茱萸科、梾木属落叶灌木。红瑞木秋叶鲜红，小果洁白，落叶后枝干红艳如珊瑚，是少有的观茎植物，也是良好的切枝材料。园林中多丛植草坪上或与常绿乔木相间种植，得红绿相映之效果。

1. 形态特征

灌木，高达 3 米；树皮紫红色（图 3-7）。幼枝有淡白色短柔毛，后即秃净而被蜡状白粉，老枝红白色，散生灰白色圆形皮孔及略为突起的环形叶痕。冬芽卵状披针形，长 3～6 毫米，被灰白色或淡褐色短柔毛。

图 3-7　红瑞木的植株

叶对生，纸质，椭圆形，稀卵圆形，长 5～8.5 厘米，宽 1.8～5.5 厘米，先端突尖，基部楔形或阔楔形，边缘全缘或波状反卷，上面暗绿色，有极少的白色平贴短柔毛，下面粉绿色，被白色贴生短柔毛，有时脉腋有浅褐色髯毛，中脉在上面微凹陷，下面凸起，侧脉 4～6 对，弓形内弯，在上面微凹下，下面凸出，细脉在两面微显明。

伞房状聚伞花序顶生，较密，宽 3 厘米，被白色短柔毛；总花梗圆柱形，长 1.1～2.2 厘米，被淡白色短柔毛；花小，白色或淡黄白色，长 5～6 毫米，直径 6～8.2 毫米，花萼裂片 4，尖三角形，长 0.1～0.2 毫米，短于花盘，外侧有疏生短柔毛；花瓣 4，卵状椭圆形，长 3～3.8 毫米，宽 1.1～1.8 毫米，先端急尖或短渐尖，上面无毛，下面疏生贴生短柔毛。雄蕊 4，长 5～5.5 毫米。着生于花盘外侧，花丝线形，微扁，长 4～4.3 毫米，无毛；花药淡黄色，2 室，卵状椭圆形，长 1.1～1.3 毫米，丁字形着生。花盘垫状，高约 0.2～0.25 毫米；花柱圆柱形，长 2～2.5 毫米，近于无毛，柱头盘状，宽于花柱。子房下位，花托倒卵形，长 1.2 毫米，直径 1 毫米，被贴生灰白色短柔毛。花梗纤细，长 2～6.5 毫米，被淡白色短柔毛，与子房交接处有关节。核果长圆形，微扁，长约 8 毫米，直径 5.5～6 毫米。成熟时乳白色或蓝白色，花柱宿存；核棱形，侧扁，两端稍尖呈喙状，长 5 毫米，宽 3 毫米，每侧有脉纹 3 条；果梗细圆柱形，长 3～6 毫米，有疏生短柔毛。花期 6～7 月，果期 8～10 月。

2. 生长习性

生于海拔 600～1700 米（在甘肃可高达 2700 米）的杂木林或针阔叶混交林中。

红瑞木喜欢潮湿温暖的生长环境，适宜的生长温度是 22～30℃，光照充足。红瑞木喜肥，在排水通畅、养分充足的环境下生长速度非常快。夏季注意排水，冬季在北方有些地区容易受冻害。

3. 分布状况

我国主要产于黑龙江、吉林、辽宁、内蒙古、河北、陕西、甘肃、青海、山东、江苏、江西等地。朝鲜、俄罗斯及欧洲其他地区也有分布。

4. 园林用途

园林中多丛植草坪上或与常绿乔木相间种植，得红绿相映之效果。枝干全年红色，是园林造景的异色树种，常引种栽培作庭园观赏植物。

八、 榆叶梅

榆叶梅（*Amygdalus triloba*），又名小桃红，因其叶片像榆树叶，花朵酷似梅花而得名。

1. 形态特征

灌木，稀小乔木，高 2～3 米；枝条开展，具多数短小枝；小枝灰色，一年生枝灰褐色，无毛或幼时微被短柔毛；冬芽短小，长 2～3 毫米。

短枝上的叶常簇生，一年生枝上的叶互生；叶片宽椭圆形至倒卵形，长 2～6 厘米，宽 1.5～3（4）厘米，先端短渐尖，常 3 裂，基部宽楔形，上面具疏柔毛或无毛，下面被短柔毛，叶边具粗锯齿或重锯齿；叶柄长5～10毫米，被短柔毛。

花1～2朵，先于叶开放，直径2～3厘米；花梗长4～8毫米；萼筒宽钟形，长3～5毫米，无毛或幼时微具毛；萼片卵形或卵状披针形，无毛，近先端疏生小锯齿；花瓣近圆形或宽倒卵形，长6～10毫米，先端圆钝，有时微凹，粉红色；雄蕊约25～30，短于花瓣；子房密被短柔毛，花柱稍长于雄蕊（图3-8）。果实近球形，直径1～1.8厘米，顶端具短小尖头，红色，外被短柔毛；果梗长5～10毫米；果肉薄，成熟时开裂；核近球形，具厚硬壳，直径1～1.6厘米，两侧几不压扁，顶端圆钝，表面具不整齐的网纹。花期4～5月，果期5～7月。

图3-8　榆叶梅的植株、花

2. 生长习性

喜光，稍耐阴，耐寒，能在−35℃下越冬。对土壤要求不严，以中性至微碱性而肥沃土壤为佳。根系发达，耐旱力强。不耐涝，抗病力强。生于低至中海拔的坡地或沟旁乔、灌木林下或林缘。

3. 分布状况

分布于黑龙江、吉林、辽宁、内蒙古、河北、山西、陕西、甘肃、山东、江西、江苏、浙江等地。我国各地多数公园内均有栽植。中亚地区也有。

4. 园林用途

榆叶梅枝叶茂密，花繁色艳，是我国北方园林、街道、路边等重要的绿化观花灌木树种。其植物有较强的抗盐碱能力。适宜种植在公园的草地、路边或庭园中的角落、水池等地。如果将榆叶梅种植在常绿树周围或种植于假山等地，其视觉效果更理想，能够让其具有良好的视觉观赏效果。与其他花色的植物搭配种植，在春秋季花盛开时候，花形、花色均极美观，各色花争相斗艳，景色宜人，是不可多得的园林绿化植物。

九、 紫薇

紫薇（*Lagerstroemia indica* L.），为千屈菜科、紫薇属落叶灌木或小乔木，别名痒痒花、痒痒树、紫金花、紫兰花、蚊子花、西洋水杨梅、百日红、无皮树。紫薇树姿优美，树干光滑洁净，花色艳丽；开花时正当夏秋少花季节，花期长，故有"百日红"之称，又有"盛夏绿遮眼，此花红满堂"的赞语，是观花、观干、观根的盆景良材。

1. 形态特征

灌木或小乔木，高可达 7 米；树皮平滑，灰色或灰褐色；枝干多扭曲，小枝纤细，具 4 棱，略成翅状。

叶互生或有时对生，纸质，椭圆形、阔矩圆形或倒卵形，长 2.5～7 厘米，宽 1～4 厘米，顶端短尖或钝形，有时微凹，基部阔楔形或近圆形，无毛或下面沿中脉有微柔毛，侧脉 3～7 对，小脉不明显；无柄或叶柄很短。

花色玫红、大红、深粉红、淡红色或紫色、白色，直径 3～4 厘米，常组成 7～20 厘米的顶生圆锥花序（图 3-9）。花梗长 3～15 毫米，中轴及花梗均被柔毛；花萼长 7～10 毫米，外面平滑无棱，但鲜时萼筒有微突起短棱，两面无毛，裂片 6，三角形，直立，无附属体；花瓣 6，皱缩，长 12～20 毫米，具长爪；雄蕊 36～42，

图 3-9 紫薇的植株、花

外面 6 枚着生于花萼上，比其余的长得多；子房 3～6 室，无毛。蒴果椭圆状球形或阔椭圆形，长 1～1.3 厘米，幼时绿色至黄色，成熟时或干燥时呈紫黑色，室背开裂；种子有翅，长约 8 毫米。花期 6～9 月，果期 9～12 月。

2. 生长习性

紫薇喜暖湿气候，喜光，略耐阴，喜肥，不论钙质土或酸性土都生长良好，尤喜深厚肥沃的砂质壤土。好生于略有湿气之地，亦耐干旱，忌涝，忌种在地下水位高的低湿地方，能抗寒，萌蘖性强。紫薇还具有较强的抗污染能力，对二氧化硫、氟化氢及氯气的抗性较强。

3. 分布状况

我国广东、广西、湖南、福建、江西、浙江、江苏、湖北、河南、河北、山东、安徽、陕西、四川、云南、贵州及吉林均有生长或栽培。原产于亚洲，广植于热带地区。

4. 园林用途

紫薇花色鲜艳美丽，花期长，寿命长，树龄有的达 200 年。

紫薇作为优秀的观花乔木，在园林绿化中，被广泛用于公园绿化、庭院绿化、道路绿化、街区城市等，在实际应用中可栽植于建筑物前、院落内、池畔、河边、草坪旁及公园中小径两旁，均很相宜。热带地区已广泛栽培为庭园观赏树，有时亦作盆景。

十、 接骨木

接骨木 (*Sambucus williamsii* Hance) 为忍冬科、接骨木属落叶灌木。

1. 形态特征

灌木或小乔木，高 5～6 米；老枝淡红褐色，具明显的长椭圆形皮孔，髓部淡褐色。

羽状复叶有小叶 2～3 对，有时仅 1 对或多达 5 对，侧生小叶片卵圆形、狭椭圆形至倒矩圆状披针形，长 5～15 厘米，宽 1.2～7 厘米，顶端尖、渐尖至尾尖，边缘具不整齐锯齿，有时基部或中部以下具 1 至数枚腺齿，基部楔形或圆形，有时心形，两侧不对称，最下一对小叶有时具长 0.5 厘米的柄。顶生小叶卵形或倒卵形，顶端渐尖或尾尖，基部楔形，具长约 2 厘米的柄，初时小叶上面及中脉被稀疏短柔毛，后光滑无毛，叶搓揉后有臭气。托叶狭带形，或退化成带蓝色的突起。

花与叶同出，圆锥形聚伞花序顶生，长 5～11 厘米，宽 4～14 厘米，具总花梗，花序分枝多成直角开展，有时被稀疏短柔毛，随即光滑无毛；花小而密；萼筒杯状，长约 1 毫米；萼齿三角状披针形，稍短于萼筒；花冠蕾时带粉红色，开后白色或淡黄色，筒短，裂片矩圆形或长卵圆形，长约 2 毫米（图 3-10）。雄蕊与花冠裂片等长，开展，花丝基部稍肥大，花药黄色；子房 3 室，花柱短，柱头 3 裂。果实红色，极少蓝紫黑色，卵圆形或近圆形，直径 3～5 毫米；分核 2～3 枚，卵圆形至椭圆形，长 2.5～3.5 毫米，略有皱纹。花期一般 4～5 月，果熟期 9～10 月。

2. 生长习性

适应性较强，对气候要求不严。以肥沃、疏松的土壤培为好。

图 3-10 接骨木的植株、花

喜光，亦耐阴，较耐寒，耐旱，忌水涝，抗污染性强。根系发达，萌蘖性强。常生于林下、灌木丛中或平原路。

3. 分布状况

接骨木在世界范围内分布极广，在我国有土产的我国接骨木，在欧洲也有西洋接骨木，甚至也有了专为园艺观赏用的金叶接骨木。

产自我国黑龙江、吉林、辽宁、河北、山西、陕西、甘肃、山东、江苏、安徽、浙江、福建、河南、湖北、湖南、广东、广西、四川、贵州及云南等地。生于海拔 540～1600 米的山坡、灌丛、沟边、路旁等地。

4. 园林用途

园林应用接骨木枝叶繁茂，春季白花满树，夏秋红果累累，是良好的观赏灌木，宜植于草坪、林缘或水边。接骨木对氟化氢的抗性强，对氯气、氯化氢、二氧化硫、醛、酮、醇、醚、苯和安息香吡啉（致癌物质）等也有较强的抗性，故可作为城市、工厂的防护林树种。

第四章

地被树种

◆ ■ 第一节　地被树的特点与用途 ◆ ■

所谓地被植物，是指某些有一定观赏价值，铺设于大面积裸露平地或坡地，或适于阴湿林下和林间隙地等各种环境覆盖地面的多年生草本和低矮丛生、枝叶密集或偃伏性或半蔓性的灌木或藤本。地被植物株丛密集、低矮，经简单管理即可用于代替草坪覆盖在地表，防止水土流失，能吸附尘土、净化空气、减弱噪声、消除污染，并具有一定观赏和经济价值。包括多年生低矮草本植物，以及一些适应性较强的低矮、匍匐型的灌木和藤本植物。草坪草是最为人们熟悉地地被植物，通常另列为一类。在地被植物的定义中，使用了"低矮"一词，低矮是一个模糊的概念，因此，又有学者将地被植物的高度标准定为1米，并认为，有些植物在自然生长条件下，植株高度超过1米，但是，它们具有耐修剪或苗期生长缓慢的特点，通过人为干预，可以将高度控制在1米以下，也视为地被植物。国外的学者则将高度标定为"From less than an inch to about 4 feet"，即1英寸到4英尺（2.5厘米到1.2米）。

一、　地被植物的特点

① 多年生植物，常绿或绿色期较长，以延长观赏和利用的时间。

② 具有美丽的花朵或果实，而且花期越长，观赏价值越高。

③ 具有独特的株型、叶型、叶色和叶色的季节性变化，从而给人以绚丽多彩的感觉。

④ 具有匍匐性或良好的可塑性，这样可以充分利用特殊的环境造型。

⑤ 植株相对较为低矮。在园林配置中，植株的高矮取决于环境的需要，可以通过修剪人为地控制株高，也可以进行人工造型。

⑥ 具有较为广泛的适应性和较强的抗逆性，耐粗放管理，能够适应较为恶劣的自然环境。

⑦ 具有发达的根系，有利于保持水土以及提高根系对土壤中水分和养分的吸收能力，或者具有多种变态地下器官，如球茎、地下根茎等，以利于储藏养分、保存营养繁殖体，从而具有更强的自然更新能力。

⑧ 具有较强或特殊净化空气的功能，如有些植物吸收二氧化硫和净化空气能力较强，有些则具有良好的隔音和降低噪声效果。

⑨ 具有一定的经济价值，如可用作药用、食用或为香料原料，可提取芳香油等。

⑩ 具有一定的科学价值，主要包括两个方面：一是有利于植物学及其相关知识的普及和推广；二是与珍稀植物和特殊种质资源的人工保护相结合。上述特性并非每一种地被植物都要全部具备，而是只要具备其中的某些特性即可。同时，在园林配置中，要善于观察和选择，充分利用这些特性，并结合实际需要进行有机组合，从而达到理想的效果。

二、 地被植物的用途

1. 适宜栽植地点

北方地区由于受气候条件的影响，园林景观的季节性变化非常明显，这为地被植物的选择应用提供了很大的空间。如何选择恰当的地被植物，增加北方园林景观的美感，延长游憩和观赏期，显得颇为重要。北方园林中适于地被植物栽植的地点大致有以下几个：

① 园林中的斜坡的、来往人较少的地被，兼有绿化美化和保持水土的功效。

② 栽培条件差的地方，如土壤贫瘠、砂石多、阳光郁闭或光照不足、风力强劲、建筑物残余基础地等场所地被植物可起到消除死角的作用。

③ 某些不允许践踏之处可借地被植物阻止入内。

④ 养护管理不方便的地方，如水源不足、剪草机械不能入内、分枝很低的大树下等地块选用覆盖能力强、耐粗放管理的地被很适宜。

⑤ 不经常有人活动的地块多集中在边角处或景点较少、园路未完全延伸到的地方，地被植物可在一定程度上弥补整体景观的缺憾。

⑥ 出于衬托景物的需要，如雕塑溪边花坛花境镶边处，可用地被植物加强立体景观效果。

⑦ 杂草猖獗的地方可利用适应强、生长迅速的地被植物人为建立起优势种群，抑制杂草滋生。此外，对于园林中乔灌木林下大片的空地，选择耐阴性好、观赏期长、观赏价值较高、耐粗放管理的地被种类，不仅能增加景观效果，又不需花太多的人力物力去养护。如北京天坛公园柏树林下成片的二月兰，早春开出蓝色的小花，甚为美观。

2. 生态配置

（1）空旷地上地被植物的应用 在应用上多以阳性地被植物为主，如太阳花、孔雀草、金盏菊、一串红、矮石竹、羽衣甘蓝、香雪球、白花三叶草、红花三叶草、银叶菊、铺地柏、爬山虎、长春花、过路黄、彩叶草、蝴蝶花等。

（2）林下地上地被植物的应用 由于林下荫浓、湿润，一般应选用阴性地被，如虎耳草、玉簪、八角金盘、桃叶珊瑚、杜鹃、紫金牛、八仙花、万年青、一叶兰、麦冬、吉祥草、活血丹等。

（3）林缘、疏林地上地被植物的应用 林缘地带、行道树树池、孤植树冠幅正投影下、疏林下往往处于半蔽荫状态，可根据不同的蔽荫程度选用各种不同的耐阴性地被植物，如十大功劳、南山竹、八仙花、爬山虎、六月雪、雀舌栀子、鸭跖草、紫鸭跖草、垂盆草、鸢尾、常春藤、蔓长春花、鹅毛竹、菲白竹等。

三、　选择标准

地被植物在园林中所具有的功能决定了地被植物的选择标准。一般说来地被植物的筛选应符合以下标准：

① 多年生，植株低矮、高度不超过 100 厘米。

② 全部生育期在露地栽培。

③ 繁殖容易，生长迅速，覆盖力强，耐修剪。

④ 花色丰富，持续时间长或枝叶观赏性好。

⑤ 具有一定的稳定性。

⑥ 抗性强，无毒，无异味。

⑦ 能够管理，即不会泛滥成灾。

第二节　常见地被树种举例

一、　沙地柏

沙地柏（*Sabina vulgaris*）为柏科、圆柏属匍匐灌木，又名叉子圆柏、新疆圆柏、爬柏、臭柏、天山圆柏、双子柏。

1. 形态特征

匍匐灌木，高不及 1 米，稀灌木或小乔木（图 4-1）。枝密，斜上伸展，枝皮灰褐色，裂成薄片脱落；一年生枝的分枝皆为圆柱形，径约 1 毫米。

叶二型，刺叶常生于幼树上，稀在壮龄树上与鳞叶并存，常交互对生或兼有三叶交叉轮生，排列较密，向上斜展，长 3～7 毫米，先端刺尖，上面凹，下面拱圆，中部有长椭圆形或条形腺体；鳞叶交互对生，排列紧密或稍疏，斜方形或菱状卵形，长 1～2.5 毫米，先端微钝或急尖，背面中部有明显的椭圆形或卵形腺体。

图 4-1　沙地柏

雌雄异株，稀同株。雄球花椭圆形或矩圆形，长 2～3 毫米，雄蕊 5～7 对，各具 2～4 花药，药隔钝三角形；雌球花曲垂或初期直立而随后俯垂。球果生于向下弯曲的小枝顶端，熟前蓝绿色，熟时褐色至紫蓝色或黑色，多少有白粉，具 1～4(5) 粒种子，多为 2～3 粒；形状各样，多为倒三角状球形，长 5～8 毫米，径 5～9 毫米，微扁，有纵脊与树脂槽。

2. 生长习性

一般分布在固定和半固定沙地上，经驯化后，在沙盖黄土丘陵地及水肥条件较好的土壤上生长良好。生长势旺，修剪后，能产生多发性侧枝，形成斜生丛状树形，在短期内形成整齐无缺的绿篱极有价值。根系发达，细根极多，10～60 厘米的土层内形成纵横交错的根系网，萌芽力和萌蘖力强。

能忍受风蚀沙埋，长期适应干旱的沙漠环境，是干旱、半干旱地区防风固沙和水土保持的优良树种。喜光，喜凉爽干燥的气候，耐寒、耐旱、耐瘠薄，对土壤要求不严，不耐涝，在肥沃通透土壤上成长较快。适应性强，扦插宜活，栽培管理简单。

3. 分布状况

分布于内蒙古、陕西、新疆、宁夏、甘肃、青海等地，主要分布于我国西北天山、祁连山等干旱贫瘠环境中。主要培育基地位于江苏、浙江、安徽、湖南等地。

4. 园林用途

沙地柏常植于坡地观赏及护坡，或作为常绿地被和基础种植，增加层次。其树形匍匐有姿，是良好的地被树种。适应性强，宜护坡固沙，作水土保持及固沙造林用树种，是华北、西北地区良好的水土保持及固沙造林绿化树种。

沙地柏地上部匍匐生长，树体低矮、冠形奇特，生长快，耐修剪，四季苍绿，且有净化空气作用，在城市园林建设中广为应用。

（1）地被　在干旱或水源不充足的地区，用沙地柏作地被栽培，不需灌水，不用修剪，节水省力。由于沙地柏小枝密集、封闭性好，所以不必除草。沙地柏抗性强，耐瘠薄，无病虫，不用施肥，四季常青，具有良好的环保优势。

（2）篱笆　沙地柏生长快、枝叶密、树体矮、不落叶、封闭严密，是用作篱笆栽培的良好材料。它既可形成优美的自然形态，又能修剪成造型篱笆。

（3）带植　在城市绿化中是常用的植物，沙地柏对污浊空气具有很强的耐力，在市区街心、路旁种植，生长良好，不碍视线，吸附尘埃，净化空气。

（4）丛植　沙地柏丛植于窗下、门旁，极具点缀效果。夏绿冬青，不遮光线，不碍视野，尤其在雪中更显生机。

（5）配植　沙地柏配植于草坪、花坛、山石、林下，可增加绿化层次，丰富观赏美感。

二、　铺地柏

铺地柏〔*Sabina procumbens*（Endl.）Iwata et Kusaka〕为柏科、圆柏属匍匐小灌木。在春季抽生新嫩枝叶时，观赏效果最佳。

1. 形态特征

铺地柏高约75厘米，冠幅逾2米。枝干贴近地面伸展，褐色，小枝密生。枝梢及小枝向上斜展（图4-2）。

图 4-2 铺地柏

叶均为刺形叶，先端尖锐，3叶交叉互轮生，条状披针形，先端渐尖成角质锐尖头，长6～8毫米，上面凹，表面有2条白色气孔带，下面基部有2个白粉气孔，气孔带常在上部汇合，绿色中脉仅下部明显，不达叶之先端，下面凸起，蓝绿色，沿中脉有细纵槽。叶基下延生长。

球果近球形，被白粉，成熟时黑色，径8～9毫米，有2～3粒种子；种子长约4毫米，有棱脊。

2. 生长习性

阳性树，能在干燥的砂地上生长良好，喜石灰质的肥沃土壤，忌低湿地点。

3. 分布状况

铺地柏原产于日本。我国黄河流域至长江流域广泛栽培，青岛、庐山、昆明及华东地区各大城市引种栽培作观赏树。主要繁殖培育基地有江苏、浙江、安徽、湖南、河南等地。

4. 园林用途

在园林中可配植于岩石园或草坪角隅，也是缓土坡的良好地被植物，亦经常盆栽观赏。匍匐枝悬垂倒挂，古雅别致，是制作悬崖式盆景的良好材料。

日本庭院中在水面上的传统配植技法"流枝",即用本种造成。有"银枝""金枝""多枝"等栽培变种。铺地柏盆景可对称地陈放在厅室几座上,也可放在庭院台坡上或门廊两侧,枝叶翠绿、蜿蜒匍匐,颇为美观。生长季节不宜长时间放在室内,可移放在阳台或庭院中。

我国各地园林中常见栽培,亦为常见桩景材料之一。铺地柏对污浊空气具有很强的耐力,在城市绿化中是常用的植物,于市区街心、路旁种植,生长良好,不碍视线,吸附尘埃,净化空气。丛植于窗下、门旁,极具点缀效果。夏绿冬青,不遮光线,不碍视野,尤其在雪中更显生机。与洒金柏配植于草坪、花坛、山石、林下,可增加绿化层次,丰富观赏美感。

三、　百里香

百里香（*Thymus mongolicus* Ronn）为唇形科、百里香属半灌木。欧洲传统认为百里香象征勇气,所以中世纪经常用它赠给出征的骑士。在我国称其为地椒、地花椒、山椒、山胡椒、麝香草等,产于西北地区。元朝的《居家必用事类全集》中,记有用百里香加入驼峰驼蹄调味。李时珍《本草纲目》记载:"味微辛,土人以煮羊肉食,香美。"

1. 形态特征

茎多数,匍匐或上升;不育枝从茎的末端或基部生出,匍匐或上升,被短柔毛。花枝高 (1.5)2～10 厘米,在花序下密被向下曲或稍平展的疏柔毛,下部毛变短而疏,具 2～4 叶对,基部有脱落的先出叶。

叶为卵圆形,长 4～10 毫米,宽 2～4.5 毫米,先端钝或稍锐尖,基部楔形或渐狭,全缘或稀有 1～2 对小锯齿,两面无毛,侧脉 2～3 对,在下面微突起,腺点多少有些明显,叶柄明显,靠下部的叶柄长约为叶片 1/2,在上部则较短。苞叶与叶同形,边缘在下部 1/3 具缘毛。

花序头状,多花或少花,花具短梗。花萼管状钟形或狭钟形,长4～4.5毫米，下部被疏柔毛，上部近无毛，下唇较上唇长或与上唇近相等，上唇齿短，齿不超过上唇全长1/3，三角形，具缘毛或无毛。花冠紫红、紫或淡紫、粉红色，长6.5～8毫米，被疏短柔毛，冠筒伸长，长4～5毫米，向上稍增大（图4-3）。小坚果近圆形或卵圆形，压扁状，光滑。花期7～8月。

图4-3　百里香的植株、花

2. 生长习性

喜温暖，喜光和干燥的环境，对土壤的要求不高，但在排水良好的石灰质土壤中生长良好，喜疏松且排水良好的土地，宜种植于向阳处。生于多石山地、斜坡、山谷、山沟、路旁及杂草丛中，海拔1100～3600米。

3. 分布状况

我国甘肃、陕西、青海、山西、河北、内蒙古等地均有分布。模式标本采自甘肃洮河盆地及青海。

4. 园林用途

百里香植株比较低矮，具有沿着地表面生长的匍匐茎，近水平伸展。茎上的不定芽能萌发出很多根系，能形成很强大的根系网，有效防止水土流失。由于百里香具有突出的耐寒、耐旱、耐瘠薄、抗病虫能力以及生长快速、花量大、花期长、具愉悦的香味等特性，它已成为城市园林绿化中不可多得的优良地被植物，并因其较强抗逆性、广泛生态多样性及克隆生长特性，在许多土壤退化严重的生境脆弱地区可形成自然的优势植物种或单优群体，在荒漠化群落组成及生态演替中发挥着重要的生态功能。

四、 匍匐栒子

匍匐栒子 (*Cotoneaster adpressus* Bois) 是蔷薇科、栒子属的一种落叶匍匐灌木。春末夏初小型花朵密集枝头，秋季红色或黑色的果实累累，缀满枝梢，其叶和果实都有很高的观赏价值。

1. 形态特征

匍匐栒子是落叶匍匐灌木，茎不规则分枝，平铺地上；小枝细瘦，圆柱形，幼嫩时具糙伏毛，逐渐脱落，红褐色至暗灰色。

叶片宽卵形或倒卵形，稀椭圆形，长 5~15 毫米，宽 4~10 毫米，先端圆钝或稍急尖，基部楔形，边缘全缘而呈波状，上面无毛，下面具稀疏短柔毛或无毛；叶柄长 1~2 毫米，无毛；托叶钻形，成长时脱落（图 4-4）。

花 1~2 朵，几无梗，直径 7~8 毫米；萼筒钟状，外具稀疏短柔毛，内面无毛；萼片卵状三角形，先端急尖，外面有稀疏短柔毛，内面常无毛；花瓣直立，倒卵形，长约 4.5 毫米，宽几与长相等，先端微凹或圆钝，粉红色。雄蕊 10~15，短于花瓣；花柱 2，离生，比雄蕊短；子房顶部有短柔毛。果实近球形，直径 6~7 毫米，鲜红色，无毛，通常有 2 小核，稀 3 小核。花期 5~6 月，果期 8~9 月。

2. 生长习性

喜光，稍耐阴，耐寒，耐干旱瘠薄，不耐水湿。

3. 分布状况

生于海拔 1900~4000 米地带。我国主要分布于陕西、甘肃、青海、湖北、四川、贵州、云南、西藏。印度、缅甸、尼泊尔均有分布。

图 4-4　匍匐栒子植株和果实

4. 园林用途

匍匐栒子有很强的覆盖能力，可片植于坡地、花坛。

五、　平枝栒子

平枝栒子（*Cotoneaster horizontalis* Decne.）为蔷薇科、栒子属半常绿匍匐灌木。

平枝栒子的主要观赏价值在于深秋的红叶。在深秋时节，平枝栒子的叶子变红，分外绚丽。因平枝栒子较低矮，远远看去，好似一团火球，很是鲜艳。在每年的深秋，在植物园里经常有摄影家被它鲜艳的红叶吸引住，对其拍照。平枝栒子的花和果实也有观赏价值。其花因开放在初夏，它的粉红花朵在群绿中却默默开放。粉花和绿叶相衬，分外绚丽。平枝栒子的果实为小红球状，终冬不落，雪天观赏，别有情趣。平枝栒子是一种很好的园林植物，特别是在园林中，和假山叠石相伴，在草坪旁、溪水畔点缀，相互映衬，景观绮丽。平枝栒子的小枝平行是一层一层的，故树形也很美。

1. 形态特征

平枝栒子属落叶或半常绿匍匐灌木，高不超过 0.5 米，枝水平开张成整齐两列状；小枝圆柱形，幼时外被糙伏毛，老时脱落，黑褐色。

叶片近圆形或宽椭圆形，稀倒卵形，长5～14毫米，宽4～9毫米，先端多数急尖，基部楔形，全缘，上面无毛，下面有稀疏平贴柔毛；叶柄长1～3毫米，被柔毛；托叶钻形，早落。

花1～2朵，近无梗，直径5～7毫米；萼筒钟状，外面有稀疏短柔毛，内面无毛；萼片三角形，先端急尖，外面微具短柔毛，内面边缘有柔毛；花瓣直立，倒卵形，先端圆钝，长约4毫米，宽3毫米，粉红色。雄蕊约12，短于花瓣；花柱常为3，有时为2，离生，短于雄蕊；子房顶端有柔毛。

果实近球形，直径4～6毫米，鲜红色，常具3小核，稀2小核（图4-5）。

花期5～6月，果期9～10月。

图4-5　平枝枸子植株和果实

2. 生长习性

喜温暖湿润的半阴环境，耐干燥和瘠薄的土地，不耐湿热，有一定的耐寒性，怕积水。

3. 分布状况

平枝枸子分布于我国陕西、甘肃、湖北、湖南、四川、贵州、安徽、云南等地。生于海拔 2000～3500 米的灌木丛中或岩石坡上。尼泊尔也有分布。

4. 园林用途

平枝枸子枝叶横展，叶小而稠密，花密集枝头，晚秋时叶色红色，红果累累，是布置岩石园、庭院、绿地和墙沿、角隅的优良材料，另外可作地被植物和制作盆景，果枝也可用于插花。

六、 偃柏

偃柏[*Sabina chinensis* (L.) Ant. var. *sargentii* (Henry) Cheng et L. K. Fu]为柏科、圆柏属匍匐灌木，枝条延地面扩展，褐色，密生小枝，枝梢及小枝向上斜展。刺形叶三叶交叉轮生，条状披针形，先端渐尖成角质锐尖头，球果近球形，被白粉，成熟时黑色。

1. 形态特征

乔木，高达 20 米，胸径达 3.5 米；树皮深灰色，纵裂，成条片开裂；幼树的枝条通常斜上伸展，形成尖塔形树冠，老则下部大枝平展，形成广圆形的树冠；树皮灰褐色，纵裂，裂成不规则的薄片脱落；小枝通常直或稍成弧状弯曲，生鳞叶的小枝近圆柱形或近四棱形，径 1～1.2 毫米（图 4-6）。

叶二型，即刺叶及鳞叶。刺叶生于幼树之上，老龄树则全为鳞叶，壮龄树兼有刺叶与鳞叶。生于一年生小枝的一回分枝的鳞叶三叶轮生，直伸而紧密，近披针形，先端微渐尖，长 2.5～5 毫米，背面近中部有椭圆形微凹的腺体。刺叶三叶交互轮生，斜展，疏松，披针形，先端渐尖，长 6～12 毫米，上面微凹，有两条白粉带。

雌雄异株，稀同株，雄球花黄色，椭圆形，长 2.5～3.5 毫米，雄蕊 5～7 对，常有 3～4 花药。

球果近圆球形，径 6～8 毫米，两年成熟，熟时暗褐色，被白粉或白粉脱落，有 1～4 粒种子；种子卵圆形，扁，顶端钝，有棱脊及少数树脂槽；子叶 2 枚，出土，条形，长 1.3～1.5 厘米，宽约 1 毫米，先端锐尖，下面有两条白色气孔带，上面则不明显。

图 4-6 偃柏植株

2. 生长习性

喜光树种，喜温凉、温暖气候及湿润土壤。喜生于中性土、钙质土及微酸性土上。在华北及长江下游海拔 500 米以下，中上游海拔 1000 米以下排水良好之山地可选用造林。

3. 分布状况

原产于日本。我国主要产于内蒙古乌拉山、河北、山西、山东、江苏、浙江、福建、安徽、江西、河南、陕西南部、甘肃南部、四川、湖北西部、湖南、贵州、广东、广西北部及云南等地，西藏也有栽培。朝鲜也有分布。

4. 园林用途

偃柏为普遍栽培的庭园树种。我国华东地区各大城市广泛引种栽培作观赏树。

七、 杠柳

杠柳（*Periploca sepium* Bunge），属萝摩科、杠柳属落叶蔓性灌木，又叫羊奶条、北五加皮、羊角桃、羊桃等。

1. 形态特征

落叶蔓性灌木，长可达 1.5 米。主根圆柱状，外皮灰棕色，内皮浅黄色。具乳汁，除花外，全株无毛；茎皮灰褐色；小枝通常对生，有细条纹，具皮孔。

叶卵状长圆形，长5～9厘米，宽1.5～2.5厘米，顶端渐尖，基部楔形，叶面深绿色，叶背淡绿色（图4-7）；中脉在叶面扁平，在叶背微凸起，侧脉纤细，两面扁平，每边20～25条；叶柄长约3毫米。

图4-7 杠柳植株

聚伞花序腋生，着花数朵；花序梗和花梗柔弱；花萼裂片卵圆形，长3毫米，宽2毫米，顶端钝，花萼内面基部有10个小腺体；花冠紫红色，辐状，张开直径1.5厘米，花冠筒短，约长3毫米，裂片长圆状披针形，长8毫米，宽4毫米，中间加厚呈纺锤形，反折，内面被长柔毛，外面无毛；副花冠环状，10裂，其中5裂延伸丝状被短柔毛，顶端向内弯。雄蕊着生在副花冠内面，并与其合生。花药彼此粘连并包围着柱头，背面被长柔毛；心皮离生，无毛，每心皮有胚珠多个，柱头盘状凸起；花粉器匙形，四合花粉藏在载粉器内，粘盘粘连在柱头上。蓇葖2，圆柱状，长7～12厘米，直径约5毫米，无毛，具有纵条纹。

种子长圆形，长约7毫米，宽约1毫米，黑褐色，顶端具白色绢质种毛；种毛长3厘米。

花期 5～6 月，果期 7～9 月。

2. 生长习性

杠柳性喜阳性，喜光，耐寒，耐旱，耐瘠薄，耐盐碱，耐阴。对土壤适应性强，具有较强的抗风蚀、抗沙埋的能力。干旱山坡、沟边、固定沙地、灌丛中、河边沙地、河谷阶地、河滩、荒地、黄土丘陵、林缘、林中、路边、山谷、山坡、田边、固定或半固定沙丘均可生长。

3. 分布状况

我国辽宁、内蒙古、华北各省市、陕西、甘肃、青海、上海、浙江、江西、湖北、广西、重庆、四川、贵州均有分布。

俄罗斯远东地区乌苏里也产。

4. 园林用途

杠柳根系发达，具有较强的无性繁殖能力，同时具有较强的抗旱性，是一种极好的固沙植物。经齐齐哈尔实验站多年观测发现，杠柳在防风、固沙、调节林内地表温度等方面作用显著。当杠柳受到强烈风蚀后，并不因根系裸露而枯死，而能继续顽强生长。在杠柳较密集的地方，每年春季都能截留大量的淤沙。最少淤沙厚度为 2～3 厘米，一般都为 6～7 厘米，最多可达 10 厘米，且杠柳的茎部并不因沙堆而影响生长，受沙埋的茎部还能演变成根系。

第五章

立体绿化植物

第一节　立体绿化的作用与形式

　　立体绿化是指充分利用不同的立地条件，选择攀援植物及其他植物栽植并依附或者铺贴于各种构筑物及其他空间结构上的绿化方式，包括立交桥、建筑墙面、坡面、河道堤岸、屋顶、门庭、花架、棚架、阳台、廊、柱、栅栏、枯树及各种假山与建筑设施上的绿化。有人也将立体绿化称之为建筑绿化，因为大部分立体绿化都运用在建筑上。护坡绿化往往是用于堤坝防水、防止泥土流失的一种绿化方式。城市飞速发展带来寸土寸金的局面，而面对绿化面积不达标、空气质量不理想、城市噪声无法隔离等难题，发展立体绿化将是绿化行业发展的大趋势。

一、　立体绿化的作用

　　城市立体绿化是城市绿化的重要形式之一，是改善城市生态环境、丰富城市绿化景观重要而有效的方式。发展立体绿化，能丰富城区园林绿化的空间结构层次和城市立体景观艺术效果，有助于进一步增加城市绿量，减小热岛效应，吸尘、减少噪声和有害气体，营造和改善城区生态环境，还能保温隔热，节约能源，也可以滞留雨水，缓解城市下水、排水压力。

二、 立体绿化的形式

立体绿化的形式可以是墙面绿化、阳台绿化、花架、棚架绿化、栅栏绿化、坡面绿化、屋顶绿化等。立体绿化植物材料的选择，必须考虑不同习性的植物对环境条件的不同需要，应根据不同种类植物本身特有的习性，选择与创造满足其生长的条件，并根据植物的观赏效果和功能要求进行设计。下面为大家介绍几种常见的立体绿化形式以及与其相适宜的植物配置。

1. 墙面绿化

墙面绿化是立体绿化中占地面积最小而绿化面积最大的一种形式，泛指用攀援或者铺贴式方法以植物装饰建筑物的内外墙和各种围墙的一种立体绿化形式。墙面绿化的植物配置应注意以下三点：

① 墙面绿化的植物配置受墙面材料、朝向和墙面色彩等因素制约。粗糙墙面，如水泥混合砂浆和水刷石墙面，则攀附效果最好；墙面光滑的，如石灰粉墙和油漆涂料，攀附比较困难；墙面朝向不同，选择生长习性不同的攀援植物。

② 墙面绿化的植物配置形式有两种：一种是规则式；另一种是自然式。

③ 墙面绿化种植形式大体分两种：一是地栽，一般沿墙面种植，带宽 50～100 厘米，土层厚 50 厘米，植物根系距墙体 15 厘米左右，苗稍向外倾斜；二是种植槽或容器栽植，一般种植槽或容器高度为 50～60 厘米，宽 50 厘米，长度视地点而定。

爬山虎、紫藤、常春藤、凌霄、络石以及爬行卫茅等植物价廉物美，有一定观赏性，可作首选；凌霄喜阳，耐寒力较差，可种在向阳的南墙下；络石喜阴，且耐寒力较强，适于栽植在房屋的北墙下；爬山虎生长快，分枝较多，种于西墙下最合适；也可选用其他花草、植物垂吊于墙面，如紫藤、葡萄、爬藤蔷薇、木香、金银花、木通、西府海棠、茑萝、牵牛花等，或果蔬类如南瓜、丝瓜、佛手瓜等。

2. 阳台绿化

阳台是建筑立面上的重要装饰部位，既是供人休息、纳凉的生活场所，也是室内与室外空间的连接通道。阳台绿化是利用各种植物材料，包括攀援植物，把阳台装饰起来，在绿化美化建筑物的同时，美化城市。阳台绿化是建筑和街景绿化的组成部分，也是居住空间的扩大部分。既有绿化建筑、美化城市的效果，又有居住者的个体爱好以及阳台结构特色的体现，因此，阳台的植物选择要注意以下三点：

① 要选择抗旱性强、管理粗放、水平根系发达的浅根性植物，以及一些中小型草、木本攀援植物或花木。

② 要根据建筑墙面和周围环境相协调的原则来布置阳台。除攀援植物外，可选择居住者爱好的各种花木。

③ 适于阳台栽植的植物材料有地锦、藤本月季、十姐妹、金银花等木本植物，牵牛花、丝瓜等草本植物，茑萝、牵牛花等耐瘠薄的植物。这样，不仅管理粗放，而且花期长，绿化美化效果较好。

3. 棚架绿化

棚架绿化的植物布置与棚架的功能和结构有关。

① 棚架从功能上可分为经济型和观赏型。经济型包括药用植物类如穿山龙、茑萝等，食用植物类如葡萄、丝瓜等；而观赏型的棚架则选用开花观叶、观果的植物。

② 棚架的结构不同，选用的植物也应不同。砖石或混凝土结构的棚架，可选择种植大型藤本植物，如紫藤、凌霄等；竹、绳结构的棚架，可种植草本的攀援植物，如牵牛花、啤酒花等；混合结构的棚架，可使用草、木本攀援植物结合种植。

4. 篱笆绿化

篱笆和栅栏是植物借助各种构件攀援生长，用以维护和划分空间区域的绿化形式。其主要作用是分隔道路与庭院、创造幽静的环境，或保护建筑物和花木不受破坏。栽植的间距以 1～2 米为宜。若是做围墙栏杆，栽植距离可适当加大。一般装饰性栏杆，高度在

50厘米以下，不需种攀援植物。保护性栏杆一般在80～90厘米以上，可选用常绿或观花的攀援植物，如藤本月季、金银花、蔷薇类等；也可以选用一年生藤本植物，如牵牛花、茑萝等。

5. 坡面绿化

坡面绿化指以环境保护和工程建设为目的，利用各种植物材料来保护具有一定落差的坡面的绿化形式。坡面绿化应注意两点。

① 河、湖护坡有一面临水、空间开阔的特点，应选择耐湿、抗风、有气生根且叶片较大的攀援类植物，不仅能覆盖边坡，还可减少雨水的冲刷，防止水土流失。例如适应性强、性喜阴湿的爬山虎，较耐寒、抗性强的常春藤等。

② 道路、桥梁两侧坡地绿化应选择吸尘、防噪、抗污染、姿态优美的植物。要求不得影响行人及车辆安全。如叶革质、油绿光亮、栽培变种较多的扶芳藤，枝叶茂盛、一年四季又都可以看到成团灿烂花朵的三角梅等。

6. 屋顶绿化

屋顶绿化（屋顶花园）是指在建筑物、构筑物的顶部、天台、露台之上进行绿化和造园的绿化形式。屋顶绿化有多种形式，主角是绿化植物，多用花灌木建造屋顶花园，实现四季花卉搭配。如春天的榆叶梅、春鹃、迎春花、栀子花、桃花、樱花；夏天的紫藤、夏鹃、石榴、含笑；秋天的海棠、菊花、桂花；冬天的茶花、蜡梅、茶梅等。当然，也可在屋顶建植草坪，如佛甲草、高羊茅、天鹅绒草、麦冬、吉祥草、美女樱、太阳花、遍地黄金或蕨类植物等。此外，也可在屋顶进行廊架绿化，利用盆栽种植南瓜、丝瓜等卷须类植物，当主茎攀援至设置的廊架顶时则长势非常好，枝繁叶茂，起到遮阳而不挡花的作用；花架植物可选择牵牛花、茑萝、金银花、藤本月季等。

7. 室内绿化

室内绿化是利用植物与其他构件以立体的方式装饰室内空间，室内立体绿化的主要方式如下：

（1）悬挂　可将盆钵、框架或具有装饰性的花篮，悬挂在窗下、门厅、门侧、柜旁，并在篮中放置吊兰、常春藤及枝叶下垂的植物。

（2）运用花搁架　将花搁板镶嵌于墙上，上面可以放置一些枝叶下垂的花木，在沙发侧上方，门旁墙面，均可安放花搁架。

（3）运用高花架　高花架占地少，易搬动，灵活方便，并且可将花木升高，弥补空间绿化的不足，是室内立体绿化理想的器具。

（4）室内植物墙　主要选择多年生常绿草本及常绿灌木，依据光照条件适当选择开花类草木本搭配，需能保持四季常绿，花叶共赏。

第二节　常见绿体绿化植物举例

一、爬山虎

爬山虎（*Parthenocissus tricuspidata*）又称捆石龙、枫藤、小虫儿卧草、红丝草、红葛、趴山虎、红葡萄藤、巴山虎，葡萄科植物。常见攀援在墙壁岩石上。爬山虎的根会分泌酸性物质腐蚀石灰岩，并且根会沿着墙的缝隙钻入其中，使缝隙过大，严重的可致墙体碎裂倒塌。

东南爬山虎（*P. austro orientalis*），叶小，5 枚；聚伞花序与叶对生。产于福建、广东。

花叶爬山虎（*P. henryana*），幼枝四棱；幼叶绿色，背面有白斑或带紫色；花序圆锥状。产于湖北、陕西。

三叶爬山虎（*P. himalayana*），叶小，3 枚。聚伞花序。产于四川。

红三叶爬山虎（*P. var. rubrifolia*），小叶较小较阔，幼时带紫色；聚伞花序较小。

五叶爬山虎（*P. quinquefolia*），幼枝圆柱状；叶小，5 枚。产于中美洲。

粉叶爬山虎（*P. thomsoni*），幼枝与幼叶均带紫色，叶背面有白粉。产于湖北。

1. 形态特征

爬山虎属多年生大型落叶木质藤本植物，其形态与野葡萄藤相似。藤茎可长达 18 米（约 60 英尺）。

表皮有皮孔，髓白色。枝条粗壮，老枝灰褐色，幼枝紫红色。枝上有卷须，卷须短，多分枝，卷须顶端及尖端有黏性吸盘，遇到物体便吸附在上面，无论是岩石、墙壁或是树木，均能吸附。

叶互生，小叶肥厚，基部楔形，变异很大，边缘有粗锯齿，叶片及叶脉对称。花枝上的叶宽卵形，长 8～18 厘米，宽 6～16 厘米，常 3 裂，或下部枝上的叶分裂成 3 小叶，基部心形。叶绿色，无毛，背面具有白粉，叶背叶脉处有柔毛，秋季变为鲜红色。幼枝上的叶较小，常不分裂（图 5-1）。浆果小球形，熟时蓝黑色，被白粉，鸟喜食。

图 5-1　爬山虎

夏季开花，花小，成簇不显，黄绿色，与叶对生。花多为两性，雌雄同株，聚伞花序常着生于两叶间的短枝上，长 4～8 厘米，较叶柄短；花 5 数；萼全缘；花瓣顶端反折，子房 2 室，每室有 2

胚珠。

花期 6 月，果期大概在 9～10 月。

2. 生长习性

爬山虎适应性强，性喜阴湿环境，但不怕强光，耐寒，耐旱，耐贫瘠，气候适应性强，在暖温带以南冬季也可以保持半常绿或常绿状态。耐修剪，怕积水，对土壤要求不严，阴湿环境或向阳处均能茁壮生长，但在阴湿、肥沃的土壤中生长最佳。它对二氧化硫和氯化氢等有害气体有较强的抗性，对空气中的灰尘有吸附能力。

爬山虎占地少、生长快，绿化覆盖面积大。一根茎粗 2 厘米的藤条，种植 2 年，墙面绿化覆盖面可达 30～50 米^2。

3. 分布状况

全世界有 15 种爬山虎；我国分布有 10 种。

原产于亚洲东部、喜马拉雅山区及北美洲，后引入其他地区，朝鲜、日本也有分布。我国的河南、辽宁、河北、山西、陕西、山东、江苏、安徽、浙江、江西、湖南、湖北、广西、广东、四川、贵州、云南、福建都有分布。

4. 园林用途

（1）观赏价值　爬山虎常攀援在墙壁或岩石上，适于配植于宅院墙壁、围墙、庭园入口等处，可用于绿化房屋墙壁、公园山石，既可美化环境，又能降温，调节空气，减少噪声。

由于爬山虎的茎叶密集，覆盖在房屋墙面上，不但可以遮挡强烈的阳光，而且由于叶片与墙面之间的空气流动，还可以降低室内温度。它作为屏障，既能减弱环境中的噪声，又能吸附飞扬的尘土。爬山虎的卷须式吸盘还能吸去墙上的水分，有助于使潮湿的房屋变得干爽；而在干燥的季节，还可以增加湿度。

爬山虎是垂直绿化的优选植物。爬山虎是最常用也是最理想的攀援植物，它依靠吸盘沿着墙壁往上爬。种植的时间长了，密集的绿叶覆盖了建筑物的外墙，就像穿上了绿装。春天，爬山虎长得郁郁葱葱；夏天，开黄绿色小花；秋天，爬山虎的叶子变成橙黄色；这就使得建筑物的色彩富于变化。

（2）园林绿化 爬山虎与其他绿化植物相比，有以下四大独特优势：

首先，爬山虎吸附攀援能力非常强。它有随生根和吸盘，因而能非常牢固地附着在平直的砖墙、水泥墙和石坡上。

其次，爬山虎生命力非常顽强，它具有广泛的适应性和较强的抗逆性，能够在土层极其瘠薄、自然环境较为恶劣的地方生长繁衍。据有关资料记载，爬山虎栽植在立交桥的角落里，尽管少见阳光，常年得不到人工养护，仍能顽强生长，只是生长速度缓慢。

再次，爬山虎生长速度快。在一般墙脚底下新植爬山虎（三年生）每年枝长可增长 2～3 米，从第 2 年起枝长又能增长 4～5 米，并且每个植株上还可长出 5～12 个分枝，可见生长十分迅速。

最后，爬山虎覆盖效果非常好。著名作家叶圣陶先生在《爬山虎的脚》一文中曾对此有非常生动细致的描述："爬山虎的叶子绿得那样新鲜，看着非常舒服，叶尖一顺儿朝下，在墙上铺得那样均匀，没有重叠起来的，也不留一点儿空隙，一阵风吹过，一墙的叶子就漾起波纹，好看得很。"

因此，在构建人与自然和谐社会的进程中，各地应充分发挥其独特优势，在其他绿化植物不易"落户"的地方，广泛栽植爬山虎，加快绿化速度，改善居住环境，提高生活质量。

在立体空间绿化方面，如楼房的墙面、围墙等，不论墙有多高多宽，爬山虎都能覆盖全墙面，但不爬栏越窗。可以在墙脚处栽几株爬山虎，特别是它在翻越墙头后又能成为绿色垂帘，绿化效果更具特色。

二、 五叶地锦

五叶地锦（*P. thomsoni*）又名五叶爬山虎，葡萄科、爬山虎属植物，别名爬墙虎。落叶大藤本。

1. 形态特征

木质藤本。小枝圆柱形，无毛。卷须总状 5～9 分枝，相隔 2 节间断与叶对生，卷须顶端嫩时尖细卷曲，后遇附着物扩大成吸盘。

叶为掌状 5 小叶，小叶倒卵圆形、椭圆形或外侧小叶椭圆形，长 5.5～15 厘米，宽 3～9 厘米，最宽处在上部或外侧小叶最宽处在近中部，顶端短尾尖，基部楔形或阔楔形，边缘有粗锯齿，上面绿色，下面浅绿色，两面均无毛或下面脉上微被疏柔毛；侧脉 5～7 对，网脉两面均不明显突出；叶柄长 5～14.5 厘米，无毛，小叶有短柄或几无柄。

花序假顶生形成主轴明显的圆锥状多歧聚伞花序，长 8～20 厘米；花序梗长 3～5 厘米，无毛；花梗长 1.5～2.5 毫米，无毛；花蕾椭圆形，高 2～3 毫米，顶端圆形；萼碟形，边缘全缘，无毛；花瓣 5，长椭圆形，高 1.7～2.7 毫米，无毛；雄蕊 5，花丝长 0.6～0.8 毫米，花药长椭圆形，长 1.2～1.8 毫米；花盘不明显；子房卵锥形，渐狭至花柱，或后期花柱基部略微缩小，柱头不扩大（图 5-2）。

图 5-2　五叶地锦植株和花

果实球形，直径 1～1.2 厘米，有种子 1～4 颗；种子倒卵形，顶端圆形，基部急尖成短喙，种脐在种子背面中部呈近圆形，腹部中棱脊突出，两侧洼穴呈沟状，从种子基部斜向上达种子顶端。

花期6～7月，果期8～10月。

2. 生长习性

喜光植物，稍耐阴，耐寒，对土壤和气候适应性强，但在肥沃的沙质壤土上生长更好。

3. 分布状况

原产于北美。我国东北、华北各地均有栽培。

4. 园林用途

五叶地锦是垂直绿化、草坪及地被绿化墙面、廊架、山石或老树干的好材料，也可作地被植物。

五叶地锦蔓茎纵横，密布气根，翠叶遍盖如屏，秋后入冬，叶色变红或黄，十分艳丽，是垂直绿化主要树种之一。适于配植宅院墙壁、围墙、庭园入口等处。

三、 藤本月季

藤本月季 (*Morden* cvs. of Chlimbers and Ramblers)，蔷薇科、蔷薇属藤性灌木，别名爬藤月季、爬蔓月季。本身无攀援器官，以茎上的钩刺或蔓靠他物攀援，需人工进行搭架或绑扎，牵引向上。

1. 形态特征

落叶藤性灌木干茎柔软细长呈藤木状或蔓状。

藤本月季姿态各异，可塑性强，短茎的品种枝长只有1米，长茎的达5米。其茎上有疏密不同的尖刺，形态有直刺、斜刺、弯刺、钩形刺，依品种而异。

单数羽状复叶，小叶5～9片，小而薄，托叶附着于叶柄上，叶梗附近长有直立棘刺1对，通常有5枚边缘有细齿且带尖端的卵形小叶，互生。

藤本月季有多种分类方法，按其生长特性来分类有直立型和攀援型。直立型，枝干粗壮，能不依附花架等支撑物直立生长，高度较低，一般在 1.5～2.5 米，可用于花篱、花屏障、花墙等处。攀援型，具有细长的茎蔓，高度 2.5～10 米，需依附花架、柱子攀援而上，主要用于花拱门、花廊、花柱等。按其开花习性有多季花、二季花和一季花三类。多季花这类品种能在生长季节里反复开花，连续开花至冬季休眠，其中有些品种不仅连续开花，而且开花量大，是园林绿化中最适合的品种，美化效果极佳，如"多特蒙德"等。二季花 5～6 月开花后，一般夏、秋初少量开花或不开花，至中秋前后再开一茬花，但花量远不如 5～6 月多。一季花一般 5～6 月开花后停止开花。

花单生、聚生或簇生，花茎从 2.5 厘米至 14 厘米不等，花型有杯状、球状、盘状、高芯等。花色有朱红、大红、鲜红、粉红、金黄、橙黄、复色、洁白、镶边色、原色、表背双色等等，十分丰富（图 5-3）。

图 5-3 藤本月季

2. 生长习性

藤本月季性喜阳光，光照不足时茎蔓细长弱软，花色变浅，花量减少。适合在肥沃、疏松、排水良好的湿润土壤中生长，土壤过湿，则易烂根。适应性强，耐寒耐旱，对土壤要求不严格，喜日照充足、空气流通、排水良好而避风的环境，盛夏需适当遮阴。多数品种最适温度白昼 15～26℃，夜间 10～15℃。较耐寒，冬季气温低于 5℃即进入休眠。如夏季高温持续 30℃以上，则多数品种开花减少，品质降低，进入半休眠状态。一般品种可耐－15℃低温。要求富含有机质、肥沃、疏松之微酸性土壤，但对土壤的适应范围较宽。空气相对湿度宜 75％～80％，但稍干、稍湿也可。需要保持空气流通，无污染，若通气不良易发生白粉病，空气中的有害气体，如二氧化硫、氯、氟化物等均对月季花有毒害。

3. 分布状况

原种主产于北半球温带、亚热带，我国为原种分布中心。现代杂交种类广布欧洲、美洲、亚洲、大洋洲，尤以西欧、北美和东亚为多。我国各地多栽培，以河南南阳最为集中，耐寒（比原种稍弱）。

4. 园林用途

藤本月季花大而香，是名贵的观赏植物，可作为棚架和阳台绿化材料，是适宜在我国大部分地区推广的攀援绿化植物。

藤本月季花多色艳，全身开花，花头众多，甚为壮观。园林中多将之攀附于各式通风良好的架、廊之上，可形成花球、花柱、花墙、花海、拱门形、走廊形等景观。

藤本月季还可以用来装饰居室，现代装修的欧式风格中就大量运用藤本月季来装饰室内。

四、铁线莲

铁线莲（*Clematis florida* Thunb.），别名铁线牡丹、番莲、金包银、山木通、番莲、威灵仙，为毛茛科、铁线莲属植物，多数为落叶或常绿草质藤本。有若干个种、变种及其品种和杂交种，可栽培供园林观赏用。铁线莲享有"藤本花卉皇后"之美称。

重瓣铁线莲 *Clematis florida* var. *plena* D. Don，与铁线莲的区别：雄蕊全部成花瓣状，白色或淡绿色，较外轮萼片为短。在我

国云南、浙江有野生，其余各地园艺上有栽培。野生于海拔高达
1700 米的山坡、溪边及灌丛中，喜阴湿环境。

1. 形态特征

草质藤本，长 1～2 米。茎棕色或紫红色，具六条纵纹，节部
膨大，被稀疏短柔毛。二回三出复叶，连叶柄长达 12 厘米；小叶
片狭卵形至披针形，长 2～6 厘米，宽 1～2 厘米，顶端钝尖，基部
圆形或阔楔形，边缘全缘，极稀有分裂，两面均不被毛，脉纹不
显；小叶柄清晰能见，短或长达 1 厘米；叶柄长 4 厘米。

花单生于叶腋；花梗长 6～11 厘米，近于无毛，在中下部生一
对叶状苞片；苞片宽卵圆形或卵状三角形，长 2～3 厘米，基部无
柄或具短柄，被黄色柔毛；花开展，直径约 5 厘米；萼片 6 枚，白
色，倒卵圆形或匙形，长达 3 厘米，宽约 1.5 厘米，顶端较尖，基
部渐狭，内面无毛，外面沿三条直的中脉形成一线状披针形的带，
密被绒毛，边缘无毛；雄蕊紫红色，花丝宽线形，无毛，花药侧
生，长方矩圆形，较花丝为短；子房狭卵形，被淡黄色柔毛，花柱
短，上部无毛，柱头膨大成头状，微 2 裂（图 5-4）。

瘦果倒卵形，扁平，边缘增厚，宿存花柱伸长成喙状，细瘦，
下部有开展的短柔毛，上部无毛，膨大的柱头 2 裂。花期 1～2 月，
果期 3～4 月。

2. 生长习性

生于低山区的丘陵灌丛中，山谷、路旁及小溪边。喜肥沃、排
水良好的碱性壤土，忌积水或夏季干旱而不能保水的土壤。耐寒性
强，可耐 -20℃ 低温。有红蜘蛛或食叶性害虫危害，需加强通风。

3. 分布状况

分布于我国广西、广东、湖南、江西。日本也有栽培。

4. 园林用途

铁线莲垂直绿化的主要方式有廊架绿亭、立柱、墙面、造型和
篱垣栅栏式。廊架绿亭式，利用花架、棚架、廊、灯柱、栅栏、拱
门等配置构成园林绿化独立的景观，既能满足游人的观赏，又能乘
凉，既增加了绿化量，又改善了环境条件。可选择那些生长旺盛、

图 5-4　铁线莲的花、果实

枝叶浓密且花朵艳丽的观赏类型。立柱式,攀援能力强,抗污染,适应性强,并具有一定耐阴能力的观赏类型,可用于各种立柱的绿化。悬挂垂吊式墙面绿化,可采用枝条长度 1 米左右的铁线莲观赏类型。篱笆栅栏式,用色彩调和的观赏类型,与蔷薇搭配,能够带给人不同凡响的景观效果。

五、 凌霄

凌霄[*Campsis grandiflora*(Thunb.)Schum.]为紫葳科、凌霄属落叶攀援藤本,别名紫葳、五爪龙、红花倒水莲、倒挂金钟、上树龙、上树蜈蚣、白狗肠、吊墙花、芰华、藤萝花。

1. 形态特征

攀援藤本;茎木质,表皮脱落,枯褐色,以气生根攀附于他物之上。

叶对生,为奇数羽状复叶;小叶 7～9 枚,卵形至卵状披针形,顶端尾状渐尖,基部阔楔形,两侧不等大,长 3～6(9)厘米,宽 1.5～3(5)厘米,侧脉 6～7 对,两面无毛,边缘有粗锯齿;叶轴长 4～13 厘米；小叶柄长 5（10）毫米。

顶生疏散的短圆锥花序，花序轴长 15～20 厘米。花萼钟状，长 3 厘米，分裂至中部，裂片披针形，长约 1.5 厘米。花冠内面鲜红色，外面橙黄色，长约 5 厘米，裂片半圆形（图 5-5）。雄蕊着生于花冠筒近基部，花丝线形，细长，长 2～2.5 厘米，花药黄色，个字形着生。花柱线形，长约 3 厘米，柱头扁平，2 裂。蒴果顶端钝。花期 5～8 月。

图 5-5　凌霄

2. 生长习性

凌霄喜充足阳光，也耐半阴。适应性较强，耐寒、耐旱、耐瘠薄，病虫害较少，但不宜暴晒或在无阳光条件下生长。以排水良好、疏松的中性土壤为宜，忌酸性土。忌积涝、湿热，一般不需要多浇水。凌霄要求土壤肥沃、排水好的沙土。凌霄不喜欢大肥，不要施肥过多，否则影响开花。较耐水湿，并有一定的耐盐碱性。

3. 分布状况

产于长江流域各地，以及河北、山东、河南、福建、广东、广西、陕西，在台湾有栽培。日本也有分布，越南、印度、巴基斯坦均有栽培。

4. 园林用途

凌霄干枝虬曲多姿，翠叶团团如盖，花大色艳，花期甚长，为庭园中棚架、花门之良好绿化材料；用于攀援墙垣、枯树、石壁，均极适宜；点缀于假山间隙，繁花艳彩，更觉动人；经修剪、整枝等栽培措施，可成灌木状栽培观赏；管理粗放，适应性强，是理想的城市垂直绿化材料。

六、 紫藤

紫藤（*Wisteria sinensis*），别名藤萝、朱藤、黄环，属豆科、紫藤属落叶攀援缠绕性大藤本植物。

常见的品种有多花紫藤、银藤、红玉藤、白玉藤、南京藤等。上海有紫藤镇、紫藤园，苏州亦有古藤。

1. 形态特征

落叶藤本。茎右旋，枝较粗壮，嫩枝被白色柔毛，后秃净；冬芽卵形。

奇数羽状复叶长 15～25 厘米；托叶线形，早落；小叶 3～6 对，纸质，卵状椭圆形至卵状披针形，上部小叶较大，基部 1 对最小，长 5～8 厘米，宽 2～4 厘米，先端渐尖至尾尖，基部钝圆或楔形，或歪斜，嫩叶两面被平伏毛，后秃净；小叶柄长 3～4 毫米，被柔毛；小托叶刺毛状，长 4～5 毫米，宿存。

总状花序发自种植一年短枝的腋芽或顶芽，长 15～30 厘米，径 8～10 厘米，花序轴被白色柔毛；苞片披针形，早落；花长 2～2.5 厘米，芳香；花梗细，长 2～3 厘米；花萼杯状，长 5～6 毫米，宽 7～8 毫米，密被细绢毛，上方 2 齿甚钝，下方 3 齿卵状三角形；花冠细绢毛，上方 2 齿甚钝，下方 3 齿卵状三角形；花冠紫色，旗瓣圆形，先端略凹陷，花开后反折，基部有 2 胼胝体，翼瓣长圆形，基部圆，龙骨瓣较翼瓣短，阔镰形，子房线形，密被绒毛，花柱无毛，上弯，胚珠 6～8 粒（图 5-6）。

荚果倒披针形，长 10～15 厘米，宽 1.5～2 厘米，密被绒毛，悬垂枝上不脱落，有种子 1～3 粒；种子褐色，具光泽，圆形，宽

图 5-6　紫藤

1.5 厘米，扁平。

花期 4 月中旬至 5 月上旬，果期 5～8 月。

2. 生长习性

紫藤为暖带及温带植物，对气候和土壤的适应性强，较耐寒，能耐水湿及瘠薄土壤，喜光，较耐阴。以土层深厚、排水良好、向阳避风的地方栽培最适宜。主根深，侧根浅，不耐移栽。紫藤生长较快，寿命很长，缠绕能力强，对其他植物有绞杀作用。

紫藤的适应能力强，耐热、耐寒，在我国从南到北都有栽培。越冬时应置于 0℃左右低温处，保持盆土微湿，使植株充分休眠。

3. 分布状况

原产于我国，朝鲜、日本亦有分布。我国华北地区多有分布，以河北、河南、山西、山东最为常见。华东、华中、华南、西北和西南地区均有栽培，普遍栽培于庭园，以供观赏。

主要培育繁殖基地有江苏、浙江、湖南等地。

4. 园林用途

我国自古即将紫藤作庭园棚架植物栽培。先叶开花，紫穗满垂缀以稀疏嫩叶，十分优美。紫藤是优良的观花藤本植物，一般应用于园林棚架，春季紫花烂漫，别有情趣，适栽于湖畔、池边、假山、石坊等处，具独特风格。盆景也常用。

紫藤为长寿树种，民间极喜种植，成年的植株茎蔓蜿蜒屈曲，开花繁多，串串花序悬挂于绿叶藤蔓之间，瘦长的荚果迎风摇曳。在庭院中用其攀绕棚架，制成花廊，或用其攀绕枯木，有枯木逢生之意。还可做成姿态优美的悬崖式盆景，置于高几架、书柜顶上，繁花满树，老桩横斜，别有韵致。

培养紫藤开花后会结出形如豆荚的果实，悬挂枝间，别有情趣。有时夏末秋初还会再度开花。花穗、荚果在翠羽般的绿叶衬托下相映成趣。一般情况下，盆栽紫藤应及时剪去残花，避免营养消耗。紫藤系落叶藤本，在其休眠期可结合修剪调整枝条布局，以保持姿态优美。

紫藤寿命长，管理粗放，只要保证充足的阳光，水肥适当，可保年年花繁叶茂。

七、 常春藤

常春藤[*Hedera nepalensis* var. *sinensis* (Tobl.) Rehd]为五加科、常春藤属多年生常绿攀援灌木。

常春藤叶形美丽，四季常青，在南方各地常用于垂直绿化。

1. 形态特征

多年生常绿攀援灌木，长 3~20 米。茎灰棕色或黑棕色，光滑，有气生根，幼枝被鳞片状柔毛，鳞片通常有 10~20 条辐射肋。

单叶互生；叶柄长 2~9 厘米，有鳞片；无托叶；叶二型；花枝上的叶椭圆状披针形、椭圆状卵形或披针形，稀卵形或圆卵形，全缘；先端长尖或渐尖基部楔形、宽圆形、心形；叶上表面深绿色，有光泽，下面淡绿色或淡黄绿色，无毛或疏生鳞片；侧脉和网脉两面均明显（图 5-7）。

伞形花序单个顶生，或 2~7 个总状排列或伞房状排列成圆锥花序，直径 1.5~2.5 厘米，有花 5~40 朵；花萼长约 2 毫

图 5-7　常春藤

米，边缘近全缘；花瓣 5，三角状卵形，长 3～3.5 毫米，淡黄白色或淡绿白色，外面有鳞片；雄蕊 5，花丝长 2～3 毫米，花药紫色；子房下位，5 室，花柱全部合生成柱状；花盘隆起，黄色。

果实圆球形，直径 7～13 毫米，红色或黄色，宿存花柱长 1～1.5 毫米。

花期 9～11 月，果期翌年 3～5 月。

2. 生长习性

阴性藤本植物，也能生长在全光照的环境中，在温暖湿润的气候条件下生长良好，不耐寒。对土壤要求不严，喜湿润、疏松、肥沃的土壤，不耐盐碱。

常攀援于林缘树木、林下路旁、岩石和房屋墙壁上，庭园中也常有栽培。

3. 分布状况

分布地区广，北自甘肃东南部、陕西南部、河南、山东，南至广东（海南岛除外）、江西、福建，西自西藏波密，东至江苏、浙江的广大区域内均有生长。越南也有分布。

4. 园林用途

在庭院中可用以攀援假山、岩石，或在建筑阴面作垂直绿化材料。在华北宜选小气候良好的稍荫环境栽植。也可盆栽供室内绿化观赏用。常春藤在绿化中已得到广泛应用，尤其在立体绿化中发挥着举足轻重的作用。它不仅可达到绿化、美化效果，同时也发挥着增氧、降温、减尘、减噪等作用，是藤本类绿化植物中用得最多的材料之一。

常春藤是室内垂吊栽培、组合栽培、绿雕栽培以及室外绿化应用的重要素材。枝叶稠密，四季常绿，耐修剪，适于做造型。

八、　络石

络石〔*Trachelospermum jasminoides*（Lindl.）Lem〕别称石龙藤、耐冬、白花藤、络石藤、软筋藤、扒墙虎、石鲮、悬石、云花、云英、云丹、云珠等，夹竹桃科常绿木质藤本。初夏 5 月开白色花，形如"万"字，芳香。

变色络石为栽培变种，其与络石的区别在于叶为圆形，杂色，具有绿色和白色，以后变成淡红色。我国广东南部有栽培。

1. 形态特征

常绿木质藤本，长达 10 米，具乳汁；茎赤褐色，圆柱形，有皮孔；小枝被黄色柔毛，老时渐无毛。

叶革质或近革质，椭圆形至卵状椭圆形或宽倒卵形，长 2～10 厘米，宽 1～4.5 厘米，顶端锐尖至渐尖或钝，有时微凹或有小凸尖，基部渐狭至钝，叶面无毛，叶背被疏短柔毛，老渐无毛；叶面中脉微凹，侧脉扁平，叶背中脉凸起，侧脉每边 6～12 条，扁平或稍凸起；叶柄短，被短柔毛，老渐无毛；叶柄内和叶腋外腺体钻形，长约 1 毫米（图 5-8）。

二歧聚伞花序腋生或顶生，花多朵组成圆锥状，与叶等长或较长；花白色，芳香；总花梗长 2～5 厘米，被柔毛，老时渐无毛；苞片及小苞片狭披针形，长 1～2 毫米；花萼 5 深裂，裂

图 5-8 络石

片线状披针形，顶部反卷，长 2～5 毫米，外面被有长柔毛及缘毛，内面无毛，基部具 10 枚鳞片状腺体；花蕾顶端钝，花冠筒圆筒形，中部膨大，外面无毛，内面在喉部及雄蕊着生处被短柔毛，长 5～10 毫米，花冠裂片长 5～10 毫米，无毛；雄蕊着生在花冠筒中部，花药箭头状，基部具耳，隐藏在花喉内；花盘环状 5 裂与子房等长；子房由 2 个离生心皮组成，无毛，花柱圆柱状，柱头卵圆形，顶端全缘；每心皮有胚珠多颗，着生于 2 个并生的侧膜胎座上。

蓇葖双生，叉开，无毛，线状披针形，向先端渐尖，长 10～20 厘米，宽 3～10 毫米；种子多颗，褐色，线形，长 1.5～2 厘米，直径约 2 毫米，顶端具白色绢质种毛；种毛长 1.5～3 厘米。

花期 3～7 月，果期 7～12 月。

2. 生长习性

络石原产于我国黄河流域以南，南北各地均有栽培。对气候的适应性强，能耐寒冷，亦耐暑热，但忌严寒。河南北部以至华北地区露地不能越冬，只宜作盆栽，冬季移入室内。华南可在露地安全越夏。喜湿润环境，忌干风吹袭。

喜弱光，亦耐烈日高温。攀附墙壁，阳面及阴面均可。对土壤的要求不严，一般肥力中等的轻黏土及沙壤土均宜，酸性土及碱性土均可生长，较耐干旱，但忌水湿，盆栽不宜浇水过多，保持土壤润湿即可。

生于山野、溪边、路旁、林缘或杂木林中，常缠绕于树上或攀援于墙壁上、岩石上，亦有移栽于园圃。

3. 分布状况

本种分布很广，山东、安徽、江苏、浙江、福建、台湾、江西、河北、河南、湖北、湖南、广东、广西、云南、贵州、四川、陕西等地都有分布。日本、朝鲜和越南也有。

4. 园林用途

络石在园林中多作地被植物，或盆栽观赏，为芳香花卉，观赏性强。络石匍匐性攀爬性较强，可搭配作色带色块绿化用。

第六章

防护林带树种

一、桉树

桉树（*Eucalyptus robusta* Smith）又称尤加利树，是桃金娘科、桉属植物的统称，约 600 余种。常绿乔木，一年内有周期性的枯叶脱落的现象，大多数品种是高大乔木，少数是小乔木，呈灌木状的很少。分为干旱硬叶乔木类型、湿润硬叶乔木类型、稀树草原类型、干旱硬叶乔木类型、高山草甸类型等。桉树种类繁多，可种植的有蓝桉、直干蓝桉、柠檬桉、大叶桉及观叶型铜钱桉 5 种。

1. 形态特征

密荫大乔木，高 20 米；树皮宿存，深褐色，厚 2 厘米，稍软松，有不规则斜裂沟；嫩枝有棱。

幼态叶对生，叶片厚革质，卵形，长 11 厘米，宽达 7 厘米，有柄；成熟叶卵状披针形，厚革质，不等侧，长 8～17 厘米，宽 3～7 厘米，侧脉多而明显，以 80°开角缓斜走向边缘，两面均有腺点，边脉离边缘 1～1.5 毫米；叶柄长 1.5～2.5 厘米。

伞形花序粗大，有花 4～8 朵，总梗压扁，长 2.5 厘米以内；花梗短，长不过 4 毫米，有时较长，粗而扁平；花蕾长 1.4～2 厘米，宽 7～10 毫米；萼管半球形或倒圆锥形，长 7～9 毫米，宽 6～8 毫米；帽状体约与萼管同长，先端收缩成喙；雄蕊长 1～1.2 厘米，花药椭圆形，纵裂。花期 4～9 月。

蒴果卵状壶形，长 1～1.5 厘米，上半部略收缩，蒴口稍扩大，果瓣 3～4，深藏于萼管内（图 6-1）。

图 6-1 桉树的植株、果

2. 生长习性

生于阳光充足的平原、山坡和路旁。桉树的树冠小，透光率高，有利于树丛下草的生长。树冠小，蒸腾作用也小，是节水树种。一般能生长在年降水量 500 毫米的地区，年降水量超过 1000 毫米生长较好。适生于酸性的红壤、黄壤和土层深厚的冲积土，但在土层深厚、疏松、排水好的地方生长良好。主根深，抗风力强。多数根颈有木瘤，有储藏养分和萌芽更新的作用。一般造林后 3～4 年即可开花结果。

3. 分布状况

桉树原产于大洋洲大陆，少部分分布于邻近的新几内亚岛、印度尼西亚以及菲律宾群岛。19 世纪引种至世界各地。主要分布中心在大洋洲。我国南部和西南部都有栽培，福建、雷州半岛、云南和四川等地有一定数量的分布。

桉树的生长环境很广，从热带到温带，有耐－18℃的二色桉、冈尼桉及耐－22℃的雪桉。从滨海到内地，从平原到高山（海拔 2000 米），年降水量 250～4000 毫米的地区都可生长。

4. 园林用途

桉树树姿优美，四季常青，生长异常迅速，抗旱能力强，宜作行道树、防风固沙林和园林绿化树种。树叶含芳香油，有杀菌驱蚊作用，可提炼香油，还是疗养区、住宅区、医院和公共绿地的良好绿化树种。

桉树人工林也是一个巨大的碳库，据研究，每公顷桉树每年可吸收 9 吨二氧化碳，同时释放氧气。在退化地上种植桉树，可使土壤结构得到改善，土壤生物量增多，并使造林地区的小气候得到改善，生态环境变化。雷州半岛过去是赤地千里，环境恶化，森林覆盖率只有 8％，1954 年开始大量营造桉树人工林，现有桉树近 300 万亩，森林覆盖率达到 24％，生态环境明显改善。

二、 华北落叶松

华北落叶松（*Larix principis-rupprechtii Mayr*）为松科、落叶松属乔木。

华北落叶松为三北防护林的主要树种之一，树形高大雄伟，株形俏丽挺拔，叶簇状如金钱，尤其秋霜过后，树叶全变为金黄色，可与南方金钱松相媲美，雌球花在授粉时呈现出鲜艳的红色、紫红色或红绿色，鲜艳的颜色一直可以保持到球果成熟前，因此具有非常高的园林观赏价值。

1. 形态特征

高达 30 米，胸径 1 米。树皮暗灰褐色（图 6-2），不规则纵裂，成小块片脱落；枝平展，具不规则细齿；苞鳞暗紫色，近带状矩圆形，长 0.8～1.2 厘米，基部宽，中上部微窄，先端圆截形，中肋延长成尾状尖头，仅球果基部苞鳞的先端露出。

种子斜倒卵状椭圆形，灰白色，具不规则的褐色斑纹，长 3～4 毫米，径约 2 毫米，种翅上部三角状，中部宽约 4 毫米，种子连翅长 1～1.2 厘米；子叶 5～7 枚，针形，长约 1 厘米，下面无气孔线。

花期 4～5 月，球果 10 月成熟。

2. 分布状况

我国特产，为华北地区高山针叶林带中的主要森林树种。分布于雾灵山海拔 1400～1800 米，东灵山、西灵山、百花山、小五台

图 6-2　华北落叶松

山、太行山海拔 1900～2500 米，以及五台山、芦芽山、管涔山、
关帝山、恒山等海拔 1800～2800 米地带。

3. 生长习性

强阳性树种，极耐寒，对土壤适应性强，但喜深厚肥沃湿润而
排水良好的酸性或中性土壤，略耐盐碱；有一定的耐湿、耐旱和耐
瘠薄能力。寿命长，根系发达，有一定的萌芽能力，抗风力较强。

4. 园林用途

华北落叶松不但树姿优美，而且季相变化丰富，在风景林的设
计中，可与一些常绿针叶树（如油松等）成片配置，秋季时可以展
现出美丽的宜人风景；也可在公园里孤植或与其他常绿针、阔叶树
配植，以供游人观赏。在大力提倡生态城市建设和增加园林中生物
多样性的今天，华北落叶松正逐步从高山走向平原，向人们展示它
的迷人风采。华北落叶松生长快，材质优良，用途广，对不良气候
的抵抗力较强，并有保土、防风的效能，可作分布区内以及黄河流
域高山地区及辽河上游高山地区的森林更新和荒山造林树种。

三、　相思树

相思树（*Acacia confusa*. Merr.）为豆科、相思子属植物，又

名台湾相思、台湾柳、相思仔。

1. 形态特征

相思树的花期比较长，从 4 月开到 10 月。花为金黄色，头状花序，比较好看。花落后结带状、扁平的荚果，种子成熟后为深褐色，比较光滑。

常绿乔木，高 6～15 米，无毛；枝灰色或褐色，无刺，小枝纤细。

苗期第一片真叶为羽状复叶，长大后小叶退化，叶柄变为叶状柄，叶状柄革质，披针形，长 6～10 厘米，宽 5～13 毫米，直或微呈弯镰状，两端渐狭，先端略钝，两面无毛，有明显的纵脉 3～5（8）条。

在种子、幼苗的阶段，可发现它的"真叶"（有别于稍后的叶柄变态成叶子形状的"假叶"）。真叶是二回羽状复叶，在相思树长大之后，叶子会退化成假叶。因为相思树生长在较干旱的地区，为了减少水分蒸发量，必须有自我保护机制。假叶是镰刀状且互生，花金黄色，闻起来有清淡的香味。

头状花序球形，单生或 2～3 个簇生于叶腋，直径约 1 厘米；总花梗纤弱，长 8～10 毫米；花金黄色，有微香；花萼长约为花冠之半；花瓣淡绿色，长约 2 毫米；雄蕊多数，明显超出花冠之外；子房被黄褐色柔毛，花柱长约 4 毫米（图 6-3）。

荚果扁平，长 4～9（12）厘米，宽 7～10 毫米，干时深褐色，有光泽，于种子间微缢缩，顶端钝而有凸头，基部楔形；种子 2～8 颗，椭圆形，压扁，长 5～7 毫米。

花期 3～10 月，果期 8～12 月。

2. 生长习性

阳性植物，需强光；生育适温 23～30℃，生长快。耐热、耐旱、耐瘠、耐酸、耐剪、抗风、抗污染，成树不易移植。

3. 分布状况

产于我国台湾、福建、广东、广西、云南。菲律宾、印度尼西亚、斐济亦有分布。

4. 园林用途

相思树生长迅速，耐干旱，为华南地区荒山造林、水土保持和

图 6-3　相思树

沿海防护林的重要树种。

四、刺槐

刺槐（*Robinia pseudoacacia* L.），又名洋槐，为豆科、刺槐属落叶乔木。冬季落叶后，枝条疏朗向上，很像剪影，造型有国画韵味。栽培变种有泓森槐、红花刺槐、金叶刺槐等。

现有刺槐品种按用途区分，大体可归结为如下几类：用材树种；园林绿化树种；饲料林树种；蜜源林树种；能源林或防护林树种；肥料树树种。各类之间存在交叉，也有其他分类方法。近些年来，国内林业科技人员也选择出来不少可供园林绿化用的刺槐新品种，具体如下：

① 直杆刺槐（*Robinia pseudoacacia* 'Bessouiana'），树干笔直挺拔，黄白色花朵。

② 金叶刺槐（*R. pseudoacacia* 'Frisia'），中等高的乔木，叶片金黄色。

③ 曲枝刺槐（*R. pseudoacacia* 'Tortuosa'），枝条扭曲生长，亦称疙瘩刺槐。

④ 柱状刺槐（*R. pseudoacacia* 'Pyramidalis'），侧枝细，树冠呈圆柱状，花白色。

⑤ 球冠刺槐（*R. pseudoacacia* 'Umbraculifera'），树冠呈圆球状，老年呈伞状。

⑥ 龟甲皮刺槐（*R. pseudoacacia* 'Stricta'），树皮呈龟甲状剥落，黄褐色。

⑦ "红花"刺槐（*R. decaisneana* L.），花冠蝶形，紫红色。南京、北京、大连、沈阳有栽培。

⑧ 无刺刺槐（*R. pseudoacacia* var. *inermis* DC），树冠开张，树形扫帚，枝条硬挺而无托叶刺。青岛、北京、大连有栽培，扦插繁殖，多用于行道树。

⑨ 小叶刺槐（*R. pseudoacacia* var. *microphylla*），小叶长1～3厘米，宽0.5～1.5厘米。复叶自顶部至基部逐渐变小，荚果长2.5～4.5厘米，宽不及1厘米，山东枣庄市有栽培。

⑩ "箭杆"刺槐（*R.* 'upright' L.），树干挺直，分枝细而稀疏，在青岛市胶南县有栽植。

⑪ "黄叶"刺槐（*R.* 'yellow' L.），在山东东营市广饶县选出，叶常年呈黄绿色。采用分株或嫁接繁殖。

⑫ 球槐，树冠呈球状至卵圆形，分支细密，近于无刺或刺极小而软。小乔木。不开花或开花极少。

⑬ 粉花刺槐，花略晕粉红。

⑭ 泓森槐，又名皖刺槐1号，是我国重要的速生用材树种，材质重而坚硬，耐磨抗冲击，抗压力强，耐水湿与腐朽，是房屋、桥梁、建筑、矿柱、机械车船制造、加工各种工具等的优良用材。泓森槐是生长最快的刺槐，被称为刺槐树之王。

1. 形态特征

落叶乔木，高10～25米；树皮灰褐色至黑褐色，浅裂至深纵裂，稀光滑。小枝灰褐色，幼时有棱脊，微被毛，后无毛；具托叶刺，长达 2 厘米；冬芽小，被毛。

羽状复叶长 10～25（40）厘米；叶轴上面具沟槽；小叶 2～12 对，常对生，椭圆形、长椭圆形或卵形，长 2～5 厘米，宽 1.5～2.2 厘米，先端圆，微凹，具小尖头，基部圆至阔楔形，全缘，上面绿色，下面灰绿色，幼时被短柔毛，后变无毛；小叶柄长 1～3 毫米；小托叶针芒状。

总状花序花序腋生，长 10～20 厘米，下垂，花多数，芳香；苞片早落；花梗长 7～8 毫米；花萼斜钟状，长 7～9 毫米，萼齿 5，三角形至卵状三角形，密被柔毛；花冠白色，各瓣均具瓣柄，旗瓣近圆形，长 16 毫米，宽约 19 毫米，先端凹缺，基部圆，反折，内有黄斑，翼瓣斜倒卵形，与旗瓣几等长，长约 16 毫米，基部一侧具圆耳，龙骨瓣镰状，三角形，与翼瓣等长或稍短，前缘合生，先端钝尖；雄蕊二体，对旗瓣的 1 枚分离；子房线形，长约 1.2 厘米，无毛，柄长 2～3 毫米，花柱钻形，长约 8 毫米，上弯，顶端具毛，柱头顶生（图 6-4）。

荚果褐色，或具红褐色斑纹，线状长圆形，长 5～12 厘米，宽

图 6-4　刺槐

1～1.3（1.7）厘米，扁平，先端上弯，具尖头，果颈短，沿腹缝线具狭翅；花萼宿存，有种子 2～15 粒；种子褐色至黑褐色，微具光泽，有时具斑纹，近肾形，长 5～6 毫米，宽约 3 毫米，种脐圆形，偏于一端。

花期 4～6 月，果期 8～9 月。

2. 生长习性

温带树种。在年平均气温 8～14℃、年降雨量 500～900 毫米的地方生长良好；特别是空气湿度较大的沿海地区，其生长快，干形通直圆满。抗风性差，在冲风口栽植的刺槐易出现风折、风倒、倾斜或偏冠的现象。

对水分条件很敏感，在地下水位过高、水分过多的地方生长缓慢，易诱发病害，造成植株烂根、枯梢甚至死亡。有一定的抗旱能力。喜土层深厚、肥沃、疏松、湿润的壤土、沙质壤土、沙土或黏壤土，在中性土、酸性土、含盐量在 0.3％ 以下的盐碱土上都可以正常生长，在积水、通气不良的黏土上生长不良，甚至死亡。喜光，不耐阴。萌芽力和根蘖性都很强。

3. 分布状况

原产于美国。17 世纪传入欧洲及非洲。我国于 18 世纪末从欧洲引入青岛栽培，现全国各地广泛栽植，甘肃、青海、内蒙古、新疆、山西、陕西、河北、河南、山东等地均有栽培。在黄河流域、淮河流域多集中连片栽植，生长旺盛。

4. 园林用途

本种根系浅而发达，适应性强，为优良固沙保土树种。华北平原的黄淮流域有较多的成片造林，其他地区多为四旁绿色和零星栽植。

刺槐树冠高大，叶色鲜绿，每当开花季节绿白相映，素雅而芳香，可作为行道树、庭荫树，也是工矿区绿化及荒山荒地绿化的先锋树种。其对二氧化硫、氯气、光化学烟雾等的抗性都较强，还有较强的吸收铅蒸气的能力。刺槐根部有根瘤，有提高地力之效。

五、 胡杨

胡杨，杨柳科、杨属，是落叶中型天然乔木，是自然界稀有的树种之一。胡杨树龄可达 200 年，树干通直，树叶奇特，阔大清香。因生长在极旱荒漠区，为适应干旱环境，生长在幼树嫩枝上的叶片狭长如柳，大树老枝条上的叶却圆润如杨。

1. 形态特征

树皮淡灰褐色，下部条裂；萌枝细，圆形，光滑或微有绒毛。芽椭圆形，光滑，褐色，长约 7 毫米。成年树小枝泥黄色，有短绒毛或无毛，枝内富含盐，嘴咬有咸味。

叶形多变化，卵圆形、卵圆状披针形、三角状卵圆形或肾形，长 25 厘米，宽 3 厘米，先端有 2～4 对粗齿牙，基部楔形、阔楔形、圆形或截形，有 2 腺点，两面同色；稀近心形或宽楔形；叶柄长 1～3 厘米光滑，微扁，约与叶片等长，萌枝叶柄极短，长仅 1 厘米，有短绒毛或光滑（图 6-5）。叶子边缘还有很多缺口，又有点像枫叶，叶革质化，枝上长毛，甚至幼树叶如柳叶，以减少水分的蒸发，故又有"变叶杨""异叶杨"之称。

雌雄异株。雄花序细圆柱形，长 2～3 厘米，轴有短绒毛，雄蕊 15～25，花药紫红色，花盘膜质，边缘有不规则齿牙；苞片略呈菱形，长约 3 毫米，上部有疏齿牙；雌花序长约 2.5 厘米，果期长达 9 厘米，花序轴有短绒毛或无毛，子房具梗、柱头宽阔，紫红色，长卵形，被短绒毛或无毛，子房柄约与子房等长，柱头 3，2 浅裂，鲜红或淡黄绿色。

蒴果长卵圆形，长 10～12 毫米，2～3 瓣裂，无毛。

花期 5 月，果期 7～8 月。

2. 生长习性

胡杨是干旱大陆性气候条件下的树种，喜光、抗热、抗大气干旱、抗盐碱、抗风沙。在湿热的气候条件和黏重土壤上生长不良。胡杨适生于沙质土壤，沙漠河流流向哪里，胡杨就长到哪里，而沙漠河流的变迁又相当频繁，于是，胡杨在沙漠中处处留下了痕迹。

图 6-5 胡杨

胡杨根系发达，地下水位不低于 4 米，胡杨能存活得很好；地下水位下降到 6～9 米，胡杨就显得萎蔫；地下水位再低，胡杨就会死亡。

胡杨长期适应极端干旱的大陆性气候，对温度大幅度变化的适应能力很强，耐高温，也较耐寒；适生于 10℃ 以上积温 2000～4500℃ 之间的暖温带荒漠气候条件下，在积温 4000℃ 以上的暖温带荒漠河流沿岸生长最为良好。能够忍耐极端最高温 45℃ 和极端最低温 −40℃ 的袭击。

胡杨耐盐碱能力较强，在 1 米以内土壤总盐量在 1‰ 以下时，生长良好；总盐量在 2‰～3‰ 时，生长受到抑制；当总盐量超过 3‰ 时，便成片死亡。

胡杨生长所需的水分主要靠潜水或河流泛滥水，所以具有伸展到浅水层附近的根系，具有强大的根压和含碳酸氢钠的树叶，因而能抗旱耐盐。胡杨是生活在沙漠中的唯一的乔木树种，它见证了我国西北干旱区走向荒漠化的过程。虽然已退缩至沙漠河岸地带，但仍然是被称为"死亡之海"的沙漠的生命之魂。在沙漠中只要看到成列的或鲜或干的胡杨，就能判断出那里曾经有水流过。

3. 分布状况

胡杨产于内蒙古西部、新疆、甘肃、青海。国外分布在蒙古、俄罗斯、埃及、叙利亚、印度、伊朗、阿富汗、巴基斯坦等地。

4. 园林用途

胡杨是荒漠地区特有的珍贵森林资源，它的首要作用在于防风固沙，创造适宜的绿洲气候和形成肥沃的土壤，被人们誉为"沙漠守护神"。胡杨对于稳定荒漠河流地带的生态平衡、防风固沙、调节绿洲气候和形成肥沃的森林土壤具有十分重要的作用，是荒漠地区农牧业发展的天然屏障。

胡杨是较古老的树种，对于研究亚非荒漠区气候变化、河流变迁、植物区系的演化以及古代经济、文化的发展都有重要的科学价值。新疆、内蒙古和甘肃西部地区，有相当一部分土地为戈壁、沙漠所占据，干燥少雨，特别是新疆南部塔里木盆地的荒漠化尤为严重。胡杨犹如一条绿色长城，紧紧牵制住流动性沙丘的扩张。在塔里木河两岸分布的天然胡杨林，构成了一道长达数百公里连绵断续的天然林带。这条天然林带，在防风固沙、调节气候、阻挡和减缓南部塔克拉玛干沙漠北移、保障绿洲农业生产和居民安定生活等方面，发挥了积极作用。大量胡杨林生长分布在河流两岸，保护了河岸，减少了土壤的侵蚀和流失，稳定了河床。胡杨林的蔽荫覆盖，一方面增强了对土壤的生物排水作用，另一方面又相对减缓了土壤上层水分的直接蒸发，抑制了土壤盐渍化的进程，从而在一定程度上起到改良土壤的作用。

六、 马尾松

马尾松（*Pinus massoniana* Lamb.）为松科、松属乔木。

1. 形态特征

乔木，高达 45 米，胸径 1.5 米；树皮红褐色，下部灰褐色，裂成不规则的鳞状块片；枝平展或斜展，树冠宽塔形或伞形，枝条每年生长一轮，但在广东南部则通常生长两轮，淡黄褐色，无白粉，稀有白粉，无毛；冬芽卵状圆柱形或圆柱形，褐色，顶端尖，芽鳞边缘丝状，先端尖或成渐尖的长尖头，微反曲（图6-6）。

图6-6 马尾松

针叶2针一束，稀3针一束，长12～20厘米，细柔，微扭曲，两面有气孔线，边缘有细锯齿；横切面皮下层细胞单型，第一层连续排列，第二层由个别细胞断续排列而成，树脂道约4～8个，在背面边生，或腹面也有2个边生；叶鞘初呈褐色，后渐变成灰黑色，宿存。

雄球花淡红褐色，圆柱形，弯垂，长1～1.5厘米，聚生于新枝下部苞腋，穗状，长6～15厘米；雌球花单生或2～4个聚生于新枝近顶端，淡紫红色。

球果卵圆形或圆锥状卵圆形，长4～7厘米，径2.5～4厘米，有短梗，下垂，成熟前绿色，熟时栗褐色，陆续脱落；中部种鳞近矩圆状倒卵形，或近长方形，长约3厘米；鳞盾菱形，微隆起或平，横脊微明显，鳞脐微凹，无刺，生于干燥环境者常具极短的刺；种子长卵圆形，长4～6毫米，连翅长2～2.7厘米；子叶5～8枚，长1.2～2.4厘米。

花期4~5月，球果翌年10~12月成熟。

2. 生长习性

阳性树种，不耐阴，喜光、喜温。适生于年温13~22℃，年降水量800~1800毫米，绝对最低温度不到一10℃的地带。根系发达，主根明显，有根菌。对土壤要求不严格，喜微酸性土壤，但怕水涝，不耐盐碱，在石砾土、沙质土、黏土中都能生长，山脊和阳坡的冲刷薄地上、陡峭的石山岩缝里都能见到马尾松的踪迹。

3. 分布状况

产于江苏（六合、仪征）、安徽（淮河流域、大别山以南）、河南、陕西、福建、广东、台湾、四川、贵州、云南。在长江下游其垂直分布于海拔700米以下，在长江中游分布于海拔1100~1200米以下，在西部分布于海拔1500米以下。越南北部有马尾松人工林。

4. 园林用途

马尾松高大雄伟，姿态古奇，适宜山涧、谷中、岩际、池畔、道旁配置和山地造林，也适合在庭前、亭旁、假山之间孤植。

七、柽柳

柽柳（*Tamarix chinensis* Lour.），别名垂丝柳、西河柳、西湖柳、红柳、阴柳，柽柳科、柽柳属落叶小乔木。柽柳枝条细柔，姿态婆娑，开花如红蓼，颇为美观。

1. 形态特征

乔木或灌木，高3~6（8）米；老枝直立，暗褐红色，光亮，幼枝稠密细弱，常开展而下垂，红紫色或暗紫红色，有光泽；嫩枝繁密纤细，悬垂。

叶鲜绿色，从生木质化生长枝上生出的绿色营养枝上的叶长圆状披针形或长卵形，长1.5~1.8毫米，稍开展，先端尖，基部背面有龙骨状隆起，常呈薄膜质；上部绿色营养枝上的叶钻形或卵状披针形，半贴生，先端渐尖而内弯，基部变窄，长1~3毫米，背面有龙骨状突起。

　　每年开花 2～3 次。每年春季开花，总状花序侧生在生木质化的小枝上，长 3～6 厘米，宽 5～7 毫米，花大而少，较稀疏而纤弱点垂，小枝亦下倾；有短总花梗，或近无梗，梗生有少数苞叶或无；苞片线状长圆形，或长圆形，渐尖，与花梗等长或稍长；花梗纤细，较萼短；花 5 出；萼片 5，狭长卵形，具短尖头，略全缘，外面 2 片，背面具隆脊，长 0.75～1.25 毫米，较花瓣略短；花瓣 5，粉红色，通常卵状椭圆形或椭圆状倒卵形，稀倒卵形，长约 2 毫米，较花萼微长，果时宿存；花盘 5 裂，裂片先端圆或微凹，紫红色，肉质；雄蕊 5，长于或略长于花瓣，花丝着生在花盘裂片间，自其下方近边缘处生出；子房圆锥状瓶形，花柱 3，棍棒状，长约为子房之半。

　　夏、秋季开花；总状花序长 3～5 厘米，较春生者细，生于当年生幼枝顶端，组成顶生大圆锥花序，疏松而通常下弯；花 5 出，较春季者略小，密生；苞片绿色，草质，较春季花的苞片狭细，较花梗长，线形至线状锥形或狭三角形，渐尖，向下变狭，基部背面有隆起，全缘；花萼三角状卵形；花瓣粉红色，直而略外斜，远比花萼长；花盘 5 裂，或每一裂片再 2 裂成 10 裂片状；雄蕊 5，长等于花瓣或为其 2 倍，花药钝，花丝着生在花盘主裂片间，自其边缘和略下方生出；花柱棍棒状，其长等于子房的 2/5～3/4（图 6-7）。蒴果圆锥形。花期 4～9 月。

　　2. 生长习性

　　喜生于河流冲积平原，海滨、滩头、潮湿盐碱地和沙荒地。

　　其耐高温和严寒；为喜光树种，不耐阴。能耐烈日曝晒，耐干又耐水湿，抗风，耐碱土，能在含盐量 1% 的重盐碱地上生长。深根性，主侧根都极发达，主根往往伸到地下水层，最深可达 10 余米，萌芽力强，耐修剪和刈割；生长较快，年生长量 50～80 厘米，4～5 年高达 2.5～3.0 米，大量开花结实，树龄可达百年以上。

　　3. 分布状况

　　野生于我国辽宁、河北、河南、山东、江苏（北部）、安徽（北部）等地；我国东部至西南部各地区都有栽培。日本、美国也

图 6-7 柽柳

有栽培。

4. 园林用途

（1）庭园观赏 柽柳枝条细柔，姿态婆娑，开花如红蓼，颇为美观。在庭院中可作绿篱用，适于水滨、池畔、桥头、河岸、堤防植之。街道、公路、河流两旁种植柽柳，绿荫垂条，别具风格。

（2）防风绿化 柽柳是可以生长在荒漠、河滩或盐碱地等恶劣环境中的顽强植物，是最能适应干旱沙漠和滨海盐土生存的优良树种之一。可用于防风固沙、改造盐碱地、绿化环境。

八、 沙枣

沙枣（*Elaeagnus angustifolia* Linn.），别名七里香、香柳、刺柳、桂香柳、银柳、银柳胡颓子、牙格达、红豆、则给毛道、给结格代，胡颓子科、胡颓子属落叶乔木或小乔木。

1. 形态特征

落叶乔木或小乔木，高 5～10 米，无刺或具刺，刺长 30～40 毫米，棕红色，发亮；幼枝密被银白色鳞片，老枝鳞片脱落，红棕色，光亮。

　　叶薄纸质，矩圆状披针形至线状披针形，长 3～7 厘米，宽 1～1.3 厘米，顶端钝尖或钝形，基部楔形，全缘，上面幼时具银白色圆形鳞片，成熟后部分脱落，带绿色，下面灰白色，密被白色鳞片，有光泽，侧脉不甚明显；叶柄纤细，银白色，长 5～10 毫米。

　　花银白色，直立或近直立，密被银白色鳞片，芳香，常 1～3 花簇生新枝基部最初 5～6 片叶的叶腋；花梗长 2～3 毫米；萼筒钟形，长 4～5 毫米，在裂片下面不收缩或微收缩，在子房上骤收缩，裂片宽卵形或卵状矩圆形，长 3～4 毫米，顶端钝渐尖，内面被白色星状柔毛；雄蕊几无花丝，花药淡黄色，矩圆形，长 2.2 毫米；花柱直立，无毛，上端甚弯曲；花盘明显，圆锥形，包围花柱的基部，无毛。

　　果实椭圆形，长 9～12 毫米，直径 6～10 毫米，粉红色，密被银白色鳞片；果肉乳白色，粉质；果梗短，粗壮，长 3～6 毫米（图 6-8）。

　　花期 5～6 月，果期 9 月。

图 6-8　沙枣

2. 生长习性

沙枣的生命力很强，具有抗旱、抗风沙、耐盐碱、耐贫瘠等特点。在山地、平原、沙滩、荒漠均能生长，对土壤、气温、湿度要求不甚严格。

野生的沙枣只分布在降水量低于 150 毫米的荒漠和半荒漠地区。

沙枣种植对热量条件要求较高，在≥10℃积温 3000℃以上地区生长发育良好，积温低于 2500℃时，结实较少。活动积温大于 5℃时才开始萌动，10℃以上时，生长进入旺季，16℃以上时进入花期。果实则主要在平均气温 20℃以上的盛夏高温期内形成。

沙枣具有耐盐碱的能力，但随盐分种类不同而异，对硫酸盐土适应性较强，对氯化物则抗性较弱。在硫酸盐土全盐量 1.5％以下时可以生长，而在氯化盐土上全盐量超过 0.4％时则不适生长。

3. 分布状况

沙枣在我国主要分布在西北各地和内蒙古西部。少量分布于华北北部、东北西部，大致在北纬 34°以北地区。天然沙枣林集中在新疆塔里木河和玛纳斯河、甘肃疏勒河、内蒙古额济纳河两岸，黄河一些大三角洲（如李化中滩、大中滩）也有分布。内陆河岸的沙枣林多呈疏林状态，面积较大，仅额济纳河西河林区就有沙枣林 69000 多亩。人工沙枣林广泛分布于新疆、甘肃、青海、宁夏、陕西和内蒙古等地，尤其新疆南部、甘肃河西走廊、宁夏中卫、内蒙古的巴彦淖尔盟和阿拉善盟、陕西的榆林等地，都有用沙枣营造的大面积农田防护林和防风固沙林。山西、河北、辽宁、黑龙江、山东、河南等地，也在沙荒地和盐碱地引种栽培。

沙枣在世界上其他地区主要分布于地中海沿岸、亚洲西部、俄罗斯和印度。

4. 园林用途

（1）插干造林　在土壤湿润、水分条件好的地方，可用插干造林。选择 2 厘米粗、1.5 米长的枝条，剪去侧枝后作为侧穗，直接插于整好地的造林地上，扦插深度一般应达 40 厘米。以春季扦插为好。插后要保持土壤湿润。

（2）植苗造林 植苗造林可在春，秋两季进行，春季为"清明"至"谷雨"，秋季为"霜降"至"立冬"，但以春季造林为好。在地下水位不超过 2～3 米的沙滩荒地或丘间低地上造林，不灌水也能成活、生长。若地下水位过深时，需有灌溉条件方可造林。土壤黏重的，要在头年耕翻整地，来年造林，沙壤土、壤质沙土地、厚覆沙地以及地表盐结皮较厚的盐渍土，都可边挖穴边栽植，不必事先整地。每亩栽植 200 株左右。

沙枣根蘖性强，能保持水土，抗风沙，防止干旱，调节气候，改良土壤，常用来营造防护林、防沙林、用材林和风景林，在新疆为保证农业稳产丰收起了很大作用。

九、 沙棘

沙棘（*Hippophae rhamnoides* Linn.）是一种落叶性灌木，胡颓子科、沙棘属。沙棘果实中维生素 C 含量高，素有维生素 C 之王的美称。

1. 形态特征

落叶灌木或乔木，高 1.5 米，生长在高山沟谷中可达 18 米，棘刺较多，粗壮，顶生或侧生；嫩枝褐绿色，密被银白色而带褐色鳞片或有时具白色星状柔毛，老枝灰黑色，粗糙；芽大，金黄色或锈色。

单叶通常近对生，与枝条着生相似，纸质，狭披针形或矩圆状披针形，长 30～80 毫米，宽 4～10（13）毫米，两端钝形或基部近圆形，基部最宽，上面绿色，初被白色盾形毛或星状柔毛，下面银白色或淡白色，被鳞片，无星状毛；叶柄极短，几无或长 1～1.5 毫米。

果实圆球形，直径 4～6 毫米，橙黄色或橘红色；果梗长 1～2.5 毫米；种子小，阔椭圆形至卵形，有时稍扁，长 3～4.2 毫米，黑色或紫黑色，具光泽（图 6-9）。

花期 4～5 月，果期 9～10 月。

图 6-9 沙棘

2. 生长习性

沙棘耐寒，耐酷热，耐风沙及干旱气候，对土壤适应性强。

沙棘是阳性树种，喜光照，在疏林下可以生长，但对郁闭度大的林区不能适应。沙棘对于土壤的要求不很严格，在灰钙土、棕钙土、草甸土上都有分布，在砾石土、轻度盐碱土、沙土甚至半石半土地区也可以生长，但不喜过于黏重的土壤。沙棘对降水有一定的要求，一般应在年降水量 400 毫米以上地区生长，如果降水量不足400 毫米，但属河漫滩地、丘陵沟谷等地亦可生长，但不喜积水。沙棘对温度要求不很严格，极端最低温度可达−50℃，极端最高温度可达 50℃，年日照时数 1500～3300 小时。沙棘极耐干旱，极耐贫瘠，极耐冷热，为植物之最。

3. 分布状况

我国黄土高原上生长极为普遍，产于河北、内蒙古、山西、陕西、甘肃、青海、四川西部。常生于海拔 800～3600 米温带地区向阳的山嵴、谷地、干涸河床地或山坡，多砾石或沙质土壤或黄土上。

4. 园林用途

沙棘是防风固沙、保持水土、改良土壤的优良树种。

（1）恢复植被 我国西北地区由于干旱少雨，土地瘠薄，大部分地区直接栽种乔木难以成活，或成"小老头树"，植被恢复难度很大。而沙棘具有耐寒、耐旱、耐瘠薄的特点，因此一般每亩荒地只需栽种 120～150 棵，4～5 年即可郁闭成林。并且沙棘的苗木较小，一般株高在 30～50 厘米，地径 5～8 毫米，栽种沙棘的劳动强度不大，一个普通劳力一天可以栽沙棘 5～6 亩。在西北地区，能够有效解决地广人少的问题，便于进行大规模种植，快速恢复植被。

（2）减少泥沙 黄土高原水土流失最严重的一是沟道，二是陡坡。陡坡由于土地瘠薄，施工困难，是治理水土流失的一个薄弱环节。而沟道不仅是泥沙的主要产区，也是坡面泥沙的通道。沙棘的灌丛茂密，根系发达，形成"地上一把伞，地面一条毯，地下一张网"。在一些陡险坡面上，沙棘利用其串根萌蘖的特性，可将这些人不可及的地段绿化。特别是沙棘在沟底成林后，抗冲刷性强，而且它不怕沙埋，根蘖性强，能够阻拦洪水下泄、拦截泥沙，提高沟道侵蚀基准面。准格尔旗德胜西乡黑毛兔沟种植沙棘 7 年后，植被覆盖度达 61％。黄土高原虽有千沟万壑，沙棘却有极强的生命力和快速的繁殖能力，是治理沟壑的"有效武器"。

第七章

特殊园林用途树种

━━◆ 第一节　芳香树种 ◆━━

一、含笑

含笑〔*Michelia figo*（Lour.）Spreng.〕为木兰科、含笑属常绿灌木。芳香花木，苞润如玉，香幽若兰。当花苞膨大而外苞行将裂解脱落时，所采摘下的含笑花气味最为香浓。

1. 形态特征

常绿灌木，高 2～3 米，树皮灰褐色，分枝繁密；芽、嫩枝、叶柄、花梗均密被黄褐色绒毛。

叶革质，狭椭圆形或倒卵状椭圆形，长 4～10 厘米，宽 1.8～4.5 厘米，先端钝短尖，基部楔形或阔楔形，上面有光泽，无毛，下面中脉上留有褐色平伏毛，余脱落无毛，叶柄长 2～4 毫米，托叶痕长达叶柄顶端。

花直立，长 12～20 毫米，宽 6～11 毫米，淡黄色而边缘有时红色或紫色，具甜浓的芳香，花被片 6，肉质，较肥厚，长椭圆形；雄蕊长 7～8 毫米，药隔伸出成急尖头，雌蕊群无毛，长约 7 毫米，超出于雄蕊群；雌蕊群柄长约 6 毫米，被淡黄色绒毛（图 7-1）。

聚合果长 2～3.5 厘米；蓇葖卵圆形或球形，顶端有短尖的喙。花期 3～5 月，果期 7～8 月。

2. 生长习性

生于阴坡杂木林中，溪谷沿岸尤为茂盛。含笑花喜肥，性喜半

图 7-1　含笑

阴，在弱阴下最利生长，忌强烈阳光直射，夏季要注意遮阴。秋末霜前移入温室，在 10℃左右温度下越冬。

含笑为暖地木本花灌木，不甚耐寒，长江以南背风向阳处能露地越冬。不耐干燥瘠薄，但也怕积水，要求排水良好、肥沃的微酸性壤土，中性土壤也能适应。

3. 分布状况

原产于我国华南南部各地，广东鼎湖山有野生，现广植于全国各地。

4. 园林用途

以盆栽为主，庭园造景次之。在园艺中主要是栽植 2～3 米的小型含笑花灌木，作为庭园中散发香气的观赏植物。

二、 茉莉

茉莉〔*Jasminum sambac*（L.）Ait〕为木犀科、素馨属直立或攀援灌木。

茉莉花叶色翠绿，花色洁白，香味浓厚，为常见庭园及盆栽观赏芳香花卉。茉莉花虽无艳态惊群，但玫瑰之甜郁、梅花之馨香、兰花之幽远、玉兰之清雅，莫不兼而有之。

1. 形态特征

直立或攀援灌木，高达 3 米。小枝圆柱形或稍压扁状，有时中空，疏被柔毛。

叶对生，单叶，叶片纸质，圆形、椭圆形、卵状椭圆形或倒卵形，长 4～12.5 厘米，宽 2～7.5 厘米，两端圆或钝，基部有时微心形，侧脉 4～6 对，在上面稍凹入或凸起，下面凸起，细脉在两面常明显，微凸起，除下面脉腋间常具簇毛外，其余无毛。叶柄长 2～6 毫米，被短柔毛，具关节。

聚伞花序顶生，通常有花 3 朵，有时单花或多达 5 朵；花序梗长 1～4.5 厘米，被短柔毛；苞片微小，锥形，长 4～8 毫米；花梗长 0.3～2 厘米；花极芳香；花萼无毛或疏被短柔毛，裂片线形，长 5～7 毫米；花冠白色，花冠管长 0.7～1.5 厘米，裂片长圆形至近圆形，宽 5～9 毫米，先端圆或钝（图 7-2）。

果球形，径约 1 厘米，呈紫黑色。

花期 5～8 月，果期 7～9 月。

图 7-2　茉莉

2. 生长习性

茉莉性喜温暖湿润，在通风良好、半阴的环境生长最好。土壤以含有大量腐殖质的微酸性砂质土壤为最适合。

大多数品种畏寒、畏旱，不耐霜冻、湿涝和碱土。冬季气温低于3℃时，枝叶易遭受冻害，如持续时间长就会死亡。落叶藤本类茉莉较耐寒耐旱。

3. 分布状况

原产于印度、我国南方。现广泛植栽于亚热带地区。

主要分布在伊朗、埃及、土耳其、摩洛哥、阿尔及利亚、突尼斯以及西班牙、法国、意大利等地中海沿岸国家，东南亚各国均有栽培。

4. 园林用途

室内栽培多用盆栽，点缀室容，清雅宜人，还可加工成花环等装饰品。

三、桂花

桂花是我国木犀属众多树木的习称。代表物种木犀［*Osmanthus fragrans* （Thunb.） Lour.］，又名岩桂，系木犀科常绿灌木或小乔木。其园艺品种繁多，最具代表性的有金桂、银桂、丹桂、月桂等。丹桂生长势强，枝干粗壮，叶型较大，叶表粗糙，叶色墨绿，花色橙红；银桂长势中等，叶表光滑，叶缘具锯齿，花呈乳白色，且花朵茂密，香味甜郁；四季桂生长势较强，叶表光滑，叶缘稀疏锯齿或全缘，花呈淡黄色，花朵稀疏，淡香，除秋季9～10月与上列品种同时开花外，还可每2个月或3个月又开一次。丹桂和四季桂果实为紫黑色核果，俗称桂子。

桂花是我国传统十大花卉之一，是集绿化、美化、香化于一体的观赏与实用兼备的优良园林树种。桂花清可绝尘，浓能远溢，堪称一绝。尤其是仲秋时节，丛桂怒放，夜静轮圆之际，把酒赏桂，陈香扑鼻，令人神清气爽。在我国古代的咏花诗词中，咏桂之作的数量也颇为可观。桂花自古就深受我国人民的喜爱，被视为传统名花。

桂花终年常绿，枝繁叶茂，秋季开花，芳香四溢，可谓"独占三秋压群芳"。

1. 形态特征

桂花是常绿乔木或灌木，高3～5米，最高可达18米；树皮灰褐色。小枝黄褐色，无毛。

叶片革质，椭圆形、长椭圆形或椭圆状披针形，长7～14.5厘米，宽2.6～4.5厘米，先端渐尖，基部渐狭呈楔形或宽楔形，全缘或通常上半部具细锯齿，两面无毛，腺点在两面连成小水泡状突起，中脉在上面凹入，下面凸起，侧脉6～8对，多达10对，在上面凹入，下面凸起；叶柄长0.8～1.2厘米，最长可达15厘米，无毛。

聚伞花序簇生于叶腋，或近于帚状，每腋内有花多朵；苞片宽卵形，质厚，长2～4毫米，具小尖头，无毛；花梗细弱，长4～10毫米，无毛；花极芳香；花萼长约1毫米，裂片稍不整齐；花冠黄白色、淡黄色、黄色或橘红色，长3～4毫米，花冠管仅长0.5～1毫米；雄蕊着生于花冠管中部，花丝极短，长约0.5毫米，花药长约1毫米，药隔在花药先端稍延伸呈不明显的小尖头；雌蕊长约1.5毫米，花柱长约0.5毫米（图7-3）。

果歪斜，椭圆形，长1～1.5厘米，呈紫黑色。

花期9月至10月上旬，果期翌年3月。

桂花实生苗有明显的主根，根系发达深长。幼根浅黄褐色，老根黄褐色。

2. 生长习性

桂花适应于亚热带气候地区，性喜温暖、湿润。种植地区气温14～28℃，7月气温24～28℃，1月平均气温0℃以上，能耐最低气温−13℃，最适生长气温是15～28℃。湿度对桂花生长发育极为重要，要求湿度75%～85%，年降水量1000毫米左右，特别是幼龄期和成年树开花时需要水分较多，如遇干旱会影响开花，强日照和荫蔽对其生长不利，一般要求每天6～8小时光照。

图 7-3 桂花

桂花喜温暖，抗逆性强，既耐高温，也较耐寒，因此在我国秦岭、淮河以南的地区均可露地越冬。桂花较喜阳光，亦能耐阴，在全光照下其枝叶生长茂盛，开花繁密，在阴处生长枝叶稀疏、花稀少。若在北方室内盆栽尤需注意有充足光照，以利于生长和花芽的形成。

桂花性好湿润，切忌积水，但也有一定的耐干旱能力。桂花对土壤的要求不太严，除碱性土和低洼地或过于黏重、排水不畅的土壤外，一般均可生长，但以土层深厚、疏松肥沃、排水良好的微酸性砂质壤土最为适宜。桂花对氯气、二氧化硫、氟化氢等有害气体都有一定的抗性，还有较强的吸滞粉尘的能力，常被用于城市及工矿区。

桂花适宜栽植在通风透光的地方；喜欢洁净通风的环境，不耐烟尘危害，受害后往往不能开花；畏淹涝积水，若遇涝渍危害，则根系发黑腐烂，叶片先是叶尖焦枯，随后全叶枯黄脱落，进而导致全株死亡；不很耐寒，但相对于其他常绿阔叶树种，还是比较耐寒的。

3. 分布状况

园林桂花原产于我国西南喜马拉雅山东段。印度、尼泊尔、柬埔寨也有分布。生长地区水热条件好，降水量适宜，土壤多为黄棕壤或黄褐土，植被则以亚热带阔叶林类型为主。我国四川、陕南、云南、广西、广东、湖南、湖北、江西、安徽、河南等地均有野生桂花生长。现广泛栽种于淮河流域及以南地区，其适生区北可抵黄河下游，南可至两广、海南等地并形成了安徽六安、湖北咸宁、湖南桃源、江苏苏州、广西桂林、湖北武汉、浙江杭州和四川成都几大全国有名的桂花商品生产基地。

4. 园林用途

周《客座新闻》中记载："衡神词其径，绵亘四十余里，夹道皆合抱松桂相间，连云遮日，人行空翠中，而秋来香闻十里，其数竟达 17000 株，真神幻佳景。"可见当时已有松桂相配作行道树。在现代园林中，因循古例，充分利用桂花枝叶繁茂、四季常青等优点，用作绿化树种。其配置形式不拘一格，或对植，或散植，或群植，或列植。传统配置中自古就有"两桂当庭""双桂留芳"的称谓，也常把玉兰、海棠、牡丹、桂花四种传统名花同植庭前，以取玉、堂、富、贵之谐音，喻吉祥之意。

在园林中应用普遍，常作园景树。在我国古典园林中，桂花常与建筑物、山、石搭配，以丛生灌木型的植株植于亭、台、楼、阁附近。旧式庭园常用对植，古称"双桂当庭"或"双桂留芳"。在住宅四旁或窗前栽植桂花树，能收到"金风送香"的效果。在校园也常大量种植桂花，取"蟾宫折桂"之意。

桂花对有害气体二氧化硫、氟化氢有一定的抗性，也是工矿区常用的绿化花木。

桂花的绿化效果好，生长速度快，栽植当年即能发挥较好的作用。但是在北方栽植耐寒性一般，冬季需要特殊保护，才能安然越冬。

四、米兰

米兰（*Aglaia odorata* Lour）别名米仔兰、四季米兰、碎米兰，楝科、米仔兰属常绿灌木或小乔木。开花时清香四溢，气味似兰花。

（1）小叶米仔兰　本变种与米仔兰（原变种）的主要区别在于叶通常具小叶 5～7 枚，间有 9 枚，狭长椭圆形或狭倒披针状长椭圆形，长在 4 厘米以下，宽 8～15 毫米。产于海南，生于低海拔山地的疏林或灌木林中。我国南方各省（区）有栽培。

（2）四季米兰　四季开花，夏季开花最盛。家庭盆栽宜选择一般的米兰，其花期长，花序密，花香如幽兰，栽培比较普遍。在家庭栽培条件下，一般只要冬季室内最低气温能维持不低于 5℃，即可安全越冬，即便是枝梢出现一些落叶，但开春后经过修剪换盆，加强水肥管理，可很快抽发新叶，重新开花。

（3）台湾米兰　叶型较大，开花略小，其花常伴随新枝生长而开。中等常绿乔木，胸径达 30 厘米，树皮赤褐色。

（4）大叶米兰　常绿大灌木，嫩枝常被褐色星状鳞片，叶较大。

1. 形态特征

常绿灌木或小乔木，茎多小枝。幼枝顶部具有星状锈色鳞片，后脱落。

奇数羽状复叶，互生，叶长 5～12（16）厘米，叶轴和叶柄具狭翅叶轴有窄翅。小叶 3～5，对生，厚纸质，长 2～7（11）厘米，宽 1～3.5（5）厘米，倒卵形至长椭圆形，顶端一片最大，下部的远较顶端的为小，先端钝，基部楔形，两面无毛，全缘。叶脉明显，侧脉每边约 8 条，极纤细，和网脉均于两面微凸起。

圆锥花序腋生，长 5～10 厘米，稍疏散无毛。花黄色，直径约 2 毫米，芳香。花萼 5 裂，裂片圆形。花冠 5 瓣，长圆形或近圆形，长 1.5～2 毫米，顶端圆而截平，比萼长。花药 5，卵形，内藏。雄蕊花梗纤细长 1.5～3 毫米，花丝结合成筒，比花瓣短。雌蕊子房卵形，密生黄色粗毛（图 7-4）。

图 7-4　米兰

浆果，卵形或球形，长 10～12 毫米，初时被散生的星状鳞片，后脱落；种子有肉质假种皮。

两性花的花梗稍短而粗，种子具肉质假种皮。

花期 5～12 月，或四季开花，果期 7 月至翌年 3 月。

2. 生长习性

喜温暖湿润和阳光充足环境，不耐寒，稍耐阴，土壤以疏松、肥沃的微酸性土壤为最好，冬季温度不低于 10℃。常生于低海拔山地的疏林或灌木林中。

米兰性喜温暖，向阳，好肥。生长适温为 20～25℃。在通常情况下，阳光充足，温度较高（30℃左右），开出来的花就有浓香。如果夏季将其放在荫蔽处，同时又施大量氮肥，会造成米兰不开花或开花少、香味淡等情况。因此，米兰在生长发育期间，需放在室外阳光充足的地方养护，并要注意适当多施些含磷素较多的液肥，最好能施用碎骨末、鱼刺、鸡骨等泡制腐熟的肥水，经常铺施些含磷成分较多的化肥或发过酵的淘米水等，都有助于孕蕾，让其开花多。

3. 分成状况

原产于亚洲南部，广泛种植于世界热带各地。福建、广东、广西、四川、贵州、云南有分布，北方多用于盆栽。

4. 园林用途

米兰盆栽可陈列于客厅、书房和门廊，清新幽雅，舒人心身，放在居室中可吸收空气中的二氧化硫和氯气，净化空气。在南方庭院中米兰又是极好的风景树。

五、 栀子

栀子（*Gardenia jasminoides* Ellis）别名黄栀子、山栀、白蟾，是茜草科植物。栀子的果实是传统中药。

1. 形态特征

栀子为灌木，高 0.3～3 米；嫩枝常被短毛，枝圆柱形，灰色。叶对生，或为 3 枚轮生，革质，稀为纸质，叶形多样，通常为长圆状披针形、倒卵状长圆形、倒卵形或椭圆形，长 3～25 厘米，宽 1.5～8 厘米，顶端渐尖、骤然长渐尖或短尖而钝，基部楔形或短尖，两面常无毛，上面亮绿，下面色较暗；侧脉 8～15 对，在下面凸起，在上面平；叶柄长 0.2～1 厘米；托叶膜质。

花芳香，通常单朵生于枝顶，花梗长 3～5 毫米；萼管倒圆锥形或卵形，长 8～25 毫米，有纵棱，萼檐管形，膨大，顶部 5～8 裂，通常 6 裂，裂片披针形或线状披针形，长 10～30 毫米，宽 1～4 毫米，结果时增长，宿存；花冠白色或乳黄色，高脚碟状，喉部有疏柔毛，冠管狭圆筒形，长 3～5 厘米，宽 4～6 毫米，顶部 5～8 裂，通常 6 裂，裂片广展，倒卵形或倒卵状长圆形，长 1.5～4 厘米，宽 0.6～2.8 厘米；花丝极短，花药线形，长 1.5～2.2 厘米，伸出；花柱粗厚，长约 4.5 厘米，柱头纺锤形，伸出，长 1～1.5 厘米，宽 3～7 毫米，子房直径约 3 毫米，黄色，平滑（图 7-5）。

图 7-5　栀子

果卵形、近球形、椭圆形或长圆形，黄色或橙红色，长 1.5～7 厘米，直径 1.2～2 厘米，有翅状纵棱 5～9 条，顶部的宿存萼片长达 4 厘米，宽达 6 毫米；种子多数，扁，近圆形而稍有棱角，长约 3.5 毫米，宽约 3 毫米。

花期 3～7 月，果期 5 月至翌年 2 月。

2. 生长习性

栀子性喜温暖湿润气候，好阳光但又不能经受强烈阳光照射，适宜生长在疏松、肥沃、排水良好、轻黏性酸性土壤中，抗有害气体能力强，萌芽力强，耐修剪，是典型的酸性花卉。

3. 分布状况

产于山东、河南、江苏、安徽、浙江、江西、福建、台湾、湖北、湖南、广东、香港、广西、海南、四川、贵州、云南、河北、陕西、甘肃。生于海拔 10～1500 米处的旷野、丘陵、山谷、山坡、溪边的灌丛或林中。

国外分布于日本、朝鲜、越南、老挝、柬埔寨、印度、尼泊尔、巴基斯坦、太平洋岛屿和美洲北部，野生或栽培。

4. 园林用途

栀子花洁白，花香浓郁，可供观赏。栀子叶长绿，具有抗烟尘、抗二氧化硫能力，是一种理想的环保绿化花卉。另外，栀子花（尤其是小叶栀子花），可以作为地被植物在绿地内应用，也可盆栽观赏。

◆ 第二节　色叶树种 ◆

一、紫叶李

紫叶李，别名红叶李，蔷薇科、李属落叶小乔木。叶子紫色发亮，在绿叶丛中，像一株株永不败的花朵，在青山绿水中形成一道靓丽的风景线。

1. 形态特征

灌木或小乔木，高可达 8 米；多分枝，枝条细长，开展，暗灰色，有时有棘刺；小枝暗红色，无毛；冬芽卵圆形，先端急尖，有数枚覆瓦状排列鳞片，紫红色，有时鳞片边缘有稀疏缘毛。叶片椭圆形、卵形或倒卵形，极稀椭圆状披针形，长（2）3～6 厘米，宽 2～3（2）厘米，先端急尖，基部楔形或近圆形，边缘有圆钝锯齿，有时混有重锯齿，上面深绿色，无毛，中脉微下陷，下面颜色较淡，除沿中脉有柔毛或脉腋有髯毛外，其余部分无毛，中脉和侧脉均突起，侧脉 5～8 对；叶柄长 6～12 毫米，通常无毛或幼时微被短柔毛，无腺；托叶膜质，披针形，先端渐尖，边有带腺细锯齿，早落。

花 1 朵，稀 2 朵；花梗长 1～2.2 厘米。无毛或微被短柔毛；花直径 2～2.5 厘米；萼筒钟状，萼片长卵形，先端圆钝，边有疏浅锯齿，与萼片近等长，萼筒和萼片外面无毛，萼筒内面有疏生短柔毛；花瓣白色，长圆形或匙形，边缘波状，基部楔形，着生在萼筒边缘；雄蕊 25～30，花丝长短不等，紧密地排成不规则 2 轮，比花瓣稍短；雌蕊 1，心皮被长柔毛，柱头盘状，花柱比雄蕊稍长，基部被稀长柔毛（图 7-6）。

图 7-6 紫叶李

核果近球形或椭圆形，长宽几相等，直径 1～3 厘米，黄色、红色或黑色，微被蜡粉，具有浅侧沟，粘核；核椭圆形或卵球形，先端急尖，浅褐带白色，表面平滑或粗糙或有时呈蜂窝状，背缝具沟，腹缝有时扩大具 2 侧沟。

花期 4 月，果期 8 月。

2. 生长习性

喜生长于阳光充足、温暖湿润的环境，是一种耐水湿的植物。种植紫叶李的土壤宜肥沃、深厚、排水良好。

3. 分布状况

我国主产于新疆。多生于山坡林中或多石砾的坡地以及峡谷水边等处，海拔 800～2000 米。中亚、小亚细亚地区也均有分布。

4. 园林用途

紫叶李整个生长季节都为紫红色，宜于建筑物前及园路旁或草坪角隅处栽植。叶常年紫红色，为著名观叶树种，孤植群植皆宜，能衬托背景。

二、 黄金榕

黄金榕（*Ficus microcarpa* cv. Golden Leaves.），别名金叶榕，桑科、榕属常绿小乔木，修剪作灌木用。其叶色金黄亮丽，故此得名"黄金榕"。

1. 形态特征

常绿小乔木，树冠广阔，树干多分枝。

单叶互生，叶形为椭圆形或倒卵形，叶表光滑，叶缘整齐，叶有光泽，嫩叶呈金黄色，老叶则为深绿色。

球形的隐头花序，其中有雄花及雌花聚生（图7-7）。

图 7-7　黄金榕

2. 生长习性

喜半阴、温暖而湿润的气候。较耐寒，可耐短期的 0℃ 低温，温度 25～30℃ 时生长较快，空气湿度 80% 以上时易生出气根。喜光，但应避免强光直射。耐风，耐潮，对空气污染抗害力强。不择土壤，土质肥沃、日照充足之地均可栽植。适应性强，长势旺盛，容易造型。

黄金榕为热带树种，我国从南向北，随着气温的降低，树型也相应降低。

3. 分布状况

黄金榕分布于我国台湾及华南地区。东南亚及大洋洲也有分布。

4. 园林用途

黄金榕枝叶茂密，树冠扩展，是华南地区的行道树及庭荫树的良好树种，可成为草坪绿化主景，也可种植于高速公路分车带绿地。耐修剪，可以塑成各种造型的颜色景观；还可以与其他观叶草本混植，如与绿苋草等形成动人的色彩对比。黄金榕具有清洁空气、绿荫、风景等方面的作用。

幼树可曲茎、提根靠接，作多种造型，制成艺术盆景；老兜可修整成古老苍劲的桩景，是园艺造景中用途最多的树种之一；亦可从幼龄期起，强度修枝，逐年修整成圆球形或广卵形树冠。盆景适于展厅、博物馆、高级宾馆等处陈列，观赏价值高。

大树抗有害气体及烟尘的能力强，宜作行道树、工矿区绿化、广场、森林公园等处种植，雄伟壮丽。

三、 金叶桧柏

金叶桧柏〔*Sabina chinensis*（L.）Ant. var. *chinensis* cv. Aurea〕，别名黄金柏，为柏科、圆柏属圆柏的一个变种。金叶桧柏是一种良好的彩叶树种，其树形优美，挺拔壮观，观赏性、耐旱性都很强。金叶桧柏叶色金黄、灿烂夺目，不仅丰富了我国园林绿化树种，还能提高绿化效果，是很值得推广的树种。

1. 形态特征

直立常绿灌木，高3～5米，树冠圆锥形。树皮灰褐色。枝上伸，小枝具刺叶及鳞叶。

叶二型，鳞叶新芽呈黄色，针叶粗壮，初为黄金色，渐变黄白，至秋转绿色（图7-8）。

4月开花，雌雄异株，间有同株者。

图 7-8 金叶桧柏

球果近圆球形，2 年成熟，熟时呈暗褐色。种子卵圆形。

2. 生长习性

喜光，幼苗期稍耐阴。喜温暖湿润气候，也耐严寒。耐干燥和瘠薄，对土壤适应性强，但喜土层身后、肥沃和排水良好的土壤，不耐水涝。浅根性，萌蘖力强，耐修剪。对有害气体抗性弱。

3. 分布状况

原产于我国东北南部及华北等地。北自内蒙古及沈阳以南，南至两广北部；东自沿海各省，西至西川、云南均有分布。日本、朝鲜也产。

4. 园林用途

金叶桧柏根系发达，寿命长，是我国南北园林中不可多得的彩色柏科树之一，可作为庭院主景树、绿篱和有色柏树墙篱，也可作为街道，公路两侧的行道树，是高速公路中隔离带绿化树种的最新替代树种，还是小区阴暗建筑物背侧的理想主栽树种。

四、 变叶木

变叶木 [*Codiaeum variegatum* （L.） A. Juss.] 亦称变色月桂，大戟科 （Euphorbiaceae） 灌木或小乔木。变叶木以其叶片形色而得名，其叶形有披针形、卵形、椭圆形，还有波浪起伏状、扭曲状等。其叶色有亮绿色、白色、灰色、红色、淡红色、深红色、紫色、黄色、黄红色等。

1. 形态特征

灌木或小乔木，高可达 2 米。枝条无毛，有明显叶痕。

叶薄革质，形状大小变异很大，线形、线状披针形、长圆形、椭圆形、披针形、卵形、匙形、提琴形至倒卵形，有时由长的中脉把叶片间断成上下两片。长 5～30 厘米，宽（0.3）0.5～8 厘米，顶端短尖、渐尖至圆钝，基部楔形、短尖至钝，边全缘、浅裂至深裂，两面无毛，绿色、淡绿色、紫红色、紫红与黄色相间、黄色与绿色相间或有时在绿色叶片上散生黄色或金黄色斑点或斑纹（图7-9）。叶柄长 0.2～2.5 厘米。

图 7-9　变叶木

总状花序腋生，雌雄同株异序，长 8～30 厘米，雄花白色，萼片 5 枚；花瓣 5 枚，远较萼片小；腺体 5 枚；雄蕊 20～30 枚；花梗纤细；雌花淡黄色，萼片卵状三角形；无花瓣；花盘环状；子房3 室，花往外弯，不分裂；花梗稍粗。

蒴果近球形，稍扁，无毛，直径约 9 毫米；种子长约 6 毫米。花期 9～10 月。

2. 生长习性

变叶木喜高温、湿润和阳光充足的环境，不耐寒。变叶木的生长适温为 20～30℃，3～10 月为 21～30℃，10 月至翌年 3 月为 13～18℃。冬季温度不低于 13℃。短期处于 10℃低温，叶色不鲜艳，暗淡，缺乏光泽；温度在 4～5℃时，叶片受冻害，造成大量落叶，甚至全株冻死。

变叶木喜湿怕干。生长期茎叶生长迅速，给予充足水分，并每天向叶面喷水。但冬季低温时盆土要保持稍干燥。如冬季半休眠状态，水分过多，会引起落叶，必须严格控制。

变叶木属喜光性植物，整个生长期均需充足阳光，茎叶生长繁茂，叶色鲜丽，特别是红色斑纹，更加艳红。以 5 万～8 万勒克斯最为适宜。若光照长期不足，叶面斑纹、斑点不明显，缺乏光泽，枝条柔软，甚至产生落叶。

土壤以肥沃、保水性强的黏质壤土为宜。盆栽用培养土、腐叶土和粗沙的混合土壤。

3. 分布状况

原产于亚洲马来半岛至大洋洲的热带岛屿；现广泛栽培于热带地区。我国南部各地常见栽培。

4. 园林用途

变叶木枝叶密生，是著名的观叶树种，南方可用于园林造景，适于路旁、墙隅、石间丛植，也可植为绿篱或基础种植材料；北方常见盆栽，用于点缀案头、布置会场或厅堂。

变叶木因在其叶形、叶色上变化显示出色彩美、姿态美，在观叶植物中深受人们的喜爱，其枝叶是插花理想的配叶料。

五、 黄栌

黄栌（*Cotinus coggygria* Scop.）别名红叶、红叶黄栌、黄道栌、黄溜子、黄龙头、黄栌材、黄栌柴、黄栌会等。黄栌是我国重要的观赏树种，树姿优美，茎、叶、花都有较高的观赏价值，特别是深秋，叶片经霜变，色彩鲜艳，美丽壮观；其果形别致，成熟果实色鲜红、艳丽夺目。著名的北京香山红叶、济南红叶谷、山亭抱犊崮的红叶树就是该树种。黄栌花后久留不落的不孕花的花梗呈粉红色羽毛状，在枝头形成似云似雾的景观，远远望去，宛如万缕罗纱缭绕树间，历来被文人墨客比作"叠翠烟罗寻旧梦"和"雾中之花"，故黄栌又有"烟树"之称。夏赏"紫烟"，秋观红叶。

1. 形态特征

落叶小乔木或灌木，树冠圆形，高可达3~5米，木质部黄色，树汁有异味。

单叶互生，叶片全缘或具齿，叶柄细，无托叶，叶倒卵形或卵圆形（图7-10）。

图7-10 黄栌

圆锥花序疏松、顶生，花小、杂性，仅少数发育；不育花的花梗花后伸长，被羽状长柔毛，宿存；苞片披针形，早落；花萼5裂，宿存，裂片披针形；花瓣5枚，长卵圆形或卵状披针形，长度为花萼大小的2倍；雄蕊5枚，着生于环状花盘的下部，花药卵形，与花丝等长，花盘5裂，紫褐色；子房近球形，偏斜，1室1胚珠；花柱3枚，分离，侧生而短，柱头小而退化。

核果小，干燥，肾形扁平，绿色，侧面中部具残存花柱；外果皮薄，具脉纹，不开裂；内果皮角质；种子肾形，无胚乳。

花期5～6月，果期7～8月。

2. 生长习性

黄栌性喜光，也耐半阴；耐寒，耐干旱瘠薄和碱性土壤，不耐水湿，宜植于土层深厚、肥沃而排水良好的砂质壤土中。生长快，根系发达，萌蘖性强。对二氧化硫有较强抗性。秋季当昼夜温差大于10℃时，叶色变红。

3. 分布状况

原产于我国西南、华北地区和浙江。南欧、叙利亚、伊朗、巴基斯坦及印度北部亦产。

4. 园林用途

由于黄栌极其耐瘠薄的特性，使其成为石灰岩营建水土保持林和生态景观林的首选树种。

黄栌在园林造景中最适合城市大型公园、天然公园、半山坡上、山地风景区内群植成林，可以单纯成林，也可与其他红叶或黄叶树种混交成林；在造景时宜表现群体景观。黄栌同样还可以应用在城市街头绿地、单位专用绿地、居住区绿地以及庭园中，宜孤植或丛植于草坪一隅、山石之侧、常绿树树丛前或单株混植于其他树丛间以及常绿树群边缘，从而体现其个体美和色彩美。在北方由于气候等原因，园林树种相对单调，色彩比较缺乏，黄栌可谓是北方园林绿化或山区绿化的首选树种。

六、 紫叶合欢

紫叶合欢为豆科、合欢属落叶乔木，是从合欢的自然变种中优选出来的一种彩色变种。

该品种新叶鲜红至紫色，仲夏变暗紫色，入秋又变红色，其花如火焰簇簇，是花、叶俱佳的彩色乡土乔木树种。

1. 形态特征

紫叶合欢高达16米。该树种冠伞形平展，枝条优雅，树皮光滑；二回复叶纤细似羽，日开夜合。夏日粉红色头状花序簇生或枝头呈伞房状，轻盈缥缈，如云似雾，令人叹为观止（图 7-11）。

图 7-11　紫叶合欢

2. 生长习性

喜光、耐寒、耐旱、耐瘠薄、耐水涝、耐热、耐干燥，生长迅速，枝条每年可以生长 1 米以上，初夏开花，花期较长。

3. 分布状况

合欢树原产于我国，紫叶合欢树是合欢的优良变种，分布在我国华南、华中、东北、西南等地区。现该树种已经引种到北温带的很多国家。

4. 园林用途

紫叶合欢树姿优美，叶形雅致，尤其叶色具有特色，从春至秋一直保持热烈的鲜红或紫色，盛夏绒花满树，有色有香，加上寓意富贵、吉祥、喜庆，能营造轻柔、舒畅、喜庆的气氛，适合种植在居住环境的房前屋后等地，亦可作庭荫树、行道树，孤植、丛植均可，是城市环境中公园、机关、学校、街道、广场等环境中的首选树种。紫叶合欢对生态环境的要求不严，山、川、塬皆可栽植，也是山区风景景点的优良观赏树种。

七、 金叶女贞

金叶女贞（*Ligustrum×vicaryi* Hort.）为木犀科、女贞属半常绿小灌木，是金边卵叶女贞和欧洲女贞的杂交种。

1. 形态特征

落叶灌木，高 1～2 米，冠幅 1.5～2 米。

叶片较大叶女贞稍小，单叶对生，椭圆形或卵状椭圆形，长 2～5 厘米。

叶色金黄，尤其在春秋两季色泽更加璀璨亮丽（图 7-12）。总状花序，小花白色。核果阔椭圆形，紫黑色。

图 7-12　金叶女贞

2. 生长习性

适应性强，对土壤要求不严格，在我国长江以南及黄河流域等地的气候条件均能适应，生长良好。性喜光，稍耐阴，耐寒能力较强，不耐高温高湿。在京津地区，小气候好的楼前避风处，冬季可以保持不落叶。抗病力强，很少有病虫危害。

3. 分布状况

华北南部至华东北部暖温带落叶阔叶林区，南部暖带落叶阔叶林区，北亚热带落叶、常绿阔叶混交林区，中亚热带常绿、落叶阔叶林区都有分布。

4. 园林用途

金叶女贞在生长季节叶色呈鲜丽的金黄色，可与红叶的紫叶小檗、红花继木以及绿叶的龙柏、黄杨等组成灌木状色块，形成强烈的色彩对比，具极佳的观赏效果。由于其叶色为金黄色，所以大量应用在园林绿化中，主要用来组成图案和建造绿篱，也可修剪成球形。

八、 中华金叶榆

中华金叶榆（*Ulmus pumila cv. jinye.*）也叫金叶榆，属榆科、榆属，系白榆变种，是河北省林业科学研究院的黄印冉、张均营高级工程师培育的彩叶植物新品种。初春时期，中华金叶榆便绽放出娇黄的叶芽，似无数朵蜡梅花绽放枝头，娇嫩可爱，早早给人们带来春天的信息；至夏初，叶片变得金黄艳丽，格外醒目，将街道、公园等景点打扮得富丽堂皇；盛夏后至落叶前，树冠中下部的叶片渐变为浅绿色，枝条中上部的叶片仍为金黄色，黄绿相衬，在炎热中给人带来清新的感觉。

1. 形态特征

中华金叶榆，叶片金黄色，有自然光泽，色泽艳丽；叶脉清晰，质感好；叶卵圆形，长 3～5 厘米，宽 2～3 厘米，比普通白榆叶片稍短；叶缘具锯齿，叶尖渐尖，互生于枝条上。

金叶榆的枝条萌生力很强，一般当枝条上长出大约十几个叶片时，腋芽便萌发长出新枝，因此金叶榆的枝条比普通白榆更密集，树冠更丰满，造型更丰富（图 7-13）。

2. 生长习性

中华金叶榆适宜生长区域为北纬 47°10′至 22°11′（黑龙江伊春至广东中山），东经 133°56′至 79°55′（黑龙江鸡西市至新疆和田），横跨热带、亚热带、暖温带、温带、寒温带五种气候带。

中华金叶榆对寒冷、干旱气候具有极强的适应性，抗逆性强，

图 7-13 中华金叶榆

可耐−36℃的低温，同时有很强的抗盐碱性。工程养护管理比较粗放，定植后灌一两次透水就可以保证成活。

（1）抗高温指标 中华金叶榆叶片在气温持续超过 38～40℃时，会发生叶片轻度受害；其二年生苗的抗炎热能力高于一年生苗。

（2）抗寒指标 中华金叶榆在大田自然条件下，气温达−36℃时安全越冬，二年苗木的抗寒性好于一年苗木。金叶榆种子在种植的第 1 年叶片会发生轻微的变化，生长 1 年后会形成金黄色，当年下苗叶片会由绿色渐渐地转为金黄色。

（3）抗盐碱指标 在大田条件下，中华金叶榆在 0.4％以下的盐碱区域可以生长，嫁接苗的生长量要略高于扦插苗。在模拟条件下试验表明，中华金叶榆可耐 1％盐含量土壤环境，在 2％盐含量的土壤环境下，会影响正常生长，并失去观赏性。

（4）抗旱性指标 在同样较低的含水量条件下，沙壤土中的苗木长势要好于黏重土壤；中华金叶榆可在沙壤性土壤含水量低至 7％左右的条件下正常生长；同等正常水肥管理条件下，沙壤土的苗木长势要好于黏重土壤。

3. 分布状况

在我国东北、西北地区生长良好，同时有很强的抗盐碱性，在沿海地区可广泛应用。其生长区域北至黑龙江、内蒙古，东至长江以北的江淮平原，西至甘肃、青海、新疆，南至江苏、湖北等省，是我国目前彩叶树种中应用范围最广的一个。

4. 园林用途

中华金叶榆观赏性极佳，适宜作街道、公园等处的园林绿化树种。

九、 加拿大紫荆

加拿大紫荆（*Cercis canadensis* L.），属豆科、紫荆属。

加拿大紫叶紫荆是加拿大紫荆的变种（图 7-14）。春天，粉红的花先叶开放，花期 3～4 月；叶大，心形，春、夏、秋三季均是鲜亮的紫红色，是少有的观花观叶的三季彩色园林观赏植物。而且生长较快，年生长量在 1 米以上。除我国最北端的内蒙古、黑龙江和新疆北部部分地区及南方的广东、广西、海南、台湾等少部分地区外，均适宜种植。可根据需要培养灌木或小乔木。

加拿大红叶紫荆是加拿大紫荆的一个园艺品种，主干明显，为小乔木，主要以嫁接或组培方式繁殖。加拿大红叶紫荆是集观叶观花于一体的绿化景观新优品种，叶色紫红亮丽，花色鲜艳，观赏期较长。其无论植于何种场地和环境，都会在灌乔木类园林树种中独占鳌头，所现景致美不胜收。栽培管理方面，只要选择适合的生长地点，一般不需要太多的管理。当然，每年施肥会更利其生长。适合区域为北京以南至广东。喜光，对土壤要求不严，喜肥沃、疏松、排水良好的土壤，萌蘖性强，耐修剪。加拿大红叶紫荆具有春夏秋三季红叶的特点，早春先花后叶，新枝老干上布满簇簇紫红花，似一串串花束，红花紫叶，艳丽动人，且比中国紫荆的花期长，具有较好的观赏效果。

图 7-14　加拿大紫叶紫荆

加拿大紫荆是种子繁育，叶子一年中有三季都是绿色树叶，生长直立较好，和国内普通紫荆非常相似；而加拿大红叶紫荆是通过嫁接繁育，一年三季都是紫红色的树叶。所以，在现今彩叶化苗木市场的进程中，加拿大红叶紫荆比加拿大紫荆的前景更加广阔。

1. 形态特征

加拿大紫荆为小乔木，树高 7～11 米，冠幅 7.5～10.5 米，主树干短，有几个主要分枝。

花期长，4～5 月开花，先花后叶，花有玫瑰粉红色、淡红紫色，少有白色。

叶片蜡质。

荚果 7～8 月成熟。长 5 厘米，中间宽 1.4 厘米，两端渐尖，荚内有 4～5 粒种子。种子小，39 克/粒。

2. 生长习性

耐寒性强。喜充足的阳光，略耐阴，冬春阳光充足时开花良好，夏季高温时则需适当蔽荫。对土壤要求不严，酸性土、碱性土或稍黏重的土壤都能生长。耐一定程度的干旱和水湿，但以湿润而排水良好的土壤为好。

3. 分布状况

主要分布于美国东部、中西部和加拿大安大略省，为加拿大紫荆的园艺品种。1999 年，上海园林科研所从欧洲引进。近年来在我国大多城市的园林景观中都有它的身影。

4. 园林用途

加拿大紫荆可应用到公园、道路、广场、庭园等场所，孤植、丛植、群植均可。可植于庭院或大片草坪中，也可和其他绿叶色种及彩色树搭配混植，达到相互映衬、共造景观的艺术效果。

十、　紫叶小檗

紫叶小檗 (*Berberis thunbergii* var. *atropurpurea* Chenault)，别名红叶小檗，是日本小檗的自然变种，属小檗科、小檗属落叶灌木。4 月开花，花黄色。果熟后艳红美丽。

1. 形态特征

紫叶小檗幼枝淡红带绿色，无毛，老枝暗红色具条棱；节间长 1～1.5 厘米。

叶菱状卵形，长 5～20（35）毫米，宽 3～15 毫米，先端钝，基部下延成短柄，全缘，表面黄绿色，背面带灰白色，具细乳突，两面均无毛（图 7-15）。

花 2～5 朵成具短总梗并近簇生的伞形花序，或无总梗而呈簇生状，花梗长 5～15 毫米，花被黄色；小苞片带红色，长约 2 毫米，急尖；外轮萼片卵形，长 4～5 毫米，宽约 2.5 毫米，先端近钝，内轮萼片稍大于外轮萼片；花瓣长圆状倒卵形，长 5.5～6 毫米，宽约 3.5 毫米，先端微缺，基部以上腺体靠近；雄蕊长 3～3.5 毫米，花药先端截形。

浆果红色，椭圆体形，长约 10 毫米，稍具光泽，含种子 1～2 颗。

图 7-15 紫叶小檗

2. 生长习性

紫叶小檗喜凉爽湿润环境，适应性强，耐寒也耐旱，不耐水涝，喜阳，也能耐阴，萌蘖性强，耐修剪，对各种土壤都能适应，在肥沃深厚排水良好的土壤中生长更佳。在光稍差或密度过大时部分叶片会返绿。

3. 分布状况

原产于日本。我国主产于浙江、安徽、江苏、河南、河北等地，现各地广泛栽培，各北部城市基本都有栽植。

4. 园林用途

紫叶小檗春季开小黄花，入秋则叶色变红，果熟后亦红艳美丽，是良好的观果、观叶和刺篱材料。园林常用作花篱或在园路角隅丛植，点缀于池畔、岩石间，也用作大型花坛镶边或剪成球形对称状配植。适宜坡地成片种植，与常绿树种作块面色彩布置用来布置花坛、花境，是园林绿化中色块组合的重要树种。亦可盆栽观赏或剪取果枝瓶插供室内装饰用，或盆栽后放置室内外。由于比较耐阴，是乔木下、建筑物荫蔽处栽植的好材料。本种较耐寒，冬季在门厅、走廊等温度较低的地方都能摆放，为许多温室观叶植物所不及。

◆ 第三节　棕竹类植物 ◆

一、棕榈

棕榈〔*Trachycarpus fortunei*（Hook.）H. Wendl.〕属棕榈科常绿乔木。

1. 形态特征

乔木状，高 3～10 米或更高。树干圆柱形，被不易脱落的老叶柄基部和密集的网状纤维，除非人工剥除，否则不能自行脱落，裸露树干直径 10～15 厘米甚至更粗（图 7-16）。

图 7-16　棕榈

叶片呈 3/4 圆形或者近圆形，深裂成 30～50 片具皱折的线状剑形，宽 2.5～4 厘米，长 60～70 厘米的裂片，裂片先端具短 2 裂或 2 齿，硬挺甚至顶端下垂；叶柄长 75～80 厘米或甚至更长，两侧具细圆齿，顶端有明显的戟突。

花序粗壮，多次分枝，从叶腋抽出，通常是雌雄异株。雄花序长约 40 厘米，具有 2～3 个分枝花序，下部的分枝花序长 15～17 厘米，一般只二回分枝；雄花无梗，每 2～3 朵密集着生于小穗轴上，也有单生的；黄绿色，卵球形，钝三棱；花萼 3 片，卵状急尖，几分离，花冠约 2 倍长于花萼，花瓣阔卵形；雄蕊 6 枚，花药卵状箭头形；雌花序长 80～90 厘米，花序梗长约 40 厘米，其上有 3 个佛焰苞包着，具 4～5 个圆锥状的分枝花序，下部的分枝花序长约 35 厘米，2～3 回分枝；雌花淡绿色，通常 2～3 朵聚生；花无梗，球形，着生于短瘤突上，萼片阔卵形，3 裂，基部合生，花瓣卵状近圆形，长于萼片 1/3，退化雄蕊 6 枚，心皮被银色毛。

果实阔肾形，有脐，宽 11～12 毫米，高 7～9 毫米，成熟时由黄色变为淡蓝色，有白粉，柱头残留在侧面附近。种子胚乳均匀，角质，胚侧生。

花期 4 月，果期 12 月。

2. 生长习性

通常仅见栽培于四旁，罕见野生于疏林中，海拔上限 2000 米左右。

垂直分布在海拔 300～1500 米，西南地区可达 2700 米。棕榈性喜温暖湿润的气候，喜光，极耐寒，较耐阴，成品极耐旱，但不能抵受太大的昼夜温差。棕榈是国内分布最广、分布纬度最高的棕榈科种类。适生于排水良好、湿润肥沃的中性、石灰性或微酸性土壤，耐轻盐碱，也耐一定的干旱与水湿。抗大气污染能力强。易风倒，生长慢。

3. 分布状况

棕榈原产于西非，现世界各地均有栽培。我国分布于长江以南各地；在长江以北虽可栽培，但冬季茎须裹草防寒。

4. 园林用途

棕榈挺拔秀丽，适应性强，能抗多种有毒气体，系园林结合生产的理想树种，又是工厂绿化优良树种。可列植、丛植或成片栽植，也常用盆栽或桶栽作室内或建筑前装饰及布置会场之用。

棕榈树栽于庭院、路边及花坛之中，树势挺拔，叶色葱茏，适于四季观赏。

二、 棕竹

棕竹［*Rhapis excelsa*（Thunb.）Henry ex Rehd.］又称观音竹、筋头竹、棕榈竹、矮棕竹，为棕榈科、棕竹属常绿观叶植物。

1. 形态特征

丛生灌木，高 2～3 米，茎干直立圆柱形，有节，直径 1.5～3 厘米，茎纤细如手指，不分枝，有叶节，上部被叶鞘，但分解成稍松散的马尾状淡黑色粗糙而硬的网状纤维（图 7-17）。

图 7-17　棕竹

叶集生茎顶，掌状深裂，裂片 4～10 片，不均等，具 2～5 条肋脉，在基部（即叶柄顶端）1～4 厘米处连合，长 20～32 厘米或更长，宽 1.5～5 厘米，宽线形或线状椭圆形；先端宽，截状而具多对稍深裂的小裂片，边缘及肋脉上具稍锐利的锯齿，横小脉多而明显；叶柄细长，8～20 厘米，两面凸起或上面稍平坦，边缘微粗糙，宽约 4 毫米，顶端的小戟突略呈半圆形或钝三角形，被毛。

肉穗花序腋生，长约 30 厘米，花小，淡黄色，极多，单性，雌雄异株。总花序梗及分枝花序基部各有 1 枚佛焰苞包着，密被褐色弯卷绒毛；2～3 个分枝花序，其上有 1～2 次分枝小花穗，花枝近无毛，花螺旋状着生于小花枝上。雄花在花蕾时为卵状长圆形，具顶尖，在成熟时花冠管伸长，在开花时为棍棒状长圆形，长 5～6 毫米，花萼杯状，深 3 裂，裂片半卵形，花冠 3 裂，裂片三角形，花丝粗，上部膨大具龙骨突起，花药心形或心状长圆形，顶端钝或微缺；雌花短而粗，长 4 毫米。

果实球状倒卵形，直径 8～10 毫米。种子球形，胚位于种脊对面近基部。

花期 4～5 月，果期 10～12 月。

2. 生长习性

棕竹喜温暖湿润及通风良好的半阴环境，不耐积水，极耐阴，畏烈日，稍耐寒。夏季炎热光照强时，应适当遮阴。适宜温度10～30℃，气温高于 34℃时，叶片常会焦边，生长停滞，越冬温度不低于 5℃，但可耐 0℃左右低温，最忌寒风霜雪，在一般居室可安全越冬。株型小，生长缓慢，对水肥要求不十分严格。要求疏松肥沃的酸性土壤，不耐瘠薄和盐碱，要求较高的土壤湿度和空气温度。

3. 分布状况

主要分布于东南亚地区，我国南部至西南部有分布。

4. 园林用途

棕竹为典型的室内观叶植物。可长期在室内光线明亮的地方摆放，即使连续 3 个月在暗处见不到阳光，也能正常生长，并能保持其浓绿的叶色。棕竹丛生挺拔，枝叶繁茂，姿态潇洒，叶形秀丽，四季青翠，似竹非竹，美观清雅，富有热带风光，为目前家庭栽培最广泛的室内观叶植物。南部地区丛植于庭院内大树下或假山旁，可构成一幅热带山林的自然景观；北方地区可盆栽，大丛林可摆放在会议室、宾馆门口两侧，颇为雅观。如果家里客厅摆放高低错落有致、疏密协调的浅盆棕竹盆景，旁边再配几块山石，更显得玲珑秀丽。

三、槟榔

槟榔（*Areca catechu* L.）为棕榈科、槟榔属常绿乔木。

1. 形态特征

茎直立，乔木状，高 10 多米，最高可达 30 米，有明显的环状叶痕（图 7-18）。

图 7-18 槟榔

叶簇生于茎顶，长 1.3～2 米，羽片多数，两面无毛，狭长披针形，长 30～60 厘米，宽 2.5～4 厘米，上部的羽片合生，顶端有不规则齿裂。

雌雄同株，花序多分枝，花序轴粗壮压扁，分枝曲折，长 25～30 厘米，上部纤细，着生 1 列或 2 列的雄花，而雌花单生于分枝的基部；雄花小，无梗，通常单生，很少成对着生，萼片卵形，长不到 1 毫米，花瓣长圆形，长 4～6 毫米，雄蕊 6 枚，花丝短，退化雌蕊 3 枚，线形；雌花较大，萼片卵形，花瓣近圆形，长 1.2～1.5 厘米，退化雄蕊 6 枚，合生；子房长圆形。

果实长圆形或卵球形，长 3～5 厘米，橙黄色，中果皮厚，纤维质。种子卵形，基部截平，胚乳嚼烂状，胚基生。花果期 3～4 月。

2. 生长习性

槟榔属温湿热型阳性植物，喜高温、雨量充沛湿润的气候环境。常见散生于低山谷底、岭脚、坡麓和平原溪边热带季雨林、次生林间，也有成片生长于富含腐殖质的沟谷、山坎、疏林内及微酸性至中性的沙质壤土。主要分布在南北纬 28°之间，最适气温在 10～36℃，最低温度不低于 10℃，最高温度不高于 40℃。海拔 0～1000 米、年降雨量 1700～2000 毫米的地区均能生长良好。

3. 分布状况

槟榔原产于马来西亚，主要分布在东南亚、东非及欧洲部分区域，我国主要分布于云南、海南及台湾等热带地区。

4. 园林用途

槟榔树树姿挺拔，宜于建筑物前及园路旁或草坪角隅处栽植，幼树常作盆栽观赏。

四、椰子

椰子（*Cocos nucifera* L.）为棕榈科、椰子属植物。

椰子分为高种椰子和矮种椰子，其中高种椰子是目前世界上最大量种植的商品性椰子。高种椰子植株高 15～30 米，基部膨大，异株授粉，7～8 年开始结果，含油率高，经济寿命长达 70～80 年。矮种椰子按果实和叶片颜色分为红矮、黄矮和绿矮三类。植株仅高 5～15 米，自花授粉，3～4 年开始结果，果小而多，椰肉薄、软，含油率低。经济寿命 30～40 年。主要作果树、杂交亲本和观赏用。

1. 形态特征

植株高大，乔木状，高 15～30 米，茎粗壮，有环状叶痕，基部增粗，常有簇生小根（图 7-19）。

叶羽状全裂，长 3～4 米；裂片多数，外向折叠，革质，线状披针形，长 65～100 厘米或更长，宽 3～4 厘米，顶端渐尖；叶柄

图 7-19　椰子

粗壮，长达 1 米以上。

花序腋生，长 1.5～2 米，多分枝；佛焰苞纺锤形，厚木质，最下部的长 60～100 厘米或更长，老时脱落；雄花萼片 3 片，鳞片状，长 3～4 毫米，花瓣 3 枚，卵状长圆形，长 1～1.5 厘米，雄蕊 6 枚，花丝长 1 毫米，花药长 3 毫米；雌花基部有小苞片数枚；萼片阔圆形，宽约 2.5 厘米，花瓣与萼片相似，但较小。

果卵球状或近球形，顶端微具三棱，长 15～25 厘米，外果皮薄，中果皮厚纤维质，内果皮木质坚硬，基部有 3 孔，其中的 1 孔与胚相对，萌发时即由此孔穿出，其余 2 孔坚实，果腔含有胚乳（即"果肉"或种仁）、胚和汁液（椰子水）。

花果期主要在秋季。

2. 生长习性

椰子在年温度 26～27℃，年温差小，年降雨量 1300～2300 毫米且分布均匀，年光照 2000 小时以上，海拔 50 米以下的沿海地区生长最为适宜。椰子为热带喜光作物，在高温、多雨、阳光充足和海风吹拂的条件下生长发育良好。椰子适宜在低海拔地区生长，适宜椰子生长的土壤是海洋冲积土和河岸冲积土，其次是砂壤土，再次是砾土，黏土最差。

3. 分布状况

椰子原产于亚洲东南部、印度尼西亚至太平洋群岛。主要分布于亚洲、非洲、拉丁美洲南北纬 23°之间，赤道滨海地区最多。主要产区为菲律宾、印度、马来西亚、斯里兰卡等国。我国广东南部诸岛及雷州半岛、海南、台湾、云南南部热带地区均有栽培。

4. 园林用途

椰子树可作为行道树、风景树木、庭院树木等，表现热带、亚热带风光。

五、 蒲葵

蒲葵 [*Livistona chinensis* (Jacq.) R. Br.] 为棕榈科、蒲葵属多年生常绿乔木。

1. 形态特征

乔木状，高 5～20 米，直径 20～30 厘米，基部常膨大（图 7-20）。

图 7-20 蒲葵

叶阔肾状扇形，直径达 1 米余，掌状深裂至中部，裂片线状披针形，基部宽 4～4.5 厘米，顶部长渐尖，2 深裂成长达 50 厘米的丝状下垂的小裂片，两面绿色；叶柄长 1～2 米，下部两侧有黄绿色（新鲜时）或淡褐色（干后）下弯的短刺。

花序呈圆锥状，粗壮，长约 1 米，总梗上有 6～7 个佛焰苞，约 6 个分枝花序，长达 35 厘米，每分枝花序基部有 1 个佛焰苞，分枝花序具 2 次或 3 次分枝，小花枝长 10～20 厘米。花小，两性，长约 2 毫米；花萼裂至近基部成 3 个宽三角形近急尖的裂片，裂片有宽的干膜质的边缘；花冠约 2 倍长于花萼，裂至中部成 3 个半卵形急尖的裂片；雄蕊 6 枚，其基部合生成杯状并贴生于花冠基部，花丝稍粗，宽三角形，突变成短钻状的尖头，花药阔椭圆形；子房的心皮上面有深雕纹，花柱突变成钻状。

果实椭圆形（如橄榄状），长 1.8～2.2 厘米，直径 1～1.2 厘米，黑褐色。种子椭圆形，长 1.5 厘米，直径 0.9 厘米，胚约位于种脊对面的中部稍偏下。

花、果期 4 月。

2. 生长习性

蒲葵喜温暖湿润的气候条件，不耐旱，能耐短期水涝，怕北方烈日曝晒。在肥沃、湿润、有机质丰富的土壤中生长良好。

3. 分布状况

蒲葵产于我国南部，多分布在广东省南部，尤以江门市新会区种植为多。中南半岛亦有分布。

4. 园林用途

蒲葵四季常青，树冠伞形，叶大如扇，是热带、亚热带地区重要绿化树种。常列植置景，夏日浓荫蔽日，一派热带风光。

六、 散尾葵

散尾葵（*Chrysalidocarpus lutescens* H. Wendl.）又名黄椰子、紫葵，棕榈科、散尾葵属丛生常绿灌木或小乔木。

1. 形态特征

散尾葵为<u>丛生</u>灌木，高 2～5 米，茎粗 4～5 厘米，基部略膨大（图 7-21）。

图 7-21 散尾葵

叶羽状全裂，平展而稍下弯，长约 1.5 米；羽片 40～60 对，2列，黄绿色，表面有蜡质白粉，披针形，长 35～50 厘米，宽 1.2～2 厘米；先端长尾状渐尖并具不等长的短 2 裂，顶端的羽片渐短，长约 10 厘米；叶柄及叶轴光滑，黄绿色，上面具沟槽，背面凸圆；叶鞘长而略膨大，通常黄绿色，初时被蜡质白粉，有纵向沟纹。

花序生于叶鞘之下，呈圆锥花序式，长约 0.8 米，具 2～3 次分枝，分枝花序长 20～30 厘米，其上有 8～10 个小穗轴，长 12～18 厘米；花小，卵球形，金黄色，螺旋状着生于小穗轴上；雄花萼片和花瓣各 3 片，上面具条纹脉，雄蕊 6；雌花萼片和花瓣与雄花的略同，子房 1 室，具短的花柱和粗的柱头。

果实为陀螺形或倒卵形，长 1.5～1.8 厘米，直径 0.8～1 厘米，鲜时土黄色，干时紫黑色，外果皮光滑，中果皮具网状纤维。种子为倒卵形，胚乳均匀，中央有狭长的空腔，胚侧生。

花期 5 月，果期 8 月。

2. 生长习性

散尾葵为热带植物，耐寒性不强，气温 20℃ 以下叶子发黄，越冬最低温度需在 10℃ 以上，5℃ 左右就会冻死。故我国华南地区尚可露地栽培，长江流域及其以北地区均应入温室养护。一般于 9 月下旬至 10 月上旬入室，须放在阳光充足处，越冬期室温白天 23～25℃，夜间维持 15℃，至少需保持 8℃ 以上，否则会受冻害，造成冬春季死亡；在越冬期还须注意经常擦洗叶面或向叶面少量喷水，保持叶面清洁。苗期生长缓慢，以后生长迅速。适宜疏松、排水良好、肥沃的土壤。性喜温暖、湿润、半阴且通风良好的环境，生长季节必须保持盆土湿润和植株周围的空气湿度。

3. 分布状况

原产于马达加斯加，现引种于我国南方各省。在我国华南地区和西南地区适宜生长。

4. 园林用途

在家居中摆放散尾葵，能够有效去除空气中的苯、三氯乙烯、甲醛等有挥发性的有害物质。散尾葵与滴水观音一样，具有蒸发水汽的功能，如果在家居种植一棵散尾葵，能够将室内的湿度保持在 40%～60%，特别是冬季，能有效提高室内湿度。

在热带地区的庭院中，多作观赏树栽种于草地、树荫、宅旁；北方地区主要用于盆栽，是布置客厅、餐厅、会议室、家庭居室、书房、卧室或阳台的高档盆栽观叶植物。在明亮的室内可以较长时间摆放观赏；在较阴暗的房间也可连续观赏 4～6 周。散尾葵生长很慢，一般多作中、小盆栽植。

七、 竹子

竹子，又名竹，多年生禾本科竹亚科植物，茎为木质，是禾本科的一个分支。种类很多，有的低矮似草，有的高如大树，生长迅速。

竹枝干挺拔，修长，四季青翠，凌霜傲雨，备受我国人喜爱，与梅、兰、菊并称为四君子，与梅、松并称为岁寒三友，古今文人墨客，爱竹咏竹者众多。

1. 形态特征

竹叶呈狭披针形，长 7.5～16 厘米，宽 1～2 厘米，先端渐尖，基部钝形，叶柄长约 5 毫米，边缘之一侧较平滑，另一侧具小锯齿而粗糙；平行脉，次脉 6～8 对，小横脉甚显著；叶面深绿色，无毛，背面色较淡，基部具微毛；质薄而较脆。（图 7-22）。

图 7-22 竹子

竹子花是像稻穗一样的紫色花朵，每朵紫色的花，都有 3 枝雄蕊和一枝隐藏在花朵内的雌蕊，当雄蕊的花粉落到雌蕊的柱头上，就能形成种子，经繁殖就能长出新的竹子。开花后竹子的竹干和竹叶则都会枯黄。

竹的地下茎（俗称竹鞭）是横着生长的，中间稍空，也有节并且多而密，在节上长着许多须根和芽。一些芽发育成为竹笋钻出地面长成竹子，另一些芽并不长出地面，而是横着生长，发育成新的地下茎。因此，竹子都是成片成林地生长。用种子繁殖的竹子，很难长粗，需要几十年的时间，才能长到原来竹子的粗度，所以一般都用竹鞭（即地下茎）繁殖，只要 3～5 年，就能长到一定的粗度。

秋冬时，竹芽还没有长出地面，这时挖出来就叫冬笋；春天，竹笋长出地面，叫做春笋。冬笋和春笋都是我国菜品里常见的食物。春天时，竹芽在干燥的土壤中等待春雨，如果下过一场透雨，春笋就会以很快的速度长出地面。

2. 生长习性

（1）气候 竹类大都喜温暖湿润的气候，盛产于热带、亚热带和温带地区。竹子是森林资源之一。全世界竹类植物有 70 多属 1200 多种，主要分布在热带及亚热带地区，少数竹类分布在温带和寒带。竹子是常绿（少数竹种在旱季落叶）浅根性植物，对水热条件要求高，而且非常敏感。地球表面的水热分布决定着竹子的地理分布。东南亚位于热带和南亚热带，又受太平洋和印度洋季风汇集的影响，雨量充沛，气温稳定，是竹子生长理想的生态环境，也是世界竹子分布的中心。

（2）土壤 既要有充足的水分，又要排水良好。丛生、混生竹类地下茎入土较浅，出笋期在夏、秋，新竹当年不能充分木质化，经不起寒冷和干旱，故北方一般生长受到限制，它们对土壤的要求也高于散生竹。

3. 分布状况

目前全世界竹林面积约 2200 万公顷。世界的竹子地理分布可分为 3 大竹区，即亚太竹区、美洲竹区和非洲竹区，有些学者还单列出欧洲、北美引种区。

(1) 亚太竹区　亚太竹区是世界最大的竹区。南至南纬 42°的新西兰，北至北纬 51°的库页岛中部，东至太平洋诸岛，西至印度洋西南部。本区竹子约 50 多属 900 多种。既有丛生竹，又有散生竹，前者约占 3/5，后者约占 2/5，其中有经济价值的约有 100 多种。主要产竹国家有中国、印度、缅甸、泰国、孟加拉、柬埔寨、越南、日本、印度尼西亚、马来西亚、菲律宾、韩国、斯里兰卡等。

我国竹子主要分布在南方，如四川、湖南、浙江等省。竹子类型众多，适应性强，分布极广。

(2) 美洲竹区　南至南纬 47°的阿根廷南部，北至北纬 40°的美国东部，共有 18 个属 270 多种。

(3) 非洲竹区　此区竹子分布范围较小，南起南纬 22°莫桑比克南部，北至北纬 16°苏丹东部。

在非洲北部苏丹境内的尼罗河上游河谷地带和埃塞俄比亚的温带山地森林地区都有成片的竹林分布。

(4) 引种区　欧洲没有天然分布的竹种，北美原产的竹子也只有几种。近百年来，英、法、德、意、比、荷等欧洲国家和美国、加拿大等从亚洲、非洲、拉丁美洲的一些产竹国家引种了大量的竹种。例如，美国从我国引种的刚竹属竹种就有 35 种。

4. 园林用途

在庭院中，竹子是不可缺少的点缀假山水榭的植物。

参考文献

［1］〔德〕贝尔纳茨克著.树木生态与养护［M］.陈自新,许慈安译.北京:中国建筑工业出版社,1987.

［2］冷平生.园林生态学［M］.北京:中国农业出版社,2003.

［3］刘长富.园林生态学［M］.北京:科学出版社,2003.

［4］胡长龙.道路景观规划与设计［M］.北京:机械工程出版社,2012.

［5］胡长龙.园林规划设计(第二版)［M］.北京:中国农业出版社,2002.

［6］王凌晖,欧阳勇.园林植物景观设计手册［M］.北京:化学工业出版社,2012.

［7］卢新海.园林规划设计［M］.北京:化学工业出版社,2005.

［8］雷一东.园林绿化方法与实现［M］.北京:化学工业出版社,2006.

［9］贾志国.园林绿化苗木栽培与养护［M］.北京:化学工业出版社,2015.

［10］李作文,徐文君.常见园林树木200种［M］.沈阳:辽宁科学技术出版社,2012.

［11］梁瑞明,禹兰景.城市道路绿化中的景观设计与植物配置［J］.河北林业科技,2009,(4):71-72.

［12］邱泉.城市土壤对园林树木生长的影响［J］.现代园艺,2015,(2).

［13］高晓青.城市园林绿化现存问题.对策及其绿化植物配置原则［J］.西部林业科学,2004,33(3):89-100.

［14］吕瑛,罗文婧.公园设计中关于空间设计及植物配置的探讨［J］.江西建材:园林工程,2015,(8).

［15］李辉.浅谈道路绿化中之植物配置［J］.园艺与种苗,2012,(5):33-35.

［16］朱晓琳.浅谈城市居民小区绿化设计与植物配置［J］.现代园艺,2011,(21).

［17］魏姿,王先杰,冯文佳.综合性公园的植物配置与园林空间设计［J］.北京农学院学报,2011,(7).